U0414816

中华文化大博览丛书

中华文化大博览

历史遥远的猿人先祖

郭艳红　编著

中国出版集团　现代出版社

图书在版编目（C I P）数据

历史遥远的猿人先祖 / 郭艳红编著. -- 北京 : 现代出版社, 2017.8

ISBN 978-7-5143-6499-6

Ⅰ. ①历… Ⅱ. ①郭… Ⅲ. ①直立人－介绍－中国 Ⅳ. ①Q981.4

中国版本图书馆CIP数据核字(2017)第223457号

历史遥远的猿人先祖

作　　者：郭艳红
责任编辑：李　鹏
出版发行：现代出版社
通讯地址：北京市定安门外安华里504号
邮政编码：100011
电　　话：010-64267325 64245264（传真）
网　　址：www.1980xd.com
电子邮箱：xiandai@vip.sina.com
印　　刷：天津兴湘印务有限公司
字　　数：380千字
开　　本：710mm×1000mm　1/16
印　　张：30
版　　次：2018年5月第1版　2018年5月第1次印刷
书　　号：ISBN 978-7-5143-6499-6
定　　价：128.00元

习近平总书记在党的十九大报告中指出："深入挖掘中华优秀传统文化蕴含的思想观念、人文精神、道德规范，结合时代要求继承创新，让中华文化展现出永久魅力和时代风采。"同时习总书记指出："中国特色社会主义文化，源自于中华民族五千多年文明历史所孕育的中华优秀传统文化，熔铸于党领导人民在革命、建设、改革中创造的革命文化和社会主义先进文化，植根于中国特色社会主义伟大实践。"

我国经过改革开放的历程，推进了民族振兴、国家富强、人民幸福的"中国梦"，推进了伟大复兴的历史进程。文化是立国之根，实现"中国梦"也是我国文化实现伟大复兴的过程，并最终体现在文化的发展繁荣。博大精深的中国优秀传统文化是我们在世界文化激荡中站稳脚跟的根基。中华文化源远流长，积淀着中华民族最深层的精神追求，代表着中华民族独特的精神标识，为中华民族生生不息、发展壮大提供了丰厚滋养。我们要认识中华文化的独特创造、价值理念、鲜明特色，增强文化自信和价值自信。

如今，我们正处在改革开放攻坚和经济发展的转型时期，面对世界各国形形色色的文化现象，面对各种眼花缭乱的现代传媒，我们要坚持文化自信，古为今用、洋为中用、推陈出新，有鉴别地加以对待，有扬弃地予以继承，传承和升华中华优秀传统文化，发展中国特色社会主义文化，增强国家文化软实力。

浩浩历史长河，熊熊文明薪火，中华文化源远流长，滚滚黄河、滔滔长江，是最直接的源头，这两大文化浪涛经过千百年冲刷洗礼和不断交流、融合以及沉淀，最终形成了求同存异、兼收并蓄的辉煌灿烂的中华文明，也是世界上唯一绵延不绝的古老文化，并始终充满生机与活力。

中华文化曾是东方文化摇篮，也是推动世界文明不断前行的动力之一。早在五百年前，中华文化的四大发明催生了欧洲文艺复兴运动和地理大发现。中国四大发明先后传到西方，对于促进西方工业社会发展和形成，起到了重要作用。

中华文化的力量，已经深深熔铸到我们的生命力、创造力和凝聚力中，是我们民族的基因。中华民族的精神，业已深深植根于绵延数千年的优秀文化传统之中，是我们的精神家园。

总之，中国文化博大精深，是中华各族人民五千年来创造、传承下来的物质文明和精神文明的总和，其内容包罗万象，浩若星汉，具有很强的文化纵深，蕴含着丰富的宝藏。我们要实现中华文化的伟大复兴，首先要站在传统文化前沿，薪火相传，一脉相承，弘扬和发展五千年来优秀的、光明的、先进的、科学的、文明的和自豪的文化现象，融合古今中外一切文化精华，构建具有中国特色的现代民族文化，向世界和未来展示中华民族的文化力量、文化价值、文化形态与文化风采。

为此，在有关专家指导下，我们收集整理了大量古今资料和最新研究成果，特别编撰了本套大型书系。主要包括巧夺天工的古建杰作、承载历史的文化遗迹、人杰地灵的物华天宝、千年奇观的名胜古迹、天地精华的自然美景、淳朴浓郁的民风习俗、独具特色的语言文字、异彩纷呈的文学艺术、欢乐祥和的歌舞娱乐、生动感人的戏剧表演、辉煌灿烂的科技教育、修身养性的传统保健、至善至美的伦理道德、意蕴深邃的古老哲学、文明悠久的历史形态、群星闪耀的杰出人物等，充分显示了中华民族厚重的文化底蕴和强大的民族凝聚力，具有极强的系统性、广博性和规模性。

本套书系的特点是全景展现，纵横捭阖，内容采取讲故事的方式进行叙述，语言通俗，明白晓畅，图文并茂，形象直观，古风古韵，格调高雅，具有很强的可读性、欣赏性、知识性和延伸性，能够让广大读者全面触摸和感受中国文化的丰富内涵，增强中华儿女民族自尊心和文化自豪感，并能很好地继承和弘扬中国文化，创造具有中国特色的先进民族文化。

远古人类

中国最早猿人及遗址

南部猿人

在我国南部，有着广阔的地域，这里有地势最低的平原，河汉纵横交错，湖泊星罗棋布，属于湿润的亚热带和热带地区。特殊的地理气候造就了适宜人类生存的环境，因此这里产生了我国最早的远古人类。

南部古代猿人主要有重庆巫山猿人、云南元谋人、四川资阳人、贵州穿洞人、湖北郧县人、湖北长阳人、湖南石门人等。随着这些远古猿人的演化，慢慢地成为我们中华民族的始祖，逐渐开启了中华文明。

我国最早的人类——巫山人

巫山猿人遗址位于我国三峡腹地的重庆巫山县龙坪村龙洞堡西坡龙骨坡，这里除了发现的两件古人类化石外，还发现了一批石制品和120种古脊椎动物，其中哺乳动物化石116种。

人类进化图

古人类生活场景

后经考证，这两件人类化石是生活在201万年至204万年前的巫山人。巫山猿人遗址被誉为“中国人类历史最早的摇篮”。

巫山县庙宇镇龙坪村，坐落在长江巫峡南岸，一个恰好位于北纬30度上的小山村，它距离长江边50千米，海拔在800米左右。

龙骨坡是由石灰岩构成的山体，南坡有一巨大裂隙，称为“龙洞”。北侧与洞外沟谷相通，南侧伸向石灰岩内部，其中堆积大量的角砾、砾石、砂质黏土和黏土，堆积物有钙质胶结。

关于龙洞的来历，当地有这样的传说。说是有一个傍晚，在龙坪村的上空忽然升起了一团火球，随着一声巨响，龙坪西侧的石壁就四分五裂了，一条蛟龙钻出巨洞，变成白发老人，并顺着放牛娃手中的镰刀腾空而去。

重庆龙坪巫山人遗址从外形看，酷似一个猿人的头像，遗址的堆积物中有剑齿虎、桑氏鬣狗、大灵猫、乳齿象、爪蹄兽、巨羊和大熊猫小种等已绝灭的古动物化石。据初步推测，这些古老的动物种群距今至少超过100万年。

在这个山崖下，发现了带有两颗牙齿的一段人属下颌骨，从牙齿

原始人类牙齿

和牙床的形态特征看，它与北京周口店的女性猿人非常相近，它的主人应该是人类。而从牙面的磨蚀程度看，这是一个老年女性的牙齿。“巫山能人”从此问世，她后来被命名为“巫山老母”。

在巫山含人属化石的黏土层中，还有一颗猿人牙齿，初步确定为人类上门侧内齿。根据磨蚀程度和形态特征，判定这是一颗少女牙齿，于是便命名为“巫山少女”。

在当地广泛流传着一个美丽的巫山神女的故事，她是不是就是“巫山少女”的原型呢？传说巫山神女为天帝之女，也有说为华夏始祖炎帝之女，本名瑶姬，未嫁而死，葬于巫山之阳，因而为神。

巫山 有“渝东门户”之称，历史文化厚重，距今204万年前的龙骨坡“巫山人遗址”，是亚洲古人类起源地之一；距今5000年的“大溪文化”则是新石器文化的杰出代表；汉墓群出土的大量文物证明，巫山县的农业、手工业自汉代始即具一定规模。

炎帝的三女儿瑶姬是姐妹中最美丽、最聪慧、最多情的，她曾经多次梦见，有个英俊的王子骑着白马把她接走了，但是她总被灵鹊惊醒，打搅了她的美梦。瑶姬为情所困，慢慢地病倒了。花园里，小河边，再也听不到她那银铃般的笑声了。

炎帝虽是药神，但也无能为力，瑶姬去世了。她的尸身葬在花团锦簇的姑瑶山上，香魂逐渐化作了芬芳的瑶草。瑶草花色嫩黄，叶子双生，结的果实好似菟丝。传说女子若服食了瑶草果，便会变得非常漂亮，并十分惹人喜欢。

据传说，瑶草在姑瑶山上，吸取了日月精华，若干年后，便修炼成了巫山神女，仍被人们称为瑶姬。

后来大禹治水，一路凿山挖河，他来到巫山脚下，准备修渠泄洪。突然间，狂风大作，直刮得地动山摇，飞沙走石，简直是暗无天日。巨浪滔天的洪峰，像连绵的山峦扑面而来。大禹措手不及，只好撤离江岸，去向巫山神女瑶姬求助。

瑶姬十分敬佩大禹治水的精神，也可怜那些背井离乡、倾家荡产的灾民，她于是传授给大禹差神役鬼的法术和防风治水的天书，帮助大禹止住了狂风。

瑶姬又派遣狂章、虞余、黄魔、大翳、庚辰、童律、乌木田等神，用法宝雷火珠、电蛇鞭，将巫山炸开了一条峡道，让洪水经过巫峡从巴蜀境内流出，涌入了大江。

天书 是中华民族最原始的文化的象征。“天书”出现于中华民族的人文初祖太昊时期。据记载，人间最珍贵的图文《河图》和《洛书》就是“天书”。《河图》与《洛书》是中华民族最古老的文化遗产，确实是部神奇的书。

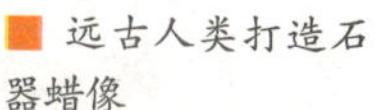

远古人类打造石器蜡像

从此，饱受洪灾之苦的巴蜀人得到了拯救。又过了几千年，到了战国时期，楚襄王到云梦泽打猎，在高唐馆休息。在蒙眬之中，他看见一个十分美丽的女子款款向他走来，这女子说："我是炎帝的三女儿，名字叫瑶姬，我没有出嫁就去世了，在巫山成神了，我的精魂化为了仙草，成了灵芝。"

楚襄王见这女子是天地阴阳的绝妙造化，蕴含有天地间的一切之美。她美丽的外表简直绝世无双，楚襄王于是顿生爱慕之心，便留下了一段佳话。

化石标本

楚襄王梦醒后，却发现梦中美丽的女子早已无影无踪。他不能忘情于瑶姬，便到巫山上去寻找，只见峰峦秀丽，云蒸霞蔚，当地传说这云就是神女变的。楚襄王于是下令，在巫山临江一边修筑楼阁，称为"朝云"，以表示他对梦中女子的怀念。

瑶姬到底去哪儿了呢？其实她变为了神女峰，站在高高的山崖上，举目眺望，凝视着七百里的三峡，凝视着滔滔不绝的江水，凝视着江上的鸟，江畔的花，江心的帆。陪伴瑶姬的侍女们，也随瑶姬化作了巫山十二峰。

巫山神女峰的传说最早见于我国古代神话集《山海经》，在著名辞赋家屈原的《九歌·山鬼》和宋玉的《高唐赋》以及《神女赋》中都有描述。

《山海经》是我国先秦古籍。其全书现存18篇，据说原共22篇。分为《山经》和《海经》两个大的部分，是一部富有神话传说的最古老的地理书。对古代历史、地理、文化、中外交通、民俗、神话等研究，均有重要的参考价值。

在当地传说中，也有说巫山神女瑶姬是王母娘娘的女儿，是一个帮助大禹治水、造福生灵的女神。她帮助大禹治水成功后，就定居在了巫山，后来变成了著名的巫山十二峰之一的神女峰。

从唐代开始，巫山就有了神女庙，而且历史上曾经多次重建，其遗址后来都还存在。据《巫山县志》记载，当地农历七月初七为神女节。在过节这天，远近妇女都到神女庙来祭祀。

巫山女神也许就是巫山人原型。在龙骨坡化石点的“巫山老母”和“巫山少女”两件人类化石，其绝对年代，经古地磁和氨基酸等3种方法测定，距今有240万年至180万年了。它们代表了中华大地迄今最早的人类活动遗址和最原始的文化，那就是龙骨坡史前文化。

“巫山猿人”是已经发现的我国乃至东亚最早的古人类，其化石揭示了人类发展的进程，填补了我国早期人类化石的空白，对于研究人类的起源和三峡河谷的发育史，具有极为重要的价值。

阅读链接

1984年，考古队对万县盐井沟及其他化石点进行实地考察。一位乡村医生为他们提供了线索。他说，20世纪60年代末的一天，他正在龙坪山坡采药，在一丛何首乌的旁边偶然捡到一根骨头，他认出这正是药铺里的“龙骨”。

1985年，考古工作者在重庆巫山县庙宇镇龙坪村龙骨坡，发掘出一段带有两颗臼齿的残破直立人左侧下颌骨化石以及一些有人工加工痕迹的骨片。次年又发掘出3枚门齿和一段带有两个牙齿的下牙床化石。此外，遗址中还出土了116种早更新世初期的哺乳动物化石。

经学者研究，龙骨坡遗址出土的遗物代表了一种直立人的新亚种，后被定名为“直立人巫山亚种”，一般称之为“巫山人”，距今204万年至201万年。

云贵高原人类始祖的元谋人

元谋人头部复原石像

在我国云南省元谋县大那乌村北的山麓，发现了具有我国最早的人类化石之一，就是“直立人元谋新亚种”，简称“元谋人”。

“元谋人”的发现，将我国人类历史向前推进了100多万年，表明云南是人类起源与发展的关键地区和核心地区，为人类起源与发展多元中心论提供了强有力的科学支持，“元谋人”作为我国人类历史的开篇，自此被载入史册。

“元谋”是傣语。“元”意为“飞跃”和“交配”之意，

"谋"意为马，即骏马的意思。汉朝时，这里的居民把家马放牧于山下，而元马之神自河中跃出与之交配产下骏驹，居民把它看作神。于是为它立祠。此地"灵泽所钟，常产好马，故命地为马"。县城北有元马河，元谋与元马意思一样。元朝在1279年设置元谋县。

元谋人头部复原石像

我国云南省境内约有百分之六的地区为山间盆地，在这些盆地的地层中保存了气候环境变迁的信息，更蕴藏有宝贵的动植物化石。

云南元谋盆地属于南亚热带气候燥热的河谷区，平时气候干燥炎热，光热资源充足，是种植亚热带作物的好地方，非常适宜古人类生存。

元谋盆地雨季受印度洋西南季风影响，雨量充沛。从距今500万年至100万年的气候变迁与东非大裂谷相似，两地虽然相距遥远，但却具有相似的地质与环境变迁背景，同样适合于早期人类进化。

在元谋人的遗址中，出土了云南马、剑齿虎、剑齿象等早更新世动物化石，打制石器及炭屑等。元谋人距今为170万年，属于旧石器时代早期的古人类。

元谋古猿化石的发现，填补了我国上新世该类型古猿化石材料的空白。同时，对研究我国人类起源、

更新世 是第四纪的第一个世，距今约260万年至1万年。更新世中期是全球气候和环境变化的一个重要时期，当时气候周期转型，全球冰量增加，海平面下降，哺乳动物开始迁徙或灭绝。

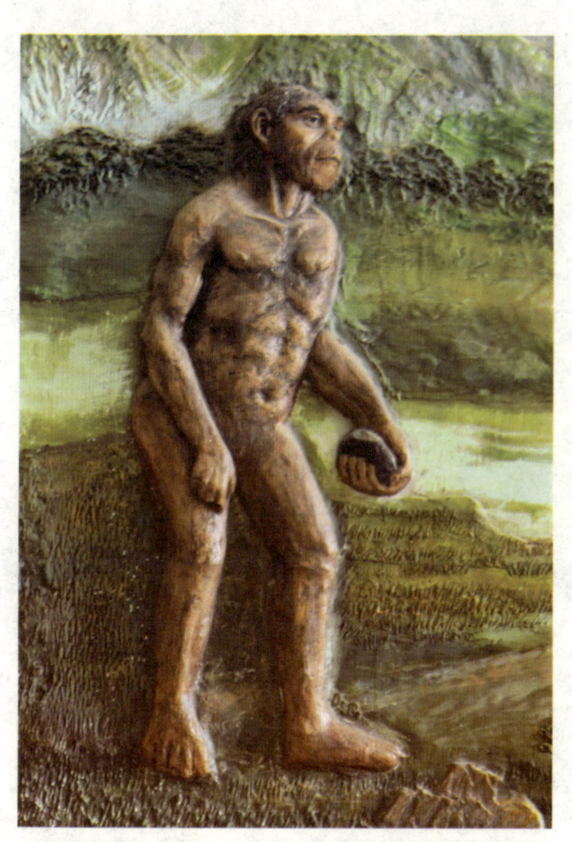

早期直立人

演化与地理分布，提供了珍贵的实物资料。

在云南元谋人遗址中，元谋人的化石包括两枚上内侧门齿，一左一右，属同一成年人个体。其石化程度深，颜色灰白，有裂纹几处。经过对元谋人牙齿化石的研究发现，其齿冠保存完整，齿根末梢残缺，表面有碎小裂纹，裂纹中填有褐色黏土。这两枚牙齿很粗壮，呈铲形，切缘部分较为扩张，唇面比较平坦，舌面的模式非常复杂，具有明显的原始性质。

元谋人门齿的特点是，齿冠基部肿厚，末端扩展，略呈三角形。舌面底结节凸起，有发达的铲形齿窝。齿冠舌面中部的凹面粗糙，中央的指状突很长，指状突集中排列在靠近外侧的半面。

在元谋人遗址中，还在发现元谋人化石的地层中出土石器3件。另外，在同一地点采集到石器3件，推测被雨水冲刷出地表，也被视为元谋人的石器。

元谋人化石存在的地层中发现的3件石器均为石英岩制造的刮削器。

一件是两刃刮削器，由石片制成，从石器上的人工加工痕迹来看，可能是砸击修理的；另一件为复刃

石片 是一个打制石器技术的术语。在打制石器的过程中，需要在作为原料的石块上通过击打使得石块的一部分剥落，这个剥落下来的部分就叫作石片。

刮削器，由小石块制成，三边有加工痕迹，略呈长方形，应是复向加工而成；还有一件是端刃刮削器，也由小石块制成，也为复向加工而成。

3件采集到的石器中，其一为石核，呈梭形，单台面；其二为石片，其原料为红色砂岩，长略小于宽，打击点散漫；其三为尖状器，由石英岩石片制成，左侧单面加工，右侧两面加工，在中轴相交，属正尖尖状器。

通过这些石器可以得知，元谋人会用捶击法制造以及修理石器，会制造刮削器和尖状器，且工具尺寸不大。在发现元谋人化石的地层中还发现有许多炭屑，常与哺乳动物化石伴生。

上新世 是地质时代中第三纪的最新的一个世，它从距今530万年开始，距今180万年结束。上新世前是中新世，其后是更新世。这个时期的地质、气温以及环境都维持在一个相对平稳的范围内，没有太大的波动。科学家将这一时期称之为“人类生存发展的安全空间”。

在元谋人遗址中，还发现了两块黑色骨头，经鉴定可能是被烧过的。另外还发现有大量炭屑。有研究者认为，这些是当时人类用火的痕迹。

在元谋人遗址中，总共出土石器17件，其中地层出土7件，地表采集到10件。通过共存的动植物化石来推测，将元谋人地层第三、第四段的动物化石称之为元谋动物群，认为是与元谋人共生的动物。

猿人打制石质工具画面

■ 猿人生活场景

与元谋人共生的哺乳动物化石，有泥河湾剑齿虎、桑氏缟鬣狗、云南马、爪蹄兽、中国犀、山西轴鹿等29种。全部都为绝灭种，部分属于上新世和早更新世的残余物种，大多数为早更新世当地常见物种。

如果按照生活环境来考察，云南马等生活在草原上，细鹿、湖鹿等生活在热带雨林中，竹鼠、复齿鼠兔等动物生活于灌木丛之中，泥河湾剑齿虎等生活于森林之中。

根据植物孢子粉分析，元谋人时期的树木主要以松属植物居多，还有榆树等。草本植物则更多。有人根据动物化石及植物孢子粉分析，认为当时的自然环境为森林草原景观，气候比较凉爽。

关于元谋人化石的地质时代和绝对年代，一种观点认为属早更新世晚期，在距今170万年左右。根据与元谋人伴生的哺乳动物的研究和与北京人牙齿的比

第四纪 是新生代的第二个纪。时间是从距今300万年至现代，延续了约300万年。第四纪形成的地层叫第四系，第四纪有两大特点，一是此期气候变化剧烈，高纬度地区发生过多次冰川，中低纬度地区也受到很大影响；二是人类出现，直立人和智人都在此期大量出现和迅速发展。

较，似乎更为原始。另一种意见认为，在中更新世，根据元谋人的化石层，可能距今60万至50万年或更晚。

传说，元谋人后来北上，他们越过金沙江，到达甘肃、青海后成为古羌戎人，还有的元谋人继续往东北，越过白令海峡进入美洲，就成了印第安人的祖先。

经过对元谋人所发现石器的研究，表明元谋人所处时期为旧石器时代早期。如果将元谋人的年代定位为170万年前，那么元谋人就是我国境内最早的古人类之一。

元谋人的发现，是继我国北方发现的北京猿人和蓝田猿人之后的又一重要发现，对进一步研究我国古人类和西南地区第四纪地质，具有重要的科学价值。

阅读链接

1937年春天，中国地质调查所派人去云南开展调查。在昆明附近山洞里发现了一些动物化石和旧石器，他们就感觉到了远古人类的气息。

1965年初，为配合四川攀枝花地区的建设和成昆铁路的勘察设计，中国地质科学院组成一个西南地区的新构造研究组。研究组在云南省楚雄彝族自治州元谋县一个叫“十龙口”的地方发现了几颗半露出地面的云南马化石，在这几颗化石旁边还有一些类似牙齿的化石。

经过比较，这两颗牙齿似乎是两枚上两侧门齿，一左一右，经过研究鉴定，认为这两枚牙齿化石基本形态可以与周口店北京人同类牙齿相比较，因此被定为直立人种中的一个亚种，并以发现这一化石产地的元谋县城命名，定为“直立人·元谋亚种”，简称为“元谋人”。

难断年代的人类祖母——资阳人

“资阳人”是在我国四川省资阳县城西黄鳝溪发现的西南地区旧石器时代晚期的人类化石，属晚期智人。化石为3.5万多年前的女性头骨化石，是已知的四川人最早的祖先，年龄在50岁左右。

资阳市地处四川盆地中部，北靠成都、德阳，南连内江，东接重庆、遂宁，西邻眉山。公元前135年的西汉时期设置县，后设置州、郡，因位于资水之北而得名资阳。

资阳人头骨化石

“资阳人”化石为一个较完整的头骨。面骨保存有上颌骨的一部分，颅底大部分缺失，另外还有硬腭一块。

晚期智人生活场景雕塑

头骨较小，表面平滑圆润，额结节和顶结节都明显突起，额部较丰满。

头骨的内面骨缝几乎全部愈合，这说明是一位50岁以上的老年妇女的头骨化石。资阳人头骨的形态特征与现代人基本相似，头骨高大，最宽处在头两侧的上方。

但另一方面，资阳人又具有某些原始性质，如眉弓很显著，额骨和顶骨较现代人较扁，从而表明其脑量不大。头骨正中有稍突起的脊。

资阳人头骨一方面与山顶洞人有某些相似性质，如具有明显的鼻前窝，头正中有类似的矢状脊，顶骨在正中线两侧的部分比较扁平，鼻较高而窄等。

资阳人遗址中还有一件骨锥，地质时代为晚更新世。骨锥底部缺失，残长10多厘米，锥尖钝而光滑，

晚更新世 晚更新世也称上更新世，年代测定为12.6万年至1万年，是第四纪中更新世的最后阶段。许多巨型动物在此期间灭绝，现代人类物种淘汰了其他人类物种。在晚更新世人类传播的足迹到达世界各大洲，除南极洲以外。

晚期智人男性形象蜡像

呈深褐色。锥身有刮削加工的条痕。

与资阳人化石伴生的哺乳动物化石主要有鬣狗、虎、马、中国犀、猎、麂、水鹿、大额牛和东方剑齿象等。经研究认为，这些动物化石分属中更新世和晚更新世两个时代，人类化石与后者同时。从这些性质的一致来看，似乎“资阳人”与山顶洞人是有一定关系的。

资阳人遗址中的一件树木化石的放射性碳素断代年代数据，为距今7500年，有人据此认为资阳人属于新石器时代。

由此可见，“资阳人”是旧石器晚期的早期新人类型，远比“北京人”进步，但比“山顶洞人”原始，其生活年代距今大约在10余万年至数万年之间。

“资阳人”出土地点附近发现了打制石器，仅在蒙溪河支流鲤鱼桥河口东岸就有20件，都属于旧石器

中国犀 板齿犀亚科中一个年代较早的大型成员，其化石最早被发现于伊朗，在我国南部出土了更多的化石。中国犀是上新世更新世时期我国南方著名的“剑齿象、大熊猫、中国犀动物群”的重要成员，但并没有像剑齿象和大熊猫一样存活到更新世，而是在晚上新世就已经灭绝了。

晚期。大约在2.5万年前，资阳人用天然石块略加打制，作为他们的生产工具，用以狩猎和采集活动。

“资阳人”遗址附近地层堆积比较复杂，从顶部的距今2170年到底部的3.93万年，早晚都有。尽管资阳人化石出土层位不十分确切，但根据头骨形态及测量数据所表现出的若干原始性质，仍可肯定它是旧石器时代晚期的人类。

“资阳人”这位50岁左右的女性，以她仅存下的一颗牙判断，这位人类的老祖母犯有严重牙病。不过“资阳人”头骨化石上部只有眉骨以上的上脑部分。

关于资阳人时代，陆续有一些新的资料和看法，但仍难以肯定。曾经做过多次C-14测定，但所测标本是植物化石，是否与资阳人骨化石同一时代，也难以肯定。从“资阳人”复原像可以看出具有如此特征：

中更新世 是更新世中间的一个时期。更新世亦称洪积世，是地质时代第四纪的早期。地球历史上的更新世和考古学上的旧石器时代相当。根据动物群的性质、堆积物的特点和其他环境变化的因素，1932年，国际第四纪会议确定将更新世划分为早、中、晚3个时期。

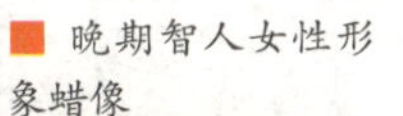
晚期智人女性形象蜡像

一是男性化特征。在当时生存环境极为恶劣的情况下，男女体型的差别应当是很小的。

二是刚毅的特征。要同猛兽和大自然做斗争，没有刚毅的性格，仅存纤柔之躯是绝不行的。

三是王者风范。可以设想，50岁的她应该是一位德高望重的部落首领，面对猛兽或异族的侵袭，她显得胸有成竹，指挥若定。

四是年富力强。哪怕她就是病死的、饿死的、老死的，仍然能够展示出旺盛的生命力和年富力强的“资阳人”形象。

五是母亲形象。50岁的远古女性，应是南方人类的母亲。

六是美感特征。刚毅、王者风范、年富力强且饱经沧桑，和她在古人类史上仅有的女性特征，最终体现在一个“美”字上，美是沟通世界的桥梁。

“资阳人”的发现，虽然只是一具头骨，而它在我国乃至世界的考古界、人类史学界都是十分重要的。随着时代的进步和社会的发展，人类的寻根意识、研究意识不断增强，它已经成为我国民族历史、民族精神的一面鲜艳旗帜，是珍贵的文化宝藏。

阅读链接

1951年，在四川省资阳县城西黄鳝溪修建铁路桥时，发现了远古人类头骨化石，由世界级专家、古脊椎动物研究所经过长达6年的研究，认定化石为3.5万多年前的女性头骨化石，是当时已知的四川人最早的祖先，年龄在50岁左右，并命名为“资阳人”。

后来，资阳市雁江区委宣传部和民间泥塑师决定要为蜀人祖先造像，他们一边收集资料，一边准备塑材。资阳市雁江区文化局和区文管所又拿出馆藏文物“资阳人”头骨化石复制件，供他们参考。经过图文资料研究分析和画草图，通过数十次修改，他们终于完成了“资阳人”复原的半身像。

西南晚期智人代表——穿洞人

穿洞人属我国晚期智人，其化石被发现于我国贵州省普定县城西南的新寨村的一座孤山上，洞穴因南北对穿而得名“穿洞”。

普定穿洞遗址为我国西南地区旧石器时代晚期和稍晚的史前期遗址，出土石器、骨器、动物化石和人类化石2000多件。此外，还发现多处用火遗迹。

穿洞人头骨

穿洞人遗址骨器之精，均为世界所罕见，被誉为“亚洲文明之灯”。具有重要的研究价值和极高的学术地位，为研究我国西南原始人类提供了丰富的实物资料。

普定县位于贵州省西部，素有“黔之腹，滇之喉”之称的黔中腹地。这里属于亚热带

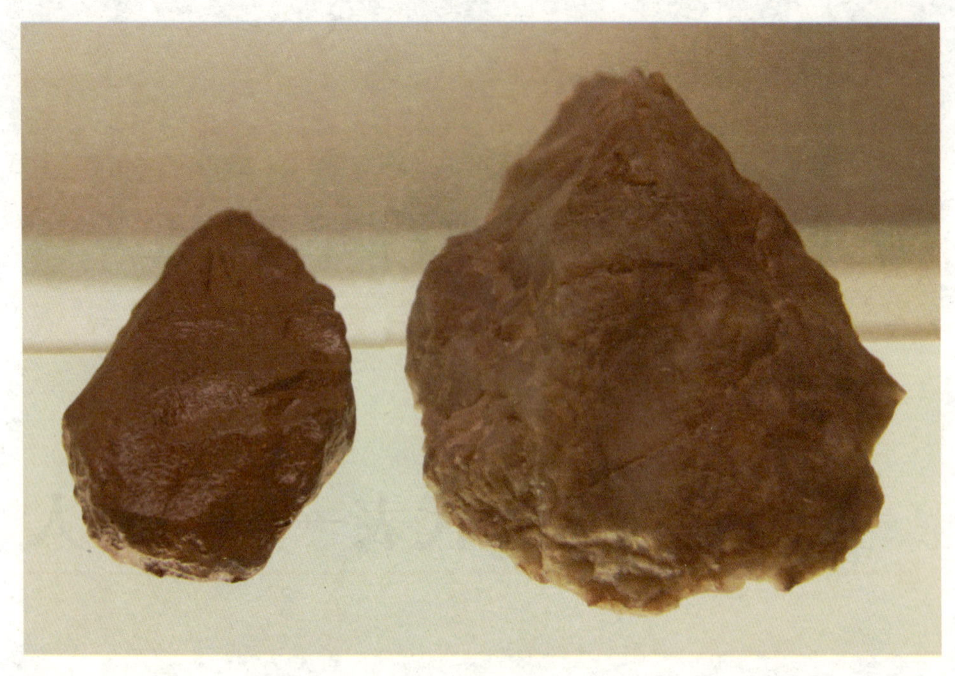

■ 石器时代古人类制造的尖状器

季风湿润气候，季风交替明显，全年气候温和，冬无严寒，夏无酷暑，春干秋凉，无霜期长，雨量充沛，日照少，辐射能量低，非常适合人类生存。

普定县有一个充满了神话色彩的古水塘，名叫阿宝塘。这为穿洞人的起源找到了根据。

传说很早以前，附近只居住着10多户人家，人们过着男耕女织的田园生活，大家和睦相处。

俗话说，天有不测风云，人有旦夕祸福。有一天，东海龙宫的龙卒在一边睡着了，白龙马去地里吃庄稼。寨中的人发现后，立即追赶这匹马，边追边骂。可是，追到一个关口上，马就无影无踪了。

马到哪里去了呢？村民们只得回来，过了不久，白龙马又回到地里吃庄稼了，有人就大喊："马在这里，快来人啊！"大家闻声赶到现场，终于追到了马，一壮汉用箭射瞎了马眼，一刀劈去，正好砍到马

白龙马 《西游记》中的角色。白龙马本是西海龙王三太子，因纵火烧毁玉帝赏赐的明珠而触犯天条，后因南海观世音菩萨出面才免于死罪，被贬到蛇盘山等待唐僧取经，之后又误吃唐僧所骑的白马，被菩萨点化，变身为白龙马，皈依佛门，载乘唐僧上西天取经，最终修成正果，被升为八部天龙广力菩萨。

嘴上，又一刀砍在马腿上，白龙马变成了一块岩石，人们称之为白马石，那个关卡叫龙马关。

追赶的人群无奈地返回了家中。而白马石长期昂着头，流着辛酸的泪向人们诉说当时山民的野蛮行径，白龙马的魂带伤回到龙宫，龙卒睡醒后找不到白龙马，只见到带伤的石马，就回去向龙王禀报这里的人们不良的行为。

龙王 神话传说中在水里统领水族的王，主要掌管兴云降雨。龙是我国古代神话的四灵之一。龙王是非常受古代百姓欢迎的神之一，传说龙往往具有降雨的神性。唐宋以来，帝王封龙神为王。从此，龙王成为兴云布雨，为人消灭炎热和烦恼的神，龙王治水则成为民间普遍的信仰。

龙王大怒，他立刻派龙王三小姐到寨内进行调查。龙王三小姐来到该寨水井边梳妆，把一把金梳子放在了井边，被一村民看见后捡走，龙王三小姐在寨内高声喊道：“请还我的梳子。”这样喊了几天后，无一人应答，嗓子也喊哑了。

这时村里有个名叫阿宝的年轻人，出来帮三小姐逐户询查，虽毫无结果，可他的真诚却感动了三小姐。龙婆得知后，决定惩罚这个让她生气的村庄，但同时要保住阿宝。于是，一天中午，趁阿宝正在吃饭

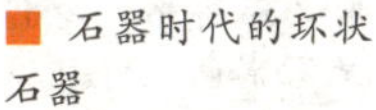

石器时代的环状石器

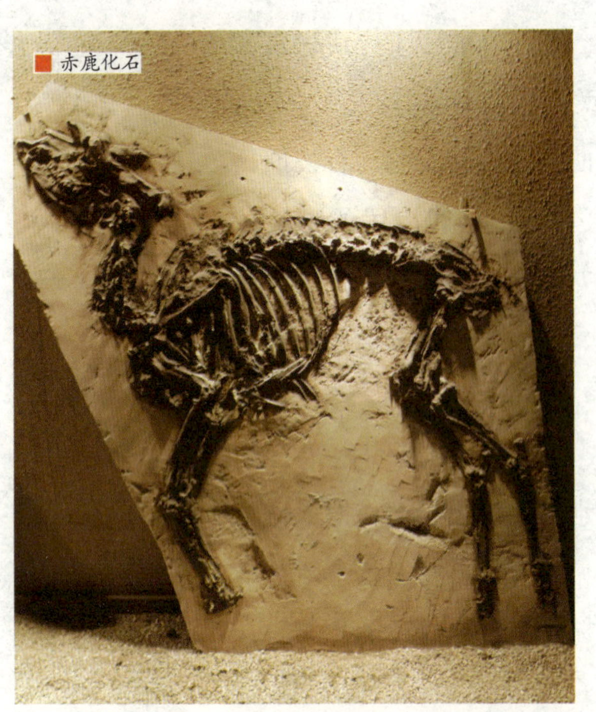

■ 赤鹿 又叫马鹿，是仅次于驼鹿的大型鹿类，共有24个亚种，因为体形似骏马而得名，身体呈深褐色，背部及两侧有一些白色斑点。雄性有角，茸角的第二叉紧靠于眉叉。夏毛较短，没有绒毛，一般为赤褐色，背面较深，腹面较浅，故有“赤鹿”之称。

时，龙婆派一只天狗跑进阿宝家，把阿宝的饭瓢叼着往寨外的山头奔去。

阿宝一看着急了，他跟在天狗身后追赶，在半山处拾到了自己的饭瓢，狗却不见了。

他回头一看，整个寨子顷刻间全被洪水淹没，便形成了阿宝塘。

阿宝坐在山上遥望家乡，家已经不在了，变成了一片潭水。他心里正发愁，一阵凉风吹过，迷糊间进入了梦乡，感觉浑身飘飘忽忽的。等他醒来时，发现自己已经和龙王三小姐在南天门外了。

此时，阿宝心里更加着急了，他不小心将门边一个花盆碰落下去，在水潭旁边深深印下一块宽几十米深的凹地，称为“星宿坑”。

玉帝觉得，这件事对人间的处罚过重了，他便将阿宝和三小姐送回人间。阿宝和三小姐互生爱意，于是他们就结为了夫妻。他们在塘边的一个洞中居住，过着男耕女织、日出而作、日入而息的平凡生活，传下后人。

这样说来，阿宝和龙王三小姐的后人，可能来到穿洞居住，留下了普定穿洞古文化遗址。

该遗址先后共发现各类旧石器2万余件，骨器千件，20余种哺乳动物化石200余件，古人类头盖骨化石2件，还有人类上下颌残片及零星几枚牙齿。

同时出土的伴生动物有猕猴、黑鼠、箭猪、鼬、熊、赤鹿、猪獾及犀牛等12个属或种。除犀牛外，其余都是现生种属。

在遗址中发现有人工痕迹清楚的石制品3000余件，其中包括石核、石砧、石锤、刮削器、尖刃器及砍砸器等。

另外还发现有大量的骨器和骨角制品500余件，其中包括磨制骨器如骨铲、骨锥、骨针、带叉的扁骨器及无刃骨棒等和打击骨制品及有加工痕迹的鹿角，还有大量灰烬、几个火堆余烬和7000多件烧骨残片。

穿洞人头骨呈卵圆形，鼻梁不高，颧骨凸出，鼻额缝近水平走向，犬齿窝比较浅，上门齿呈现铲形，属典型蒙古人种。

南天门 我国古代神话传说中天宫的门户之一。同时也是山东泰山、山西五台山、陕西华山、浙江雁荡山、湖南衡山等山的山口门户之一。古时把泰山之巅称为天庭，而南天门古称天门关，也就是天庭的正门。由南天门到九重天，就被称为九霄了。

石器时代使用的刮削器

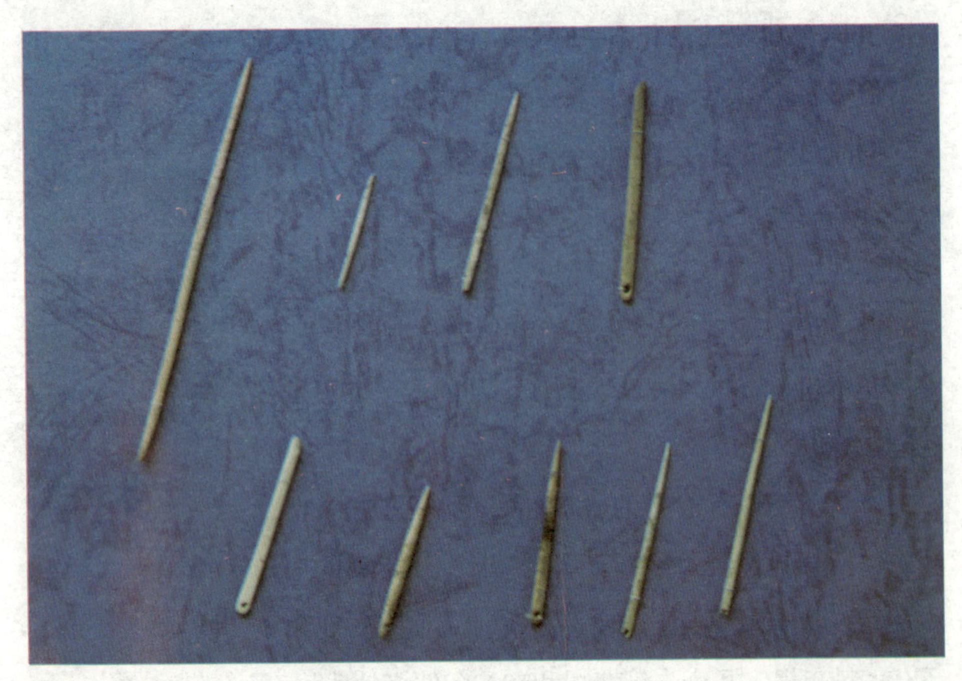

旧石器时代晚期的有眼骨针

穿洞人颅骨的尺寸显得较为纤弱，头骨的前额也比较窄，与资阳人和丽江人相似。这可能意味着穿洞人、丽江人和资阳人一起代表了我国晚期智人的西南模式。

穿洞人遗址堆积物厚达3米以上，从文化遗物看，上下两部遗物有明显不同。穿洞人晚期文化与邻近的白岩脚洞和兴义的猫猫洞文化应属于同一文化。

穿洞史前遗址年代，其下部仅有一个C—14年代数据，为距今1.6万年左右，为第八至十层。中部为距今约9610年，为第六至七层，发现遗物极少；上部为第二至五层，第三层为距今约8080年，第五层为距今约8540年，人类化石大部分采自五层以上。

下部的遗物被称为穿洞早期文化，上部为晚期文化。穿洞的早期文化比较接近四川汉源的富林文化和桐梓马鞍山遗址上部的文化遗物，与攀枝花市龙湾洞

丽江人 是1956年春在离丽江古城11千米的漾西木家桥南面，发现的3根民族人类股骨和一具少女头骨化石。据同时出土的哺乳动物云南轴鹿判断，地质年代为更新世晚期，属距今10万年至5万年的晚期智人。其头骨形态与现代人十分接近，具有明显的蒙古人种的特征。

的下层器物组和汉源狮子山的石制品大同小异。

上部地层的人类化石包括完整的头骨一具以及上、下颌骨、单个牙齿和部分体骨，至少分属于老年、中年、青年和儿童5个个体。

位于第四层的头骨保存较完好，是一个女性青年的。穿洞遗址出土的人类化石的形态特征多数具有现代人形态特征，与资阳人同属晚期智人亚种。

1万余件石制品绝大多数也来自上部地层，除石片和石核外，石器类型有砍砸器、尖状器和刮削器。

骨角器也主要出自上部地层。骨器以骨锥为主，还有骨铲和骨棒等以及少数刮制的鹿角铲。骨、角器总数近千件，骨器类型多，器形周整，磨制精工，为国内少见。

富林文化 是我国旧石器时代晚期的文化，是这一时期文化在南方的代表。发现于四川省汉源县富林镇，除发现少量哺乳动物牙齿及骨骼外，尚有双壳类化石及植物叶化石。富林遗址有很丰富的石器。其地质时代约为晚更新世晚期，距今约2万年。

晚期智人的狩猎画面

穿洞人的用火遗迹包括上、下部的几个灰烬层、火堆遗迹以及数以万计的烧骨和少量的烧土块、炭屑和烧石。共生的哺乳动物化石有熊、虎、犀牛、鹿和麂等10多种，基本上都是现生种。

下部石制品细小，石器多向背面加工，与北方小石器文化传统有关系；上部石制品相对粗大，打片多用锐棱砸击法，石器加工精细，多向破裂面加工，具有猫猫洞文化的特点。

穿洞遗址对研究同时代不同文化关系，以及旧石器时代后期和新石器时代文化的衔接具有重要意义；同时大量磨制和刮磨制骨器的发现，也改变了我国南方骨器贫乏的状况，对我国境内早期人类制造骨器技术增加了较多的新知。

阅读链接

1979年，考古人员在我国贵州普定县城西南的新寨村一孤山上试掘普定穿洞获得大量石器、骨器。1981年中国科学院和贵州省博物馆联合发掘，出土石器、骨器、动物化石和人类化石2000多件。出土文物之多，为全国之冠，震惊考古学界。

我国著名考古学家、北京猿人头盖骨的发现者裴文中教授生前实地考察了穿洞遗址，肯定了“穿洞文化”在我国考古学上的价值和地位，亲笔题写了“普定穿洞旧石器文化遗址”。

1988年，国务院公布贵州省普定穿洞遗址为全国重点文物保护单位。

汉江流域的人类祖先——郧县人

“郧县人”即湖北省郧县发现的两具头骨化石，是我国的直立人化石。两具头骨化石都保存了完整的脑颅和基本完整的面颅，其中2号头骨是我国唯一一块人类祖先“直立人”阶段保存最为完好的整块头骨化石。郧县位于我国湖北省西北部，汉江上游，秦岭巴山东延余脉褶皱缓坡地带，史称：

五丁於蜀道，
武陵之桃源。

女性直立人塑像

“郧”本是乡的名称，置关于乡，称为“郧关”。郧县于是因为“郧关”

古人类生活画面

玉皇大帝 全称“太上开天执符御历含真体道金阙云宫九穹历御万道无为通明大殿昊天金阙玉皇大天尊玄穹高上帝”，简称“玉皇”或“玉帝”，俗称天公、玉皇上帝、老天爷等。他是我国最大的神祇，为众神之皇。在中华文化中，玉皇大帝被视为宇宙的无上真宰，地球内三界、十方、四生、六道的最高统治者。

而得名。关于郧县的来历，在民间流传着一个动人的神话故事。

很久以前，郧县这地方还叫不出什么地名，生活在这里的百姓日出而作，日落而息，人间清平，日月安宁。

谁知好景不长，有一天玉皇大帝不知为什么大发雷霆，刹那间天空雷电交加，狂风骤起，山摇地动，整个宇宙天昏地暗，似乎世界的末日到来了。

狂风过后，一块巨大的陨石从天而落，刚好落在郧县和郧西的交界处。落地后的陨石分阴阳两面，阳面就称为“陨阳”，后来就成了郧县；而陨石阴面所指又恰是“陨阳”之西，所以称为“陨西”，也就是后来的郧西了。

伴随陨石落下的陨石雨，都被烧成红色土壤，在郧西县城东临的山冈上，都是一片黑红色土岗，据说就是因为陨石雨所造成的。

当陨石从天空坠落到地面后，引起人们的纷纷议论。正当人们猜测这块石头的来历时，一位老者的话引起了大家的注意。

他说："这块石头可不简单哪，它一定是不愿意忍受天庭清规戒律，得罪了玉帝而被贬到人间来的神石，这地上的陨石和天上的陨石可不一样，应该有所区别。我看这样吧，把这'陨'字左右两边换个位置，还念'陨'，我们这个地方就叫'郧阳'吧！"

从此，"郧"便成了地名专有名词。随着岁月的流逝，人们觉得"郧"念yǔn字拗口，根据地方的语音规律，逐渐形成了郧yún的读音。

郧县地形由南边境向中部汉江沿线倾斜，形成峪谷与盆地相兼地貌，汉江由西向东贯穿全境，将全县分割为江南、江北两大部分。县境大部为山地，平均海拔高度为500米，气候温和，物产丰富。我们的祖先在这块风景优美的土地上生息、繁衍。

最初，在郧县梅铺村沟龙骨洞发现的古人类牙齿化石是4枚人牙，有上内侧门齿、下外侧门齿、上第二前臼齿和上第一臼齿，都是

阴阳 古人观察到自然界中各种对立又相联的大自然现象，如天地、日月、昼夜、寒暑、男女、上下等，以哲学的思想方式，归纳出"阴阳"的概念。早在春秋的《易传》以及老子的《道德经》都有提到阴阳。

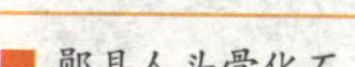
郧县人头骨化石

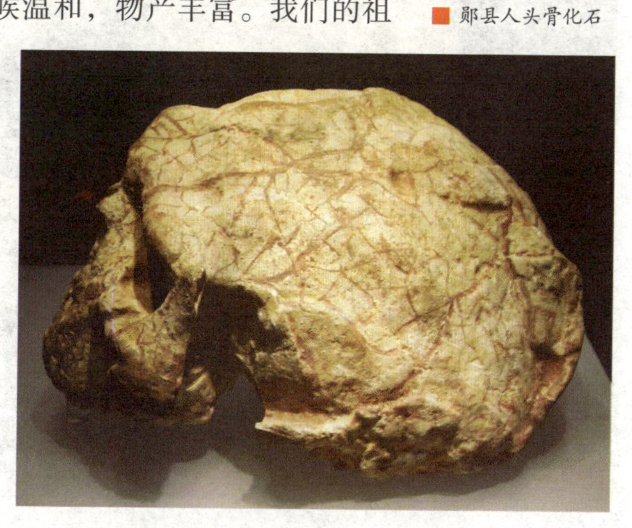

左侧的。总的形态与周口店北京人的牙齿相似，只是尺寸要大些。其地质时代有可能提前到早更新世。

汉江 又称汉水，古代称沔水，楚人以汉江上游丹阳为起点，取威定霸于春秋战国，开疆拓土，先后统一了50多个小国，不仅为中华民族的统一建功立业，而且确立了其文化的历史地位。汉江下游江陵一带有20代楚王建都。楚纪南故城，为当时南方第一大都会，被誉为“南国之壁”。汉江也是汉朝的发祥地。

和牙齿化石一起，还有打制石器及20多种动物化石，这些动物化石一部分属于大熊猫、剑齿象动物群，还有距今100万年至60万年的更新世的桑化鬣狗。这些都说明，郧县猿人的年代早于北京猿人和蓝田猿人，或许属于早期直立人范围。郧县猿人洞因此成为我国第五个发现猿人化石的地方。

根据发现的两件郧县人头骨特征，他们属于直立人类型，被正式定名为“郧县直立人”，简称郧县人。根据古地磁法测定，化石大致距今100万年至80万年左右，其时代为中更新世早期，堪称汉江流域的人类祖先。

两件“郧县人”头骨化石标本空前地完好，它们对人类的起源与发展具有很高的学术研究价值。

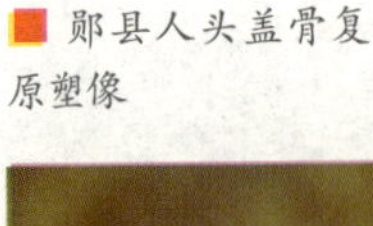

郧县人头盖骨复原塑像

据推测，1号头骨：25岁至45岁，女性；2号头骨：25岁至45岁，男性。而且那时已有分工，男性狩猎，女性采集、渔猎和用兽皮做衣服。

郧县猿人的发现，其意义可与北京猿人第一个头骨发现的意义相比。在郧县人文化层共发现石核、石片、砍砸器、刮削器、石锤等石器241件，以及大量打击碎片和带有打击痕的砾石，并出土类似手斧的两面器。与人类化石伴生有丰富的哺乳动物化石，而且头骨、下颌骨完整者数量之大是其他遗址不多见的。

郧县人1号头骨化石

郧县人化石及其文化的发现，对人类进化具有重要价值。郧县人的年代非常古老，甚至与蓝田人的年代相当，但郧县人化石体质上却显示出许多早期智人的特征，从而对直立人与早期智人的发展关系以及南北文化关系的研究，提供了重要的实物资料。

经测算得出，“郧县人”的脑量值，接近“北京人”的平均值，这进一步证明了“郧县人”可能处于比较原始的直立人阶段。

遥远的史前年代，这里水草丰美，大量动物生存其间，其中有较为温驯的有蹄类动物也有凶猛的食肉动物，郧县人在这里制造石器，繁衍生息。

石核 也称砾石石器。从砾石或石材上打下石片，以剩下的石核作为工具来使用。我国曾出土的三棱大尖状器系从两面或三面交互打击加工成形的。习惯上把两面刃的砾石石器称为敲砸器，单面刃的称为砍砸器，在砾石周缘加工，则成为圆形的石球，但以上的用途分工并不明显。

砍砸器 是旧石器时代的一种形体较大，形状不固定的工具，器身厚重，有钝厚曲折的刃口，可起到砍劈、锤砸和挖掘等多种作用，因而可以用于砍树、做木棒、挖植物块根、砸坚果等工作。将砾石或石核边缘打成厚刃，用以砍砸。常见于旧石器时代和新石器时代的遗址中。

种种迹象表明，“郧县人”应该已经具有了狩猎行为，他们用大的砾石做一种很好的砍砸器，对猎物进行切割或用于敲骨吸髓，这些活动也促进了他们大脑的发育。

哺乳动物大多为食草类，说明那时人类是选择性狩猎。动物化石保存非常完好，甚至连脚趾都看得到，说明其埋藏环境很好。石器与骸骨一同出土，说明这是人们打造石器，分享猎物的第一据点。

手斧的打造过程不同于一般石器打制，它需要一定的击打技巧和方法，具有一定的对称和美学的萌芽，所以手斧为人类智慧发展的标志性器物。

郧县人化石只有头骨，没有下颌骨与肢骨。推测可能是动物将其身拖进巢穴，不带走不易食的头；或者因为肌肉烂掉，关节之间脱离，由于洪水、山洪、

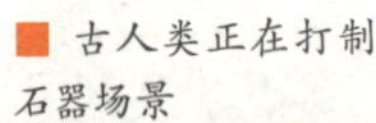

■ 古人类正在打制石器场景

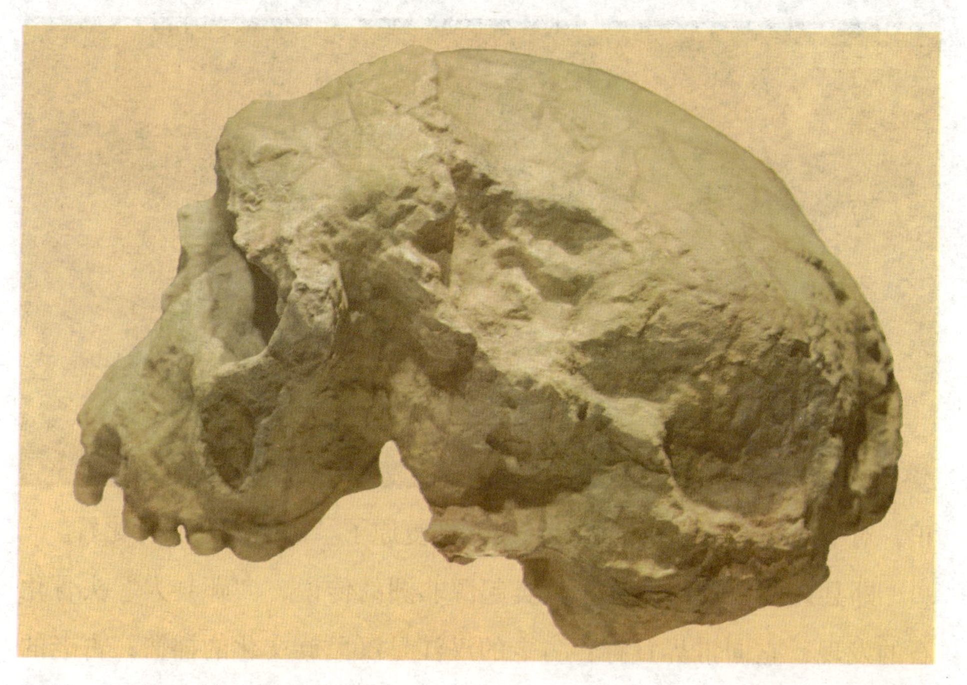

郧县人2号头骨化石

刮风、下雨，被上涨的水冲走。

自“郧县人”头骨化石被发现后，人们一直在寻找比较理想的复原方法。“郧县人”头骨已被挤压变形，脑腔内的软物质已被坚硬钙质胶结物替代，这些都加大了对头骨观察和测量的难度。

如果采用模型切割法，就只能复原断裂错位的骨片，对变形部位无法复原。后来使用了超快速高档螺旋仪，对“郧县人”头骨进行扫描，总共扫描了255个层面，并运用扫描资料进行头骨图像的二维和三维重建。

在此基础上，选取亚洲晚期直立人中的“爪哇人”和“北京人”作为复原研究参照标本，从纵、横两个方向对“郧县人”头骨复原的弧度进行控制。

随后，对头骨进行复位、矫形、修复，将碎裂错位的头骨片进行复位，将被挤压变形的头骨片加以校

石器 是指以岩石为原料制作的工具，它是人类最初的主要生产工具，盛行于人类历史的初期阶段。从人类出现直到青铜器出现前，共经历了二三百万年，属于原始社会时期。根据不同的发展阶段，又可分为旧石器时代和新石器时代，也有人将新、旧石器时代之间列出一个过渡的中石器时代。

出土的石器

正，对缺失的部分进行了修补，成功地复原了“郧县人”头骨化石。

郧县人的发现，改变了人类起源非洲的传说，“郧县人”头骨化石的发现，它向世界宣称：古老的汉江是汉民族文化的摇篮；古老的“郧县人”是我国人民的伟大祖先。

阅读链接

1975年，文物人员于湖北郧县梅铺杜家沟的龙骨洞发现牙齿化石；1989年5月。郧阳地区博物馆组织全地区文物干部进行文物补查。

1990年，由湖北省考古所、郧阳地区博物馆、郧县博物馆联合进行了试掘工作，又发现第二件头骨化石，编号为2号头骨化石。以后又接连两次进行了发掘工作，获取了大量的伴生动物化石和数百件石器。

郧县南猿定名后，湖北省考古研究所及时举行新闻发布会，向国内外公布了这一重大成果。《人民日报》《光明日报》《科技日报》《中国新闻报》《文物报》《湖北日报》《长江日报》和中央电视台、湖北电视台等国内新闻单位先后作为重要新闻报道了这一消息。《科技日报》把这一发现列为1989年我国十大科技新闻之一。

江南最早远古人类的长阳人

“长阳人”即长阳古人类化石，发现于我国湖北省长阳土家族自治县西南下钟家湾村一个称为“龙洞”的石灰岩洞穴中，距今19.5万年，是旧石器时代中期的人类。

长阳人介于猿人和现代人之间，与北京猿人末期年代相当，属早

古人生活再现

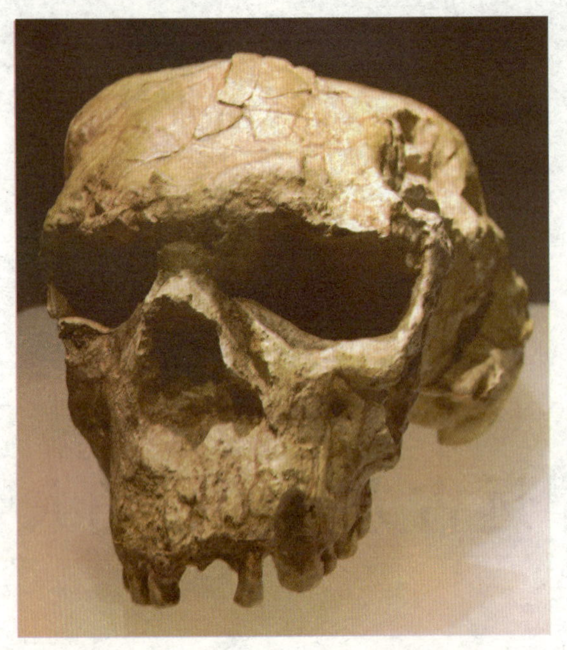

■ 猿人头骨化石

期智人，是我国长江以南最早发现的远古人类之一。

“长阳人”的问世，说明了长江流域以南的广阔地带也是我国古文化的发祥地，也是中华民族诞生的摇篮。“长阳人”是世界人类进化发展于古人阶段的典型代表，它填补了人类“中更新世后期”和“亚洲长江流域”两个空白，也进一步否定了“中华文明西来说”。

长阳地处鄂西南山区，这里山岭纵横，植被丰富，洞穴较多，这就为远古人类居住和生存提供了较优越的条件。在这些溶洞中，蕴藏着较为丰富的古脊椎动物化石，且早在清代就被发现。

据同治年间的《长阳县志》记载：

掘得此物，骨脑如巨兽，身盘穴口二周，其刺骨如猪肋而锐，有四齿，粗如巨指，长三寸，板牙四枚，径半寸，长二寸……深山古洞中，多有此物，舔之粘舌者龙蜕也。

在“遗闻”部分也有出土化石的记载。由于当时科学的落后，当地人们将这些古脊椎动物化石统称为

同治（1856—1875），是爱新觉罗·载淳的年号，爱新觉罗·载淳是清朝第十位皇帝，也是清军入关以来第八位皇帝。为清文宗咸丰帝长子，母为孝钦显皇后叶赫那拉氏。在位13年。崩于皇宫养心殿，年仅19岁。葬于河北省遵化清东陵之惠陵。庙号穆宗。

“龙骨”。

长阳人化石存在的“龙洞”为石灰岩洞穴。位于钟家湾村西北，洞口面向东南，洞内堆积除下部有大小不同的石灰岩碎块和底部靠洞壁的地方有局部的含碎石块和化石坚硬部分是角砾岩外，大部分堆积为深黄色松软的沙质泥土，在角砾岩和深黄色松软沙质泥土中均含有大量化石。

县志 指我国记载一个县的历史、地理、风俗、人物、文教、物产、气候等的专书。一般20年左右编修一次。现存最早的我国地方志，是813年唐代李吉甫编的《元和郡县图志》。据1976年统计，我国仅现存的地方志即达8000多种，约12万卷。

在原生地层中和松土中，还存有一颗人类的左下第二前臼齿，经测定，这是一颗距今10多万年的古人类牙齿化石，是长江以南古人类遗迹的首次发现。

与长阳人共存的还有象、猪、竹鼠、古豺、大熊猫、鬣狗、东方剑齿象、巨貘、虎、獾、鹿、牛、中国犀等大批南方常见的古脊椎动物化石。

巨貘 古哺乳动物。真貘科。个体极大，习性类似于河马。头骨较短而高。生存于我国更新世。化石经常发现于我国南方洞穴巨貘牙齿化石堆积中。由于环境的变迁，巨貘在1万年前灭绝。

“长阳人”化石包括一件不完整的、保留有第一前臼齿和第一臼齿的上颌骨，以及一颗单独的左下第二前臼齿。牙齿相当大，咬合面纹理复杂。齿冠较低，齿根很长，下第二前臼齿的齿根有两个分支。

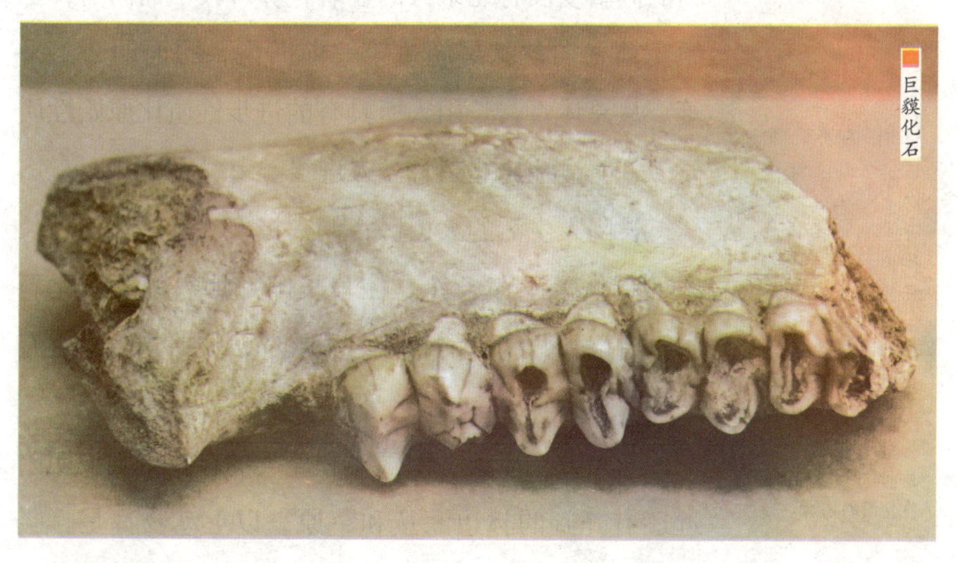

巨貘化石

■ 东方剑齿象化石

“长阳人”上颌骨和其他早期智人的一样，一方面保留了若干原始性质，如梨状孔的下部较宽，鼻腔底壁不如现代人那样凹，而与猿类接近，犬齿比较发达等。

另一方面又有许多与现代人相近的进步性质，如颌的倾斜度没有北京人的显著，鼻棘较窄而向前，上颌窦前壁向前扩展超过第一前臼齿，腭面凹凸不平等。从总体看，长阳人所具有的进步性质比原始性质要多，明显地比北京直立人进步。

神州　即华夏、中国、中土。黄帝以土德王，相传黄帝领治的土地称为神州，赤帝统辖的土地称为赤县，赤县和神州合称“神州赤县”或“赤县神州”。因此古时就称我国为“赤县神州”。后用作我国的别称

长阳人生活的大山区，洞穴极多。这种环境为长阳人提供了生存条件。在与长阳人伴出的动物化石中，有以嫩竹为食的竹鼠、大熊猫，说明当时这里有大片竹林。

而东方剑齿象、中国犀和鹿类的存在，则说明附近还有开阔的林边灌丛和草原。以上动物都是喜暖

的，所以当时这里的气候是温和而湿润的。

“长阳人”的发现，证明在远古时期，在我国长阳境内就已有人类生存活动。

“长阳人”是人类远古祖先之一，是神州的瑰宝，是中华民族的骄傲。长阳人及其动物群的发现，提供了洞穴和阶地的对比资料，解决了长江各阶地形成的时代问题，为我国南方的地层划分提供了依据。

“长阳人”遗址后于1988年、1989年、1995年先后三次进行发掘，获得各个时期的历史文物近万件。

“长阳人”化石现珍藏于中国科学院古脊椎动物与古人类研究所，在中国历史博物馆陈列展出。

阅读链接

1956年7月，钟家湾村群众为集体找副业门路，在洞内挖“龙骨”出售，县一中生物老师陈明智得知消息后，便带着学生到钟家湾采集化石标本，从供销社收购的数万斤“龙骨”中挑选了一箱化石，其中有一块是人的上颌骨化石，并附有两枚牙齿。

送往中国科学院古脊椎动物研究所后，经鉴定确为古人类化石，而且其中有一件人类的上颌骨是在长江以南与其相同的动物群中从来没有发现过的。

鉴于这批材料的重要性，中国科学院古脊椎动物研究所，于1957年特派人前往长阳调查并进行了科学的发掘。经过7天的发掘，在原生地层中和过去已挖过的松土中，又发现了一颗人类的左下第二前臼齿。

湖南唯一旧石器人类——石门人

湖南“石门人”，即在我国湖南省石门县皂市镇凤堡岭西山角的燕尔洞洞穴发现的人类股骨化石，这也是湖南境内首次发现的古人类化石，属晚期智人，距今2万年，晚更新世的晚期。

旧石器时代化石

■ 新石器时代古人生活场景

石门人是我国湖南省唯一的旧石器时代晚期的人类化石点，填补了我国湖南旧石器时代人类化石的空白。石门县位于我国湖南省西北部。据《舆地纪胜》卷27澧洲石门县载：

吴时武陵充县松梁山，有石洞开，广数十丈，其高似弩仰射不至，名曰天门。

孙休以为佳祥，置天门郡于此……县西二十五里。岩石壁立如门，县以此名。

相传在很久以前，石门县这里是车走不通、人行不便的死岗，岗下有一大汀，水深莫测，浊浪滚滚，水害连年，成为无人涉足的天堑。

多少年，多少代，人们盼望这里能打通屏嶂成为坦途，变水害为水利。有一年，当地有一位老石匠，

《舆地纪胜》
我国南宋中期的一部地理总志，王象之编纂，共有200卷，主要是节录当时数以百计的各地的方志、图经编纂而成，对各种方志、图经中的山川、景物、碑刻、诗咏，一概收录，而略于沿革，以符合“纪胜”的要求，该书内容丰富，编次有法，对史料注重考核。该书以“纪胜”为宗旨，专注于人文内容，在地理总志的编纂体例上有诸多创新。

古人类生活场景

带领几名乡亲到石门岗上劈山开路，想打开东西部的交通，把岗下泛滥的汀水堵起来。他们每天爬上高岗，下到汀边，不停地挥锤舞镐，劈山填土。

可是，大家干了一天又一天，干了一月又一月，石门关仍没有劈开。原来，山下的汀里藏着一条鱼精、一只鳖怪，它们施展妖术，使石门关白天劈开一块，晚上又长出来一块。

一天，老石匠劈山归来时，发觉丢了一根錾子，他沿着弯弯的山路回去寻找。錾子找到了，他坐在山脚下喘口气，忽然听到一阵窃窃私语，一个鳖声鳖气地说："劈吧，有我俩在这儿休想劈开。"

另一个尖哑的声音："你别吹牛，一旦这些人用烟火烧石门关，我们就玩完了。"

石匠听后，一口气跑回村里，连夜找来乡亲们，决定火烧石门关。第二天一早，石匠领着乡亲们，扛

石匠 可以采集石料，更可以将石料加工成产品。石匠是历史传承时间最长最久的职业，从古石器时代的简单打磨石头到现代的石雕工艺和艺术的完美结合，都离不开一代代石匠们的贡献，石匠对中国的数千年历史文化起到了功不可没的作用。

着柴火，拿着旧衣服破袄褂上了石门岗，在山口点起了通天大火，火借风势，越燃越旺，只见山冈下的汀里，浓烟滚滚，汀水沸腾，鱼精和鳖怪被烧得嗷嗷直叫，逃跑了。

火熄烟灭、汀水变清，一泓碧波在山脚下荡漾。石匠和乡亲们欢呼雀跃，劲头倍增，立即投入了劈山开路的战斗。

冬去春来，石门岗被拦腰劈开，一条大路被开辟了出来。这里的人们过上了幸福的生活，他们在石门燕尔洞一带生息繁衍，被称为“石门人”。

石门县燕尔洞位于湖南省石门县原阳泉乡凤堡岭西山角的渫水北岸，在县城西北，现属皂市镇。

燕尔洞又称牙齿洞，并不是很大、很深的洞穴，

渫水 指渫水河，位于我国湖南省常德市石门县，是澧水第二大支流。因上中游地处高山峡谷，河床多系岩石，漏石分沙，水流清澈，长波泱渫，故名渫水。

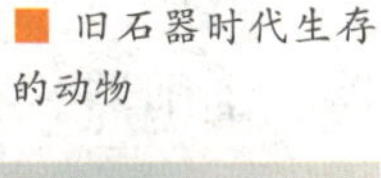

旧石器时代生存的动物

它几乎只相当于一个洞的洞口，再往里就被堵住了，大小不过10平方米左右。洞前中央被一块断裂的大石头占住，可能是从上方垮下来的，上方岩壁二三十米高就到了山顶。地面是一些碎石，里面有鹅卵石，石质石灰岩、砂岩、板岩和硅质岩，和洞穴所在的石灰岩不是同一种岩石。

1号洞在北侧偏下部位，2号洞在南侧偏上部位，两洞都处在凤堡岭西面的陡壁上，洞穴坐东朝西，洞高出渫水河河面。

在洞穴中还采集出土了猕猴、豪猪、竹鼠、虎、豹、獾、中国犀、华南巨貘、东方剑齿象等数十种动物化石。从发现的石器、骨器等工具以及并存的动物骨骼化石和某些动物骨骼化石上有火烧痕迹等推断，该洞是人类活动的场所。

在化石堆积层中，还发现远古人类使用过的打制石器，有砍砸器、刮削器、石核、石锤等石制品50余件，以及烧骨和经人类加工的骨器。

特别重要的是，在该处还发现了一段人类的左股骨化石、下颌骨1

旧石器时代生活场景

件，以及完整的牙齿3颗。这为研究湖南古人类提供了十分重要的资料，被命名为“石门人”。

旧石器时代石门人打造的石器

“石门人”人类化石系一件股骨中部残段，呈黄色，中等石化程度，股骨具有清晰的纵向沟纹特征，股骨嵴粗壮，内外唇明显，内唇褶曲痕深，外唇相对浅平，从股骨的特征看，与现代人接近，属智人。

石门人遗址的文化遗物，主要有石制品和骨制品，石制品多保留有自然砾石面，岩性为砂岩和石英岩，石器为细小石器，全部为刮削器，主要以黑色燧石作为原料，石器制作方法均采用锤击法，以单面打击为主，少了第二步加工，骨制品有骨锥和骨器柄端。

陶器比较原始，器坯系用泥片粘贴而成，胎厚而不匀。大部分陶器的胎泥中夹有炭屑，一般呈红褐色或灰褐色。器类不多，主要是深腹罐与钵，普遍装饰粗乱的绳纹。胎泥所夹的炭屑中明显有稻谷与稻壳的痕迹，是我国最早的人工栽培稻谷。

绳纹 是古代陶器的装饰纹样之一。一种比较原始的纹饰，有粗绳纹和细绳纹两种。绳纹是用草、藤之类绳子，在坯体上拍印而成的，有纵、横、斜并有分段、错乱、交叉、平行等多种形式。是新石器时代至商周时期陶器最常见的纹饰。

燕尔洞遗址发展脉络是最清晰、最完整的一个古人类洞穴遗址。燕尔洞洞穴是在左侧凹岸的石灰岩陡壁上发育的三层溶洞，燕尔洞洞穴遗址由两个洞穴组成，编号分别为1、2号洞。

1号洞穴有文化层堆积的洞厅，洞厅里黑暗无光，中央有一巨大的洞顶崩塌角砾，角砾的底部有丰富的动物化石胶结堆积。

在洞厅东侧延伸方向有哺乳动物化石和人类文化堆积，地层共有7层，在第三层发现了人类的文化遗物。洞穴堆积层次分明，动物化石丰富。

2号洞穴在1号洞穴的左侧，略高于1号洞穴。洞口呈弧形，洞内堆积较厚，地层共计有5层，在第三层存在有哺乳动物化石和打制石器、骨器。

根据燕尔洞1号洞穴和2号洞穴堆积的地层分析与比较，1号洞穴应为晚更新世，距今10万年至2万年；2号洞穴略晚，已进入晚期“智人”阶段，距今5万年至1万年。

燕尔洞的动物种类组合，反映了燕尔洞一带在旧石器时代晚期以山地森林为主，间有河谷草地的自然景观，由此可知，燕儿洞的旧石器人类生活在一个气候温暖、林木葱郁、水源充足的山间河谷，这是一个良好的人类栖息地。

石门人的生存时代可以从共生的动物化石群得到说明，可能为晚更新世的晚期。燕尔洞洞穴遗址发掘面积虽小，却提供了十分重要的古人类文化信息。

阅读链接

1982年，在两处燕尔洞洞穴发现了古人类股骨化石，这是湖南境内首次发现的古人类化石。

后又在燕尔洞穴中采集动物化石多件，经考察，认定是一处有希望找到人类化石的重要洞穴遗址。

关于洞里的牙齿有各种各样的传说，附近慕名而来者偶尔进洞捡牙齿，端一碗水在水里磨，据说喝下去可以治病，但谁也没证实过是不是真的能治病。

广东唯一的远古人类——马坝人

马坝人是旧石器时代中期的人类化石，属早期智人，存在于我国广东省韶关市曲江区马坝镇西南的狮子山石灰岩溶洞内。同马坝人伴生的脊椎动物化石有鬣狗、大熊猫、貘、剑齿象等多种，地质时代为中更新世之末或晚更新世之初。

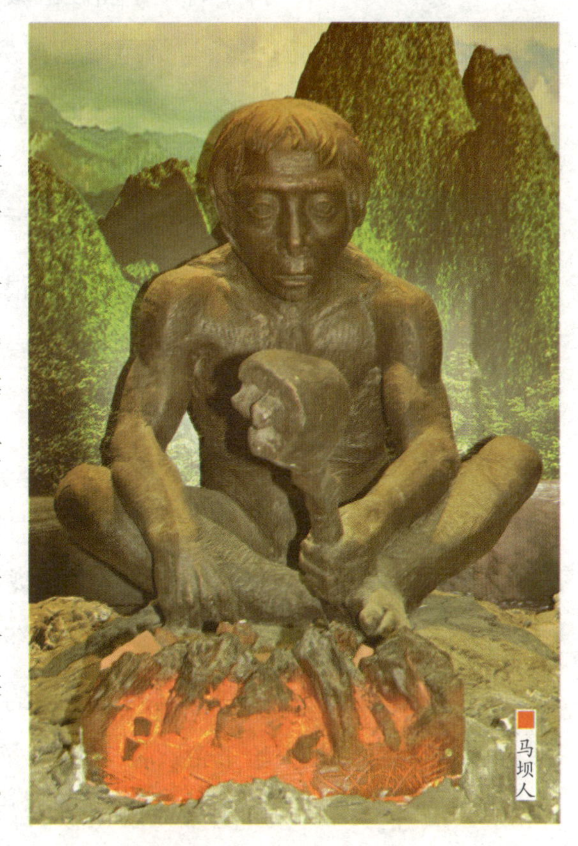
马坝人

马坝人距今13.5万年至12.9万年，是介于中国猿人和现代人之间的一种古人类型，是直立人转变为早期智人的重要代表，也是广东省

马坝人头盖骨化石

发现的唯一的远古人类。

马坝人头骨的发现，扩大了我国远古人类分布的范围，填补了我国华南人类进化系统上的空白，更完善了我国原始人类的发展序列。

狮子岩位于曲江区城西南，它的外形貌似狮子，由狮头峰与狮尾峰两座秀丽玲珑的石灰岩孤峰所组成，一高一矮，南北并立，由北遥望如卧狮酣睡，由南远看则似雄狮起舞。

山中溶洞交错，上下相通，底层终年积水。南者称“狮尾”，高距地面很高，北者称“狮头”，距地面也很高，统称为狮子岩。

关于狮子岩和马坝镇，有一个神奇的传说：话说唐僧到西天取经回来后，孙悟空、猪八戒、沙和尚也修成了正果，玉帝要把他们召回天庭，进行加官封赏。只有唐僧的坐骑白龙马，由于没有和妖魔鬼怪厮杀搏斗的惊天动地的功绩，因此，那些报功的小仙就没有把白龙马列为唐僧的徒弟作为“修成正果”的对象报给玉帝。

白龙马无聊至极，好生没趣，想着在长安无所

唐僧（602—644，一说664年），名玄奘，唐朝著名的三藏法师，汉传佛教历史上最伟大的译师。俗姓陈，本名袆，出生于河南洛阳洛州缑氏县，即今河南省偃师市南境，佛教法相宗创始人。他与鸠摩罗什、真谛并称为中国佛教三大翻译家，唯识宗的创始者之一。在小说《西游记》中讲的唐僧是一个吃斋念佛的僧人，师徒四人在取经路上，经过九九八十一难终于取得真经修成正果。

作为，不然回家算了，就独自离开长安城，往东海而去。不知走了多少时日和多少路程，他却走错了方向，往南去了。

长安 是西安的古称，从西周到唐代先后有13个王朝及政权建都于长安，是我国历史上历时最长，建都时间最早，朝代最多的古都，也是我国历史上影响力最大的都城。列我国四大古都之首，是中华文明的发祥地、中华民族的摇篮、中华文化的杰出代表。

白龙马来到一处绿水环绕的河畔。河畔有很多嫩绿的青草，他停下咀嚼起来，吃饱了，走到河边喝些清甜的河水，喝足，躺到沙滩上晒太阳，望着四周荒凉景色，想起跟随师父师兄们到西天取经的情景。

就在这时，天仙太白金星豢养的一只天狮偷跑下凡，刚来到下界，就看到躺在河畔的白龙马，一下子就撩起它的食欲。那天狮看白龙马好像睡着的样子，就在树丛里一跃而起，发出震天的吼声，向白龙马猛扑过去。

白龙马毕竟也不是等闲之物，在天狮就要扑到的刹那猛然跳起，几个空翻避过了天狮的偷袭，长啸一声，跃过了几十丈宽的河流，稳稳地站在对岸的草地上。而由于用力过猛，原先披在背上的唐僧坐过的马鞍就甩了出去，落在河岸几百米外。

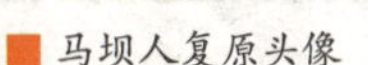
马坝人复原头像

白龙马的长啸声被有顺风耳的孙悟空听到了，他知道白龙马有难了。而天狮的吼声也传到了天庭，太白金星也听得明白，断定那个孽障偷跑到凡界闹事了。

马坝古人

太白金星 又称“白帝子”，是天边启明星的神格化人物。为道教神，据《七曜禳灾法》描述最初的形象是穿着黄色裙子，戴着鸡冠，演奏琵琶的女性神，明以后形象变化为老迈年长的白须老者，手中持一柄光净柔软的拂尘，入道修远神格清高，时常出现在一些有影响的古典小说中，最著名的是《西游记》。

孙悟空一个筋斗云，已去了十万八千里。太白金星也听出了天狮和白龙马的声音是出自一处的，也忙追悟空而去。

天狮看白龙马避过了，不由一愣：凡界的物件好生了得，居然躲得过我天狮。就更恼怒，又发一声长吼，一跃过河，再向白龙马扑去。

白龙马由于惊魂未定，还没搞清这是怎样一个厉害家伙，那庞然大物又扑过来了，由于迟疑了一会儿，他这次逃避的速度就慢了一拍。

在这千钧一发的时刻，孙悟空来到了小河的上空，他从耳朵里取出如意金箍棒，猛向天狮掷去。那金箍棒以电光之速冲向天狮，吓得就要扑到白龙马的天狮赶紧逃避。

孙悟空降下祥云，落到白龙马身旁，说：“悟空来迟，师弟受惊了，你在此歇息，我去收拾那孽障。”说完，扬起金箍棒，追那天狮而去。

霎时间，在这河边上，飞沙走石，河水翻滚，孙悟空和天狮一会儿在地上，一会儿在半空中厮杀追打，好一个恶斗场面。这时，天空中出现一道剧烈的白光，原来太白金星站在一团祥云上，手举一个物件向着天狮，口中念念有词，那天狮就匍匐在地上，一动也不能动了。

太白金星又说：“孽障，你偷跑下界，犯了天条，我就罚你变成石头，在下界永受雨淋日晒吧！”

从此，这条河的南边就有了一座狮子岩。这两山之间的河畔，由于白龙马在这躺过，后来，马坝人来到这里生活，逐渐兴起了一个墟镇，也就叫作马坝镇了。

在马坝狮子岩发现的古人类化石为一头骨的颅顶部分，包括额骨和部分顶骨，还保存了右眼眶和鼻骨的大部分，可能是一位中年男性，呈卵圆形，颞线不明显。无顶骨孔，眼眶上缘为圆弧形，与尼安德特人相似，鼻骨相当宽阔，与现代人不同。

马坝人眉嵴粗厚，眶后部位明显收缩，额骨比顶骨长，表现出和直立人类似的原始特征。头骨的最宽处约在乳突上脊稍上，颅顶正中有类似矢状嵴的结构，但不如我国北京周口店猿人明显。

马坝人生活场景

但它的颅骨骨壁较薄，颅穹隆较为隆起，

马坝人生活场景

脑量较大，估计可能超过北京人，又具有智人的进步性质。因而分类上可归于早期智人，代表直立人转变为早期智人的重要环节。

马坝人头骨形态虽然比北京猿人的进步，但也有许多性状与北京猿人相似，说明与北京猿人有密切的亲缘关系。与欧洲的一般尼安德特人性状也有些相似，但存在着更大的差别。

在与马坝人同期的洞穴沉积层中，还发现有大量第四纪动物化石，包括华南虎、大熊猫、熊、狗、獾、中国犀、貘、东方剑齿象、鬣狗、野猪、鹿、羊、猴等几十种。

这几十种动物中，属哺乳类动物的计有27种，这27种哺乳类动物化石基本属于华南地区泛称为大熊猫、剑齿象动物群的成员。

大熊猫、剑齿象动物群在华南地区于更新世早期已经出现，一直延续到更新世晚期，在时间上差不多跨越百余万年，这种状况在生物系统演化史上是难以想象的。在差不多100万年期间，这个动物群的更新与变化是不大的，以致难以按不同年代加以划分。

在这一漫长的岁月里，随着全球性的几次大冰期的出现以及地壳新构造运动的发生，地处低纬度的华南地区生态环境也发生了不少变迁，环境的改变当然影响到动物群的结构，引起种属的更新以及形态特征的突变。虽然各类动物对生态变化反应强弱不同，但绝对不发生变化者极少。

所以，作为马坝动物群的主要成员，属于中更新世时期和时代较早时期的种属占大多数，属于晚更新世或现生种的只占少数。

比较起来，马坝动物群的特点是：没有第三纪的残留种，也没有确凿证据证明有早更新世的种属存在，但有早期智人化石；大部分种类均为中更新世洞穴中常见的大熊猫—剑齿象动物群的成员，而且绝大多数的种类都表现出个体明显增大的现象。

由此可见，马坝动物群不可能作为华南地区中更新世早一阶段的代表性动物群，至多也只能作为这一

大冰期 即冰河时期，又称冰川期，指地球在某些年代里陆地和海洋都被冰层覆盖的时期。在冰河时期，冰层覆盖了世界上大片土地，这些地区的气候非常寒冷。同时，由于较多水分储在冰块中，各地的海平面便较低了。地球约1／3的陆地被覆盖在240米厚的冰层下。

马坝人遗址

> **燧人氏** 又称“燧人”，三皇之首，他在今河南商丘一带钻木取火，教人熟食，是华夏人工取火的发明者，结束了人类茹毛饮血的历史，开创了华夏文明。燧人氏是神话中以智慧、勇敢、毅力为人民造福的英雄。他的神话反映了我国原始时代从利用自然火，进化到人工取火的情况。

地区中更新世中、晚期的动物群。

考虑到南方气候变化剧烈程度不如北方，动物群成员更替速度较慢，将它作为中更新世晚期末的代表性动物群可能更为合适。在马坝人生活的洞内，还发现了两件砾石打制的砍砸器。

从以上的分析可以看出，马坝古人类生存的时候正处在冷期到来之际，由于地处低纬度地区，气候仍然是适宜的，周围的生态环境既有茂盛的森林存在，同时还有广阔的水域，除在较高的山上有可能出现局部的山麓冰川外，绝不会大面积出现冰川。

但不可能仍然保持原来的亚热带气候，而是变成温暖湿润、四季分明的气候环境。夏季里温热多雨，春秋季干爽凉快，冬季则稍微偏冷。当地属粤北山区，除受纬度的控制外，还受垂直气候带的影响，因而动物群的成分更加多样化。

■化石标本

在马坝人时期，到处一片生机盎然，这对人类的

生存和发展是一个非常适宜的环境。马坝人也就是在这种环境中繁衍生息的，即相似于远古传说中“钻燧取火以化腥臊”的燧人氏时代。

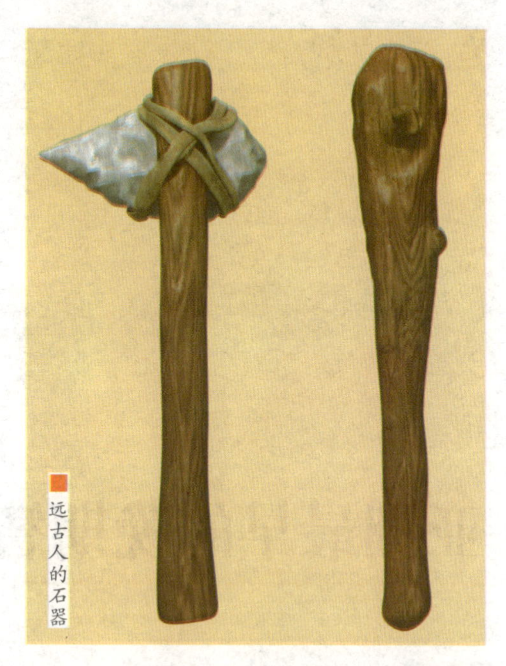

远古人的石器

狮子岩的狮头峰也称前山，狮头峰溶洞由下而上，共有5层，在第二层洞口竖着一座复原的“马坝人”胸像。

“马坝人”虽然比起生活在50万年前的北京猿人已经有了很大的变化，但仍然保持着猿人的特征：眉骨前缘向前突出，头顶盖低平，前额部向后倾斜，口吻部阔平尖出。马坝人遗址的发现，为探讨人类演化和发展提供了重要的实物资料。为完善我国原始人类发展的序列提供了相当重要的资料；马坝人的发现，证明了广东的历史可以上溯到原始社会的原始群时代。

阅读链接

1958年，广东省韶关市曲江区马坝镇当地农民在狮子岩附近烧制土磷肥时，偶然在狮头山石缝中发现了头骨化石。他们马上向上级汇报了情况。

后经有关专家鉴定，认定这里出土的是一种极为重要的人类化石标本。中国科学院古脊椎动物研究所派出专家、教授会同有关考古工作者前来勘察。

后来，在化石出土的地方又挖掘出一件形似龟壳的化石，经鉴定为人类化石标本，属第四纪更新中期人类；继而在出土地又发现些碎头盖片，经拼凑黏结，复原为一个完整的古人类头盖骨。专家们把它定名为“马坝人”化石。

亚洲最早的晚期智人——柳江人

柳江人

广西“柳江人”为我国古人类化石，存在于我国广西壮族自治区柳州市东南的柳江县。为人类颅骨一具、脊椎骨、肋骨、盆骨和大腿骨化石多块。

“柳江人”距今已有四五万年历史，是蒙古人种一个南方属种的典型代表，是我国发现的最早的现代人化石。

柳江县位于广西壮族自治区中部，属亚热带季风气候，日照充足，雨量充沛，温度适宜，四季常绿，非常适合人类生存。柳江境内溶洞众多，比较著名的如龙栖洞，又称乾王洞，位于福塘乡境内，是我国传说中古时候计氏豢龙公养的真龙曾栖息的地方。

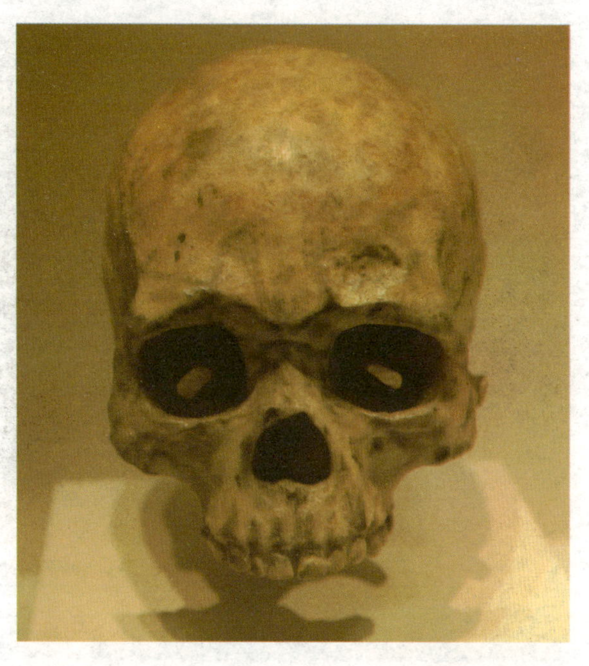
柳江人头骨化石

“柳江人”遗址所在山洞附近地貌为半山地半丘陵，高出附近地面70余米。通天岩在山体的上部，是一个巨大的喀斯特岩溶洞穴，洞顶有天窗与洞外相通，洞前有斜道下至“柳江人”洞口。洞口朝北，有主洞与数条支洞。

在柳江发现的人类化石为一中年男子骨骼一部分，包括一个完整的头骨化石，4个胸椎并粘连有长短不一的肋骨5段和全部5个腰椎以及骶骨。化石呈灰白色，石化程度中等。

头骨属中头型，眉骨微隆起，脑壳容积约1400毫升；前额膨隆，嘴部后缩，门齿舌面呈铲形，无猿人向前突出特征；枕部有粗壮肌脊。

柳江人头骨上的主要骨缝都已有中等程度的愈合，牙齿已有相当程度的磨蚀，年龄在40岁左右。头骨中等大小，眉嵴较为粗壮，眉间部肥厚，额部稍稍倾斜，额结节和顶结节不明显突出，肌脊较弱，乳突部粗壮，但乳突细小。

豢龙公 当舜为首领的时候，有一个叫董父的人，擅养龙，许多龙都飞到他的身边，舜听说此事后，非常高兴，当即赐董父姓豢龙。后来夏朝出一个刘累，跟豢龙氏学习养龙，十分卖力地为帝孔甲养龙，孔甲见其技艺精良，就赐他为御龙氏。他们都被称为“豢龙公”。

原始人类使用的石斧

柳江人的鼻短而宽。属最宽鼻型。鼻骨大而宽，鼻梁稍凹。柳江人头骨的鼻根宽比任何现存的人种为宽阔。由此，表示柳江人头骨具有一定的原始性。

柳江人头骨虽属中头型，但在中头型的下限，接近于长头型。前囟的位置较现代人的为后。眉嵴相当粗壮，额部稍向后倾斜。面部短而宽，眼眶也相应地矮而宽。

从这些特征，可推测出“柳江人”头部姿势与现代人相同；体质形态上和现代人基本相似。但仍保留一些头顶比现代人稍低矮，眼眶很扁等较原始性质，头骨颜面扁平程度表明“柳江人”具有蒙古人种主要的特征。

柳江人化石肢骨保存的有右侧的髋骨，但耻骨部分缺损，另外有左右股骨干各一段，杂有大小和形状不一的褐色斑块。

椎骨较为细致。骶骨宽度中等，上部曲度平缓，下部则弯曲度增大，月状关节面下延达第三骶椎水平，这些是男性骶骨的特征。

股骨的色泽较深，是否与头骨和体骨属同一个体，难以确定，但股骨既由同一地点发现，又没有发现重份的人类骨骼，所以可能全部人骨化石属于同一个体。

髋骨也较细致，髋臼明显向前，髂骨部分较为张开，但髂窝较浅。髋骨与骶骨的月状关节面互相吻合，明显属于同一个体，因此可以确定是男性的个体。

但是，因为那段股骨比较纤细，也可能代表一位女性，依据股骨估计其身高约为157厘米。后经C—14分析测定，该化石已存在10万年之久。确定这是一个中年女性的头骨化石，年龄在40岁左右。

这些古化石分属于男女两个人，与当地传说的“夫妻树”的情节非常相似。

在柳江有一棵神奇的“夫妻树”，此树原为一棵千丈树，树干挺直，紧临它的一棵黄桷树竟然主动贴身“求爱”，黄桷树吐出的须根如手臂般不断伸出，天长日久竟将千丈树全搂在怀中，只在树身局部露出巴掌大的一块千丈树树干，演绎了一段古老的爱情传奇。

相传很久以前，在美丽的花溪河畔有一个小村，山水秀丽，说也

原始人类使用的红陶杯

奇怪，基本上每家都生的是女儿，个个出落得俊俏美丽，人见人爱。

这一天，从山外来了一个英俊的姓柳的后生叫柳千丈。他勤劳诚恳，很受村里人喜欢，于是也就安安心心地在这里扎下根来。光阴似箭，一晃柳千丈已经20多岁了，应该是成家之时了。

这里有老先生姜积德一家，膝下老来得女，名叫姜玉娥，年方18岁，长得非常美丽，和柳后生实在是天设地造的一对，经村里人撮合，柳千丈最终和姜玉娥成亲了。

不知不觉一晃多年，姜玉娥先后为柳千丈生育了12个儿子，可惜一场瘟疫，她还不到40岁就不幸离开了人世。柳千丈将心爱的妻子埋在不远的地方，并带领孩子们亲手种下一株黄桷树为记，年年来此祭拜。

当柳千丈老了的时候，已经是五世同堂，他的12

祭拜 在特定的时候朝拜一些人物神明等的传统，具体的祭祀的目的主要是弭灾、求福、报谢。祭祀是华夏礼典的一部分，更是儒教礼仪中最重要的部分，礼有五经，莫重于祭，是以事神致福。祭祀对象分为三类：天神、地祇、人鬼。天神称祀，地祇称祭，宗庙称享。

骨锥

原始部落生活图

个儿子带领各自的儿子的儿子的儿子，一起来给他做大寿，真是人丁兴旺，300来口柳姓人家及场上亲戚人头攒动，好不热闹。

柳千丈心头高兴，也不知是酒醉了还是什么原因，突然好像变了一个人，他声如洪钟地对满堂子孙吼道："都给我跪倒，听我说！"

只听柳千丈说："我那玉娥喊我去陪她，地点就在她的身边不远处，已经有个地方给我安好了椅子，你们听到了没有？"

柳千丈突然没有了声音，大家在诧异中抬起头，看见老人家大笑着已溘然长逝。老大带着老二、老三直奔母亲坟前寻觅，果然在母亲坟前不远的地方，看见了不知谁在那里取土挖出的很大的一处圆洞，只得照父亲临终的话，把他安葬在这里。

时间又在不知不觉中走过，柳千丈的坟前不知啥时候长了一棵树苗，谁也不知道这种树叫什么名，两年工夫，笔直地往上长，居然有大碗粗细，人们干脆就以柳千丈的名字约定俗成地称其为"千丈"树。

奇怪的事一件接着一件，就在这一年，姜玉娥的坟茔上长大的黄桷树在树冠顶部向着这棵千丈树搭过两条长长的枝干来，像两条手臂

古人类生活场景

紧紧地箍住这棵千丈树。

夜晚来临，路过树下的人们经常听得到一男一女的声音就在附近响起，就像恋人一样地窃窃私语，缠缠绵绵，发出的声响非常悦耳。

据说，新婚的夫妇只要在这里听到这种声音，那么女方今后怀胎十月，生下来的必定是个男孩儿。

神奇的事越来越多，黄桷树伸过来的枝干也越来越多，就像瀑布从天而降，把个千丈树从头至脚包裹得严严实实，就像柳千丈和姜玉娥活着时一样。于是，人们就称之为“夫妻树”。

根据“夫妻树”的传说，或许这两个古代柳江人的化石，就是当年的柳千丈和姜玉娥也说不定。

柳江人化石与山顶洞人一样，一方面保留有一些相对于现代人类原始的特征，另一方面已经具有了一系列现代蒙古人种的特点，表明柳江人是正在形成中的蒙古人种的一种早期类型，生物分类上归于晚期智人，并且，柳江人是我国以至整个东亚所发现的最早的晚期智人。从柳江人头骨的形态特征，头骨的颅盖高指数和前囟位指数，前囟角和额角等判断，柳江人可以确定属早期智人类型，较周口店的山顶洞人和四川资阳人为原始。

同时，柳江人所在的区域，恰好是壮族先民的活动地域，也是我国壮族的聚居地区。基于此，壮族是这些古人类的后裔之一。

遗址中没有发现石器或其他工具。与柳江人化石同时发现的动物化石都是南方山洞里常见的大熊猫—剑齿象动物群里的动物。计有近乎完整的大熊猫骨架、完整的箭猪头骨、中国犀、剑齿象、鹿类和牛类的牙齿、破碎肢骨。

熊猫的头骨位于人类头骨化石的附近，而其他动物化石则发现于胶结的黄色堆积中。熊猫化石和人类头骨化石上都黏结有同样的红色土质，从堆积的性质上看，它们是同一时代产物，比更新世中期稍晚。而人类化石明显是新人阶段的原始类型，时代属更新世晚期。

阅读链接

1958年，广西壮族自治区柳江县新兴农场一个分队在农场附近寻找肥泥，有人提出挖掘当地人称为通天洞中的堆积土做肥料。人们高举火把，把通天洞照得通亮，他们一连挖了几天，几乎把洞里的沉积土挖下3米深，挑出来放在地里做肥料。

他们挖着挖着，在离洞口18米处偶然发现一个完整的人的头骨化石，仅缺下颌骨。农场场长得知后非常重视，将化石装箱妥善保护，由有关部门上报国务院。

周恩来总理得知后，立即通知当时正在广西柳城县做考古调研的中国科学院著名古人类专家到现场考察。根据研究，定名为“柳江人”，这是我国以至整个东亚迄今所发现的最早的晚期智人。

壮族公认原始祖先——麒麟山人

我国广西壮族自治区的“麒麟山人”是古人类的化石，因在来宾市麒麟山盖头洞穴内发现，故得名麒麟山人。古人类的遗骸仅保存有颅底部分，包括大部分上颌骨和腭骨，右侧的颧骨和大部分枕骨，三者已不连续，是属于一个男性老人的个体。后被确定为属距今3.6万年

石器时代古人生活场景

古人类用火场景

前旧石器时代晚期的古人类，为壮族人公认的先祖。

麒麟山人类化石的发现，有助于人种的起源和分布等问题的研究；说明远古时代人类的祖先就在这块土地上繁衍生息，表明距今2万年至1万年前的“麒麟山人”已学会和使用钻孔与磨尖的石器。

麒麟山位于广西壮族自治区来宾市兴宾区桥巩乡合隆村南，北面有狮子山和猴子山，西面有扁山和龙口山，西南有老蚌山和板山，东有江山，在江山之东有红水河。

盖头洞壮语为“卡姆头洞”，高出地面7米，洞口朝南偏东。洞内有大量的钟乳石和石笋。

关于麒麟山，当地流传着一个非常悠久的传说，或许传说中的水火麒麟夫妇，后来就化作了最早的麒麟山人吧！

麒麟 亦作“骐麟”，简称“麟”，是我国古籍中记载的一种动物，它与凤、龟、龙共称为“四灵”，是神的坐骑，古人把麒麟当作仁兽、瑞兽。把雄性称麒，雌性称麟。民间还有麒麟送子之说，麒麟是龙头，马身，鱼鳞。它的综合面不及龙、凤那么广泛，不过名气也不算小。常用来比喻杰出的人。

古人类狩猎场景

相传天帝造万物时，造了一种很美、类似龙，而又有超能力的生物，那就是麒麟。

在一个叫和平谷的地方，住着水麒麟和火麒麟夫妇俩。后来在和平谷的盖头洞里，动物们要选一个大王，水火麒麟轻而易举地便成功当选了。因为他们的善良、宽厚的性格和超凡的力量，一直得到谷里动物的爱戴。

然而，正当大家平静而快乐地生活着的时候，从和平谷旁边的恶鬼谷里来了一个不速之客。

恶鬼谷跟和平谷大有差异。和平谷生灵多，恶鬼谷生灵稀；和平谷是善良的象征，而恶鬼谷却是阴险小人的天地。而这位不速之客，恰恰是恶鬼谷里最可怕的九头蛇。

九头蛇见麒麟夫妇俩把和平谷治理得有条有理，心生妒火，发誓要大战麒麟夫妇。

暗器 指那种便于在暗中实施突袭的兵器。暗器大多是武林中人创造出来的，它们体积小，重量轻，便于携带，大多有尖有刃，可以掷出十几米乃至几十米之远，速度快，隐蔽性强，等于常规兵刃的大幅度延伸，具有较大威力。

起初麒麟夫妇并不愿应战，认为不该伤和气。但九头蛇才不管，竟扬言要杀死和平谷里的生灵来威胁他们。

无奈，麒麟夫妇便接受了生死战。他们挑了一块谷外的空白沙地，并叮嘱谷中的动物们乖乖地待着不要靠近，等他们得胜回来。

毕竟九头蛇战胜不了麒麟夫妇，很短时间便成了他们的手下败将。麒麟夫妇不想杀生，便决定放了它。

正当他们略疏忽时，九头蛇竟使用了毒招。用暗器射进了水麒麟的前胸。看着妻子倒下了，火麒麟失去爱妻的痛燃起了他胸中的怒火，他发疯似的将九头蛇杀死。

妻子死了，火麒麟也消沉了，他也自杀了，随他的妻子离开了人间……

和平谷的动物们长久不见大王夫妇回来，便来到了沙地。

那已不是一片沙地，那里有了汪汪清水，叠叠群山。大家知道，那汪汪清水是水麒麟的化身，而那叠叠群山则是火麒麟变成的。

为了纪念麒麟夫妇，大家便管这群山和清水叫作麒麟山和麒麟

尖状器

潭。据说，水火麒麟夫妇的灵魂升天后，都被天帝转化成了人类，又回到故乡繁衍生息，也就成了最早的麒麟山人。

麒麟山盖头洞内，远古时代的堆积可分两层：上层是黄灰色堆积，含角砾岩和大量鹿牙、猪牙，还有大量腹足类软体动物的硬壳，人头骨化石就在此层，其中还有灰烬、炭屑、烧骨，并出土一件粗糙的石器和两件人工打制的石片；下层为稍胶结的红色堆积，含结核和碎石块。

麒麟山人化石存在的地质年代属更新世晚期，伴生动物化石多是现生种。麒麟山人无明显的原始性质，这表明在旧石器时代晚期，兴宾区已有远古人类居住、活动，并繁衍生息，这就是壮族的先祖。到了新石器时代，远古人类在兴宾区的居住与活动范围就更为广阔，几乎遍及区境的东、西、南、北、中。

我们也可以这样认为：麒麟山是我国古代百越归宗之地，是壮民族的祖宗山；麒麟山人所在的广西来宾，是我国南方古文化的主要发源地之一。

阅读链接

1956年，中国科学院古脊椎动物研究所野外调查队在麒麟山的盖头洞内发现了一具残破的人类头骨，一件粗制的石器和两件人工打制的石片，后来，研究人员将那件人类头骨命名为“麒麟山人”。

1959年，《古脊椎动物与古人类》刊物上，发表了我国著名古人类学家贾兰坡、吴汝康的论文《广西来宾麒麟山人类头骨化石》，研究得出，麒麟山人化石为一个男性老年个体，属于新人类型，遗址为距今2万年前的旧石器时代晚期。

“麒麟山人”头骨化石现存放在中国科学院古脊椎动物博物馆。

北部猿人

我国北部地区从远古时期就有人类在此活动，与自然进行着不屈不挠的斗争，并且留下了丰富的人类遗存。

比如驰名中外的北京周口店北京猿人、我国古都西安的陕西蓝田人、山西西村人、山西西侯度人、内蒙古扎赉诺尔人、辽宁金牛山人和吉林榆树人等。

每一个遗址都闪烁着中华民族的古老文明之光，为我国和世界人类发展研究提供了宝贵的实物资料。

中华民族古文明代表——北京人

“北京人”是在我国北京市西南房山区周口店发现的远古人类化石，正式名称为“中国猿人北京种”，但通常被称之为“北京直立人”，简称“北京人”。

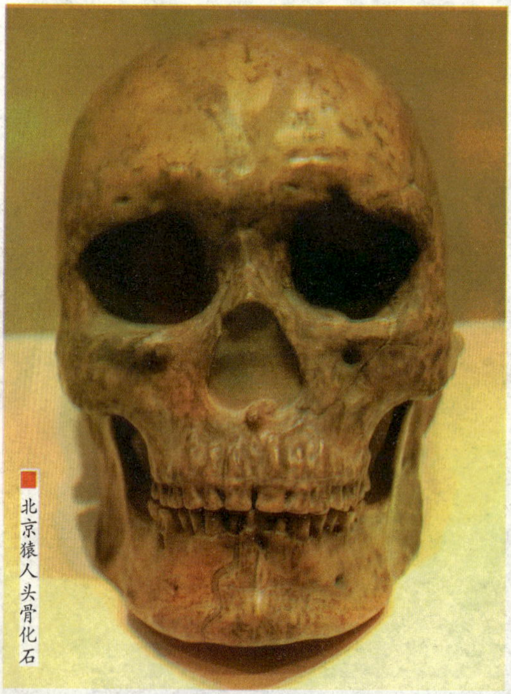

北京猿人头骨化石

“北京人”的发现，解决了爪哇人发现以来围绕“直立人”究竟是猿还是人的争论。事实表明，在人类历史的初期，从体质形态，文化性质到社会组织等方面，的确有过“直立人”阶段，他们是“南猿”的后代，也是以后出现的“智人”的祖先。“直立人”处于从猿到人进化序列中重要的中间环节。

周口店古人类文化遗址的发现，给我国历史文明谱写了一首美丽庄严的序曲，为研究旧石器时代早期的人类及其文化提供了可贵的资料。周口店北京猿人遗址也因此成为人类化石材料最丰富、最生动、植物化石门类最齐全而又研究深入的古人类遗址。

周口店处于山区和平原接壤部位。离“燕京八景”之一卢沟桥不远。北京猿人遗址附近山地多为石灰岩，北面是重叠的高山，西面和西南为低缓的群山所环绕，东南方是广袤的平原，这些山地，就是驰名世界的龙骨山。

北京猿人头盖骨化石

在龙骨山的东边有一条河流。在水力作用下，形成大小不等的天然洞穴，成为埋藏“龙骨”的仓库。在这里发现的“北京人”化石大概属于40多个个体。

北京猿人头骨的最宽处在左右耳孔稍上处，向上逐渐变窄，剖面呈抛物线形。这与现代人头骨的最宽处上移到脑颅的中部不同。北京人的头盖骨低平，额向后倾，虽已比猿类增高，但低于现代人。

北京人的脑量介于猿和现代人之间。他们的头盖骨比现代人约厚一倍。眉嵴粗壮，向前突出，左右互相连接。颅顶正中有明显的矢状嵴，头骨后部有发达

燕京 北京的别称。因为燕都古时为燕国都城而得名。战国七雄中有燕国，是因临近燕山而得国名，其国都称为“燕都”。以后在一些古籍中多用其为北京的别称。1420年，明朝的第三代皇帝朱棣把这里定名为北京，从此北京这个名称就出现了。

龙骨山 是中外驰名的一座山，在北京市房山区周口店西。因山上盛产中药龙骨而得名。从20世纪20年代首次发现北京人的头盖骨化石之后，龙骨山便驰名中外。因为它是北京人、新洞人、山顶洞人的故乡，是研究古人类和古脊椎动物的科学基地。

的枕骨圆枕。

北京人面部较短，吻部前伸，没有下颏。有扁而宽的鼻骨和颧骨，颧骨面朝前，这表明他们有宽鼻子和低而扁平的面孔。下颌骨的内面靠前部有明显的下颌圆枕。

北京人牙齿，无论齿冠或齿根都比猿类弱小，齿冠纹理也简单，但比现代人粗大、复杂得多。另外，犬齿和上内侧门齿的舌面，有由底结节伸向切缘的指状突；上内侧和外侧门齿的舌面为明显的铲形。

北京人的头部保存的原始性质表明它们属于直立人发展阶段。北京人的门齿呈铲形，有宽鼻子和低而扁平的面孔，下颌骨内面靠前部有下颌圆枕等，又表明他们具有明显的现代蒙古人种的特征。

北京人的下肢骨髓腔较小，但在尺寸、形状、比

■ 周口店北京人生活场景

北京人打制石器场景

例和肌肉附着点方面都已和现代人相似，这证明他们已经善于直立行走。北京人的上肢骨和现代人的接近程度更甚于下肢骨，说明他们的上肢已能进行与现代人十分相似的活动。同时，在北京人遗址处还有不下10万件石制品，以及丰富的骨器、角器和用火遗迹。

石器以石片石器为主，有砍斫器、刮削器、雕刻器、石锤和石砧等多种类型。石核石器较少，且多为小型。原料有来自洞外河滩的砾石，也有从2千米以外的花岗岩山坡上找来的水晶。

北京人用砾石当锤子，根据石料的不同，分别采用直接打击法、碰砧法和砸击法打制石片。北京人从一面或两面打出刃口，制成砍斫器，反映出一定的技术水平。在世界上已知的同时期的遗址中，还从没有听说过精致程度可与之相比的同类石器。从石锤上留下的敲击痕迹可以看出，北京人善于用右手操作。此外，在一些未经第二步加工的石片上，往往也发现使用过的痕迹。

遗址中有许多破碎的兽骨，其中某些是北京人制作和使用过的骨

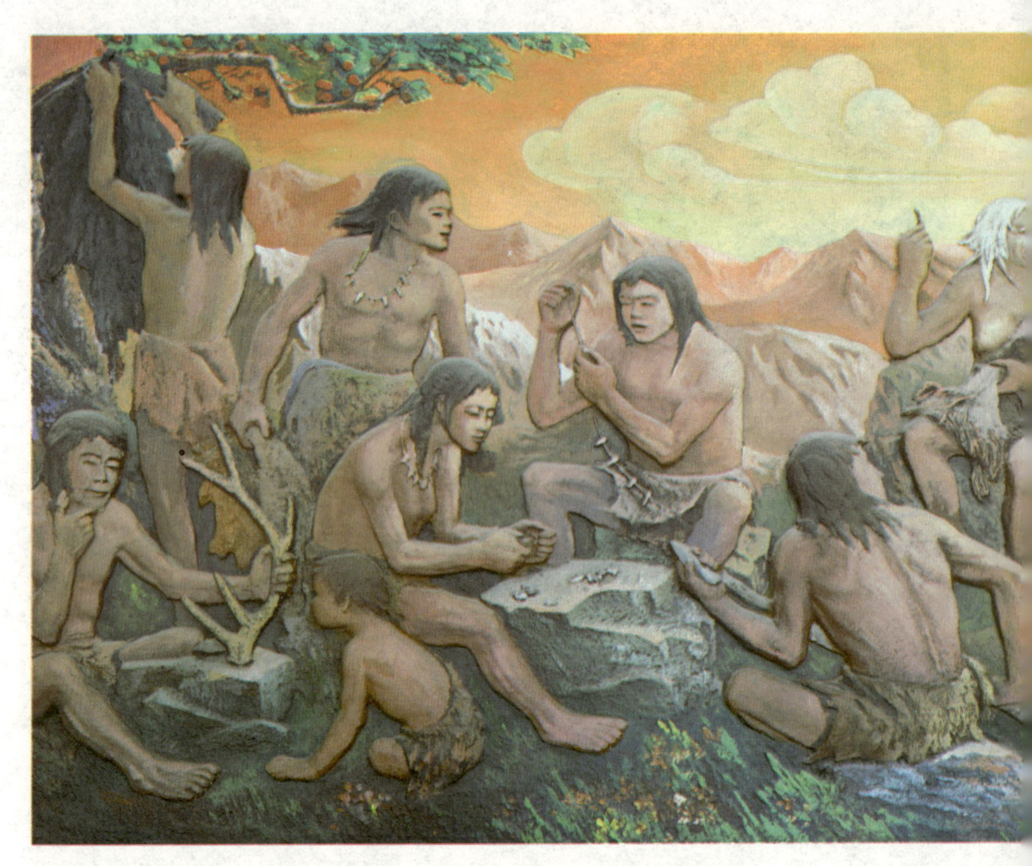

器。例如，截断的鹿角根可以当锤子使用，截断的鹿角尖可以做挖掘工具。从这些鹿角上可以看出，北京人已掌握了在要截断的地方先用火烧，使之容易截断的方法。

又例如，许多鹿头骨只保留着像水瓢似的头盖，上边有清楚的打击痕迹，多数经过反复加工，保留部分的形状也相当一致，可以看作舀水的器皿。有的动物肢骨顺长轴劈开，把一头打击成尖形或刀形；有的骨片在边缘有多次打击痕迹，也可做工具使用。

在北京人洞穴里还有北京人用火留下的灰烬。灰烬层中，有许多被烧过的石头、骨头和朴树籽，还有一块紫荆木炭。灰烬有的成堆，说明他们已能很好地管理火。虽然目前还无法证明北京人已能人工取火，但他们显然学会了保存火种的方法。

较大的灰烬层有4个，第四层的灰烬最厚处超过6米。从第十三层以

周口店猿人生活场景

上发现动物化石，这一层还出土了几件石器，表明已有早期人类活动。

通过对“北京人”及其周围自然环境的研究，表明50万年前北京的地质地貌与现在基本相似，在丘陵山地上分布有茂密的森林群落，其中栖息着种类丰富的动物种群。但也曾出现过面积广阔的草原和沙漠，其中有鸵鸟和骆驼栖息的遗迹，表明在这段岁月里，北京曾出现过温暖湿润和寒冷干燥的气候状况。

北京人遗址时代有一个发展过程。当初被认为是上新世。后以动物群的性质为主要依据，判明这个遗址属于比泥河湾期晚而比黄土期早的中更新世。最终测定为距今70万年至20万年。

北京人使用天然火，所谓的天然火不是人工取的火，而是打雷正好击中干燥的木头，点燃了火，又或者是火山爆发和森林火灾。晚上大家轮流看火，他们是用灰来保存火种的。那一时期他们用火烤东西

北京猿人复原像

吃，晚上睡火边，这样可以取暖，还可以赶走野兽，因为野兽怕火。

而鬣狗和北京猿人的关系极为密切。在猿人洞遗址中，北京猿人和鬣狗相互交错的化石堆积层清晰地表明，洞穴最早的主人应该是鬣狗，50万年前的时候，北京猿人开始入住这里，从此，双方交替占领洞穴，进行了长达数十万年的殊死搏斗。

那时的周口店一带，深林茂密，野草丛生，猛兽出没。北京人将石块敲打成粗糙的石器，把树枝砍成木棒，凭着极原始的工具同大自然进行艰苦的斗争。这样只靠单个人的力量，无法生活下去，因此，他们往往几十个人住在一起，共同劳动，共同分享劳动果实，过着群居生活，形成了早期的原始社会。

北京周口店遗址不仅是有关远古时期亚洲大陆人类社会的一个罕见的历史证据，而且也阐明了人类进化的进程。

阅读链接

1987年，联合国教科文组织将北京周口店“北京人”遗址列入《世界遗产名录》。

周口店遗址成为《世界遗产名录》的标准：能为一种已消逝的文明或文化传统提供一种独特的至少是特殊的见证；与具特殊普遍意义的事件或现行传统或思想或信仰或文学艺术作品有直接或实质的联系。

亚洲北部古老直立人——蓝田人

陕西“蓝田人”是发现于我国陕西省蓝田县公王岭和陈家窝两地的古人类化石，旧石器时代早期人类，属早期直立人，学名为“直立人蓝田亚种”。生活在距今115万年至70万年前。是亚洲北部所发现的最古老的直立人。

蓝田人复原像

蓝田猿人头骨的发现，扩大了已知的我国猿人的分布范围，增加了世界猿人化石的分布点，对探索和考察人类起源具有重大意义。

公王岭在蓝田县城东南，是灞河左岸最高的一个小土岗，前临灞河，后依秦岭。登上公王岭，即发现厚厚的古老的砾石层，上面覆盖着厚约30

蓝田人牙齿化石

米的“红色土”。红色土的下部夹有两层埋藏土，人类化石就埋藏在其中。

陈家窝位于灞河右岸，化石也发现于最高一级阶地的红色土层中。“红色土”属华北中更新世堆积。

蓝田人化石有头盖骨、鼻骨、右上颌骨和3颗臼齿，同属于一个成年人，可能是女性。蓝田人头骨有许多明显的原始性状：眉嵴硕大粗壮，左右几乎连成一条横脊，两侧端明显向外侧延展；眉嵴与额鳞之间的部位明显缩窄。头骨高度很低；头肌骨壁极厚，厚度超过周口店的北京人，脑量小于北京人。

蓝田人的年份较周口店的北京人早数十万年。因此他们在体质形态上有不少差别。例如，蓝田人的容貌更似猿猴，智力和四肢也比不上北京人发达。因而把蓝田人分类为“早期直立人”，把北京人分类为“晚期直立人”。他们住在更新世中期、旧石器时代。早期的蓝田人为西安最早的居民。

蓝田县有个地方叫女娲谷，那么蓝田人是不是与我们中华民族的始祖女娲有什么关系呢？

传说，女娲是伏羲的妹妹，后来伏羲氏死了，女娲氏没有儿女，因为年纪渐老，便回到美丽的陕西蓝田县女娲谷，准备颐养天年。

女娲 即女娲氏，我国古代神话人物。女娲氏是一位美丽的女神。女娲时代，随着人类的繁衍增多，社会开始动荡了。水神共工氏和火神祝融氏，在不周山大战，结果共工氏因为大败而怒撞不周山，引起女娲用五彩石补天等一系列轰轰烈烈的动人故事。

哪知这时，来了一个叫康回的怪人，专用水害人，女娲氏心中不忍，于是再出来与康回斗争。

康回生得铜头铁额，红发蛇身，是一位天降的魔君，来和人民作对，大家又把他叫作共工氏。他那一邦的人熟悉水性，与人打仗总用水攻。

女娲氏运用她的多种变化，到康回那里打探了一番，回来后就叫众多的百姓预备大小各种石头，分为五种，每种用青、黄、赤、黑、白的颜色作为记号。

女娲又吩咐，大家预备长短木头100根，另外再备最长的木头20根，每根上面，女娲氏亲自动手，都给它雕出一个鳌鱼的形状。还叫百姓再备芦苇50万担，限一个月内备齐。

同时，女娲又挑选1000名精壮的百姓，指定一座高山，叫他们每日上下各跑两趟，越快越好，又挑选2000名伶俐的百姓，叫他们到水中泅潜，每天4次，以能在水底潜伏半日最好。

女娲氏运用神力，传授他们一种秘诀，使那2000名百姓欢欣鼓舞，认真练习。女娲氏又取些泥土，将它捏成人形，大大小小，一共捏了几千个，这些泥人一着地就变成了真人。就这样，女娲带领大家终于打败了康回，使蓝田百姓们又过上了幸福

伏羲 是三皇之首，百王之先。他根据天地万物的变化，发明创造了八卦，这是我国最早计数文字，是我国古文字的发端，八卦的发明结束了“结绳记事”的历史。伏羲后来被中国神话描绘成“人首龙身”，被奉为中华文明的人文始祖。

蓝田人头骨化石

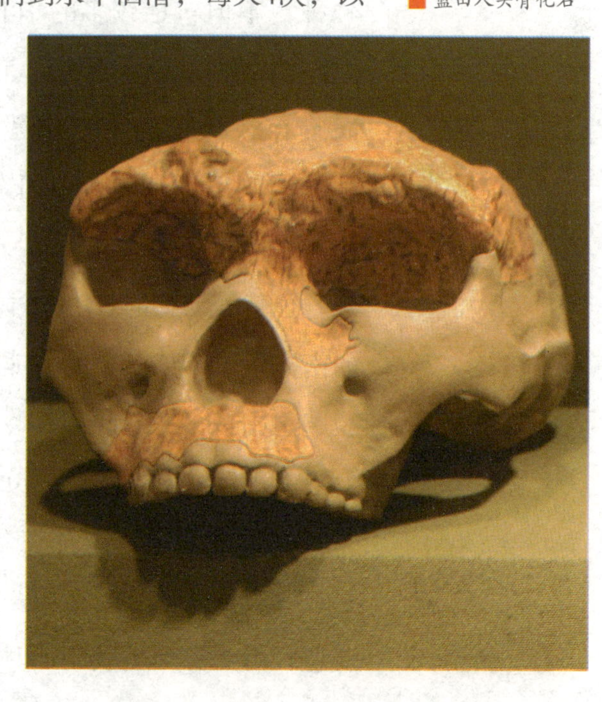

古人类狩猎图

生活。也许，女娲死后，人们就把她埋在了公王岭，经过多年之后，成了化石。

蓝田公王岭的红色土中，还发现哺乳动物化石42种，不但包括较多的华北中更新世常见种属，如中国缟鬣狗、李氏野猪、三门马和葛氏梅花鹿等，而且存在少量的第三纪残存种和第四纪早期典型种，如蓝田剑齿虎、中国奈王爪兽、更新猎豹和短角丽牛等。

爪兽 是一类奇特的灭绝了的奇蹄动物，与马类是近亲，且有着共同的祖先始祖马。它是一种很奇怪的动物，常用指关节行走以保护长长的爪子，它那强有力的四肢是非常有效的防卫武器。但是更多时候，爪兽用它们的爪子钩下树枝，以便吃到最鲜嫩的树叶。

公王岭动物群最引人注目的地方，是它具有强烈的南方色彩，如其中的大熊猫、东方剑齿象、华南巨貘、中国貘、毛冠鹿和秦岭苏门羚等，都是华南及南亚更新世动物群的主要成员。

公王岭动物群中存在着这么多的南方森林性动物，一方面表明当时蓝田一带气候温暖、湿润，林木茂盛；另一方面也表明那时的秦岭不像后来这么高，还未隆起成为妨碍南北动物迁移的地理屏障。

陈家窝与公王岭不同，缺少带有强烈南方色彩的哺乳动物。软体动物也基本上都是现代生活于华北的种类。两个地点的直线距离只有22千米，动物群却存在如此大的差别，这一事实也反映了时代的不一致。

在蓝田的中更新世化石的层位里，共发现200多件石制品，其中从公王岭含化石层和稍晚层位中发现的不过13件，另外一些则出自附近与之层相当的20来个地点。加工方法为简单的锤击法，石片一般未经第二步加工即付诸使用。

丽牛 是生活在早更新世到中更新世亚欧大陆的原始牛科动物，相对其他牛科动物，丽牛体型较为纤细，矮小，角细长而呈扁柱状，雌性则没有角，在草原上群居生活。其中最大的种类可能是我国的丽牛。到中更新世，只有短角丽牛幸存下来，后来由于气候变化而灭绝。

这些石制品本身的技术差别不大，在材料不足的情况下，一般暂时将它们都看作蓝田人的文化遗物。蓝田人的石制品包括砍斫器、刮削器、大尖状器和石球，还有一些石核和石片。它们多半用石英岩砾石和脉石英碎块制成，加工技术粗糙，有单面加工和交互加工者。器形多不规整，对原料的利用率也较低，表明当时的石器制作技术仍具有一定的原始性。

■ 蓝田人塑像

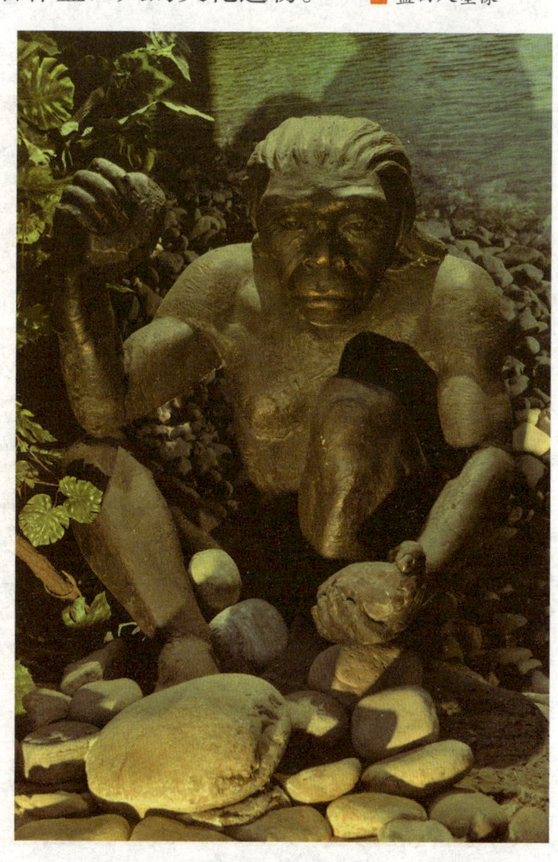

石器中最有特色的是大尖状器，断面呈三角形，又称“三棱大尖状器”。除蓝田外，这种石器在丁村遗

址、合河文化、西侯度文化和三门峡市等地点中也有发现。上述地点均位于“汾渭地堑”及其邻近地区，表明大尖状器是这个地区旧石器文化的一个重要因素。

在蓝田只发现一件石球，制作粗糙，与丁村、合河、三门峡市等地点发现的比较接近。蓝田的砍斫器和刮削器没有什么特色，制法和类型都和华北其他旧石器时代早期地点的差不多。

在公王岭含化石层里还发现了三四处灰烬和灰屑，散布范围均不大，很可能是蓝田人用火的遗迹。

由此可知，大约100万至50万年前，当时蓝田人的生活地区，草木茂盛，很多种远古动物栖息，包括大熊猫、东方剑齿象、葛氏斑鹿等素食动物，更有凶猛的剑齿虎。蓝田人用简单而粗糙的方法打制石器，包括大尖状器、砍砸器、刮削器和石球等，在自然环境中挣扎求存。他们捕猎野兽，采集果实、种子和块茎等为食物。

阅读链接

1964年的夏秋季节，在中科院前期6位专家在蓝田陈家窝村发现了距今约60万年的直立人下颌骨化石之后，黄慰文教授率领另一个考察队准备到蓝田北岭的三官庙地区去考察，因为当地老乡传说该地曾出现过“龙骨”。

那天，他们到公王岭东北边去考察，但走到半路就被大雨阻拦住了，只能在公王岭附近的一个村子里避雨。在避雨的过程中，这个小村的一位老乡告诉他们，公王岭上有“龙骨”，并建议他们去看看。

第二天，考察组的几个人便来到了公王岭上，在公王岭的黄土层中，确实看见了许多“龙骨”。后来，当他们把用了10多层纸包裹的这半颗牙交给权威学者贾兰坡时，贾老激动得一下子大声叫了起来：“人牙！”

10月12日，轰动世界的蓝田猿人头骨终于亮相了。1982年，国务院公布蓝田猿人遗址为国家重点文物保护单位。

从古猿到古人过渡的大荔人

陕西“大荔人”化石发现于陕西省大荔县城西北的段家乡解放村甜水沟附近的洛河第三阶地沙砾层中，是我国发现最完整的西北地区旧石器时代早期智人化石。是我国旧石器时代从猿人到古人过渡的一个代表。

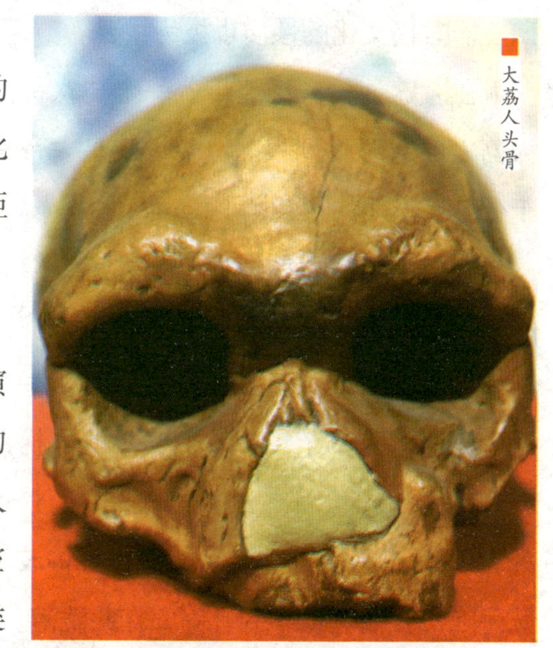
大荔人头骨

与大荔人化石同时出土的还有石制品和一些哺乳动物化石，时代为中更新世末期，距今年代为20万年至15万年。

大荔人头骨化石的发现，在我国及东亚地区早期人类演化史的研究中具有非常重要的地位，填补了我国历史上人类由蓝田人向丁村人过渡的空白，为研究汾渭谷地早期人类

原始人类寻找食物画面

活动提供了重要线索。同时，大荔人头骨化石对了解和确定陕西地区旧石器时代文化的性质也极为重要。

在大荔县，广泛流传着一个“八鱼村”的神话故事，也许可以为大荔人的起源找到根据。传说玉皇大帝有 8 个女儿，她们久居天宫，十分羡慕人间的乐趣。

有一天，八姐妹瞒着玉皇大帝，偷偷下凡来到人间，发现一片大湖，碧波荡漾，岸柳青青。柳荫下，渔家姑娘飞梭织网，渔夫驾着叶叶扁舟忙着捕鱼。湖中岸边还不时传出一阵阵欢歌笑语。

姐妹们陶醉了，但她们又不能打扰百姓，便悄然离去。待到更深夜静，八姐妹重新来到湖畔。此时的景色更加迷人。八姐妹玩到高兴处，下水洗澡，尽情嬉戏，直到天将破晓，才返回天宫。自此，八姐妹每晚都要偷偷地下到凡间，在此洗浴。

时间一长，被玉帝察觉。玉帝大怒，他一面将八姐妹禁闭，一面带领天兵天将下凡察看。哪知玉帝来到那片大湖，同样也被迷醉。又一看，人们虽安居乐业，却不见一座庙宇，没人供奉自己，便恼羞成怒，立即让天兵天将把湖水弄干，才率众返回天宫。

于是，此地便成了一片沙滩，渔民也弃渔从农，维持生计。不料紧接着三年大旱，颗粒不收，人们无法生存，只得关门闭户，离乡背井，另寻活路。

再说，八姐妹在天上终于获释，但她们仍念念不忘人间美景。一日，趁玉帝参加蟠桃会宴请各路神仙之际，再次偷偷下凡。然而，映入她们眼帘的却是土地龟裂，白骨累累，一片荒凉，惨不忍睹。

八姐妹当即唤出土地神问讯，知道真相后，她们十分怨恨父亲，更同情老百姓的疾苦，顿起恻隐之心，于是就挖井淘水，解救黎民。

蟠桃会 蟠桃是我国古代神话传说中桃类仙品。在民间传说中，农历三月初三是王母娘娘的圣诞，这一天，王母娘娘要在瑶池举行盛大的蟠桃会，宴请诸路神仙，众仙也将受邀赴宴作为一种荣耀和身份的象征，因此农历三月初三也成为一个重要的道教节日。

原始人类生活场景图

原始社会人类生活复原图

她们挖啊挖啊，也不知干了多少个白天黑夜，眼看就要出水了，不料又被玉皇大帝知道了，他立即调集天兵天将下凡捉拿她们。

井还没有挖成，八姐妹不甘心这样被束手就擒，就一边和天兵天将拼斗，一边加紧挖井。功夫不负苦心人，清湛湛、甜滋滋的泉水终于喷涌而出，很快溢满了大小池塘，流进干涸的田野。

可是她们也已筋疲力尽，终被天兵天将捉拿到天上。这次，玉皇大帝没再关她们禁闭，却罚她们为天宫挖井。但那井永远也不会挖出水来，八姐妹也只好永远挖下去。

据说，每到天气晴朗、繁星点点的夜晚，人们仰首可见天上有七颗星星组成的圆井形星群，中间还有一颗不太亮的星星，那就是受玉皇大帝惩罚在天上挖井的8个女儿。中间的那颗星星是一个女儿在轮流下井，由于井已挖得很深很深，所以圆圈里面的星星就看不太清楚。

自从8个仙女挖下了井后，四面八方逃荒的人又纷纷回到家乡。为了让子孙后代对8位仙女的功德铭记在心，人们从华山上运回一块大石，雕凿成碑，刻上“八女井”3个大字，立在井旁。

后来村庄越来越大，人口也越来越多，人们就给村庄起了个名叫

“八女井村”，以后为图简便，叫成了“八女村”。再经过世代相传，把读音读转了，用谐音叫“八鱼村”。但八位仙女挖井取水、造福人民的传说一直流传了下来。也许，这些怀念八位仙女的远古的村民们就是大荔人也说不定。

大荔人总的特点是粗壮、厚实、骨壁较厚。经过研究分析，大荔人化石为一不足30岁的男性头骨，基本保存完好，但没有下颌骨和牙齿。脑颅的右侧后上部及左侧颧弓缺损，硬腭及齿槽受挤压而向上移位，使颜面下部变形。

大荔人头长207毫米，头宽经复原后测量为149毫米，重450克。头顶相当低矮，前额扁平由大孔前缘点到前囟点间距为118毫米，与头长形成的长高指数为57，比早期智人低，比北京猿人也低。

大荔人眉嵴粗壮，其中央部左侧厚度为20毫米，右侧厚度为18毫米，甚至超过周口店的北京人。

原始人群居生活

原始人类制作捕鱼工具塑像

大荔人眉嵴上方有一条横沟，骨壁很厚，其两侧眉嵴的方向由前内侧向后外侧延伸，两侧眉嵴合成八字形，与北京猿人不同，却与时代较晚的马坝人、昂栋人及其他早期智人相似。这些表现出直立人的原始性。

但大荔人吻部不甚前突，颧弓细弱，颅骨最宽处不接近颅底，头骨最宽处在颞鳞部后上部颞鳞上缘呈圆弧形；右侧颞骨破坏，鳞部呈圆鳞状，这些都是智人的进步特征。

另外，“大荔人”的脑量比北京人的平均值稍大。这些特征表明它介于猿人和智人之间。大荔人头骨颞鳞部与乳突部之间有一很深的切迹，其陷入的程度与现代人相近。外耳门垂直径大于横径，属垂直型。在外耳门上方，也有耳门顶盖。

大荔人面骨相对较小，但颧弓根方向较倾斜，颧弓位于眼耳平面下方。上颌骨前面主要朝前方，在上颌骨与颧骨交接处突然转折向后外侧，这整个轮廓线与北京猿人很相似，也是与现代黄种人一致的。

总的来说，大荔人体质特征介于直立人和早期智人之间。头骨面部的一些特点与现代黄种人比较接近，而与欧洲及西亚的早期智人相距较远，所以他代表了早期智人的一个新的亚种即智人大荔亚种。

与大荔人伴生的大量动物化石包括古菱齿象、犀、马、肿骨鹿、斑鹿、野猪、野牛、河狸、普氏羚羊、鼢鼠等哺乳动物化石，鸵鸟化石，鲤、鲇等鱼类化石，蚌、螺等软体动物化石。

其中最有意义的是肿骨鹿，它是北京猿人洞中的代表性动物之一。它表明大荔人的时代与北京猿人接近。古菱齿象和马牙齿的形态表明其时代在更新世中期和晚期之间。

■ 普氏羚羊 又名中华对角羚、滩原羚、黄羊、普氏小羚羊等。历史上分布于我国内蒙古、宁夏、青海、甘肃、新疆、西藏等广大地区，现仅分布于青海湖周边。体型似黄羊，但比黄羊略小，奔跑时像离弦的箭，姿势与众不同，跳跃式的奔跑使羚羊的身体在空中划出一道波浪起伏的曲线，分外优美。

在大荔人头骨化石出土地点发现的植物孢粉不多，有蒿、菊、藜等草本植物，松、柏、云杉等针叶树种，而没有发现阔叶树种。

综合对动植物化石判断，当时那里的气候是温和的，可能有些干燥。在大荔人头骨化石出土地点，还发现了数百件石制品，大多数是石片和石核。石制品

■ 普氏羚羊化石

较小，原料多为采自当地沙砾层中的石英岩和燧石。打片方法以捶击法为主，偶尔用砸击法。

用捶击法生产石片后留下来的石核，一般较厚，形制不规整，多自然台面。石核厚度大，表明其利用率不高。石片多不甚规整，表明了打制技术的原始性。

大荔人的工具主要是石片石器，用石块、小砾石和石核做的也占一定的比例。石器以刮削器为主，尤以凹刃刮削器数量居多。其次是尖状器，还有少量的雕刻器和石锥，但未发现盘状刮削器、砍斫器和石球。大荔人的石器在类型和修理方法上与北京人文化有许多相似之处，这表明二者关系密切。

“大荔人”的发现，得到了许多我国过去在古人类学上难以得到的形态细节，填补了我国古人类研究的一大空白，其完整性为我国罕见、世界少有，对研究我国古人类演化很有价值。

阅读链接

陕西省大荔县段家乡解放村原名王家村，1978年，陕西省水利局刘顺堂在该村甜水沟东崖洛河三级阶地的砾石层中，发现了一个较完整的古人头骨化石。经国家古人类学者多方考证，确定其为早期智人中的较早类型，时代为中更新世末期，具体时间距今20万年左右。专家将其命名为“大荔人”。

1978年至1984年，中国科学院古脊椎动物与古人类研究所、西安半坡博物馆、西北大学历史系考古班及大荔县文化馆又在此进行了两次发掘和野外调查，发现了大量石器和兽骨化石。

目前，有关单位还在对“大荔人”做进一步的研究。“大荔人”遗址现属县级重点文物保护单位。

弥补古人类断代窗的丁村人

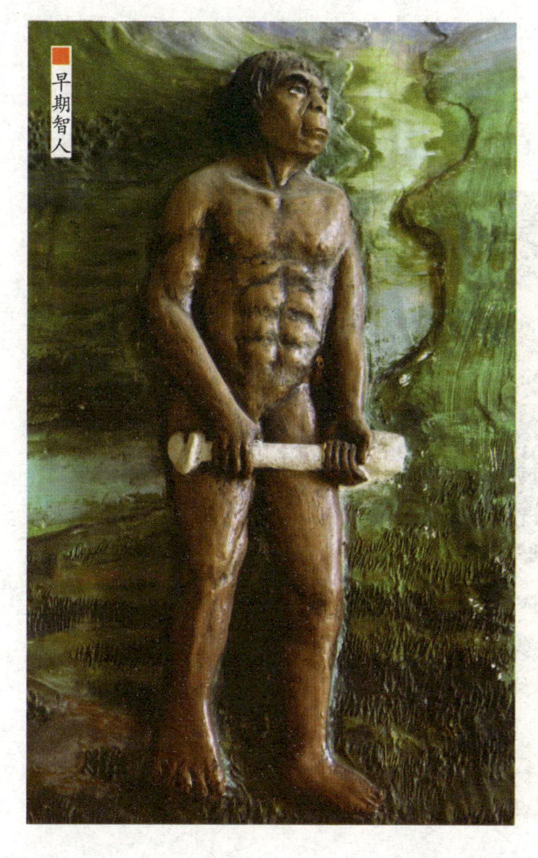
早期智人

“丁村人”是发现于我国山西襄汾县的早期智人牙齿、头骨化石，位置在襄汾县南，汾河东岸的沙砾层中，这层沙砾位于有古土壤条带的黄土内。经研究认定，该处的化石距今9万年至7万年，属于晚更新世早期的旧石器时代遗存。

“丁村人”介于北京周口店猿人和山顶洞人之间，正好弥补了这23万年到1.3万年间的我国古人类断代窗。

丁村人化石中的3枚牙齿，其中右上内侧门齿齿冠舌侧中部低陷，两侧增厚并向内卷，使舌侧牙齿呈铲状，特称铲形门齿。

铲形门齿是黄种人和我国其他人类化石都具有的特征，与白种人显然不同。舌侧接近齿根的部分有明显的舌侧隆突，由此延向切缘有两条指状突。其舌侧隆突和指状突的发达程度介于北京猿人与现代黄种人之间。

那枚右上外侧门齿也呈铲形，并有不明显分离的舌侧隆突。齿根缺乏纵行浅沟，且较为细小，这是与现代人相近的性质。另一枚右下第二臼齿可能与两个门齿属于同一个体。齿尖分布为十字形。其相对高度比北京猿人大，但齿冠和齿根细小及咬合面纹理较不复杂又显然比北京猿人的牙齿进步。

总之，3枚牙齿的形态都介于北京猿人与现代人之间，但显然这3枚牙齿是中国人的牙齿。

另外还有一块古人类化石，那是一块小孩儿的右顶骨化石。顶骨骨壁比北京猿人的小孩儿顶骨薄。顶骨属于大约两岁的幼儿，后上角有缺刻，可能意味着这个小孩儿具有印加骨，这是与北京猿人相近的特征。

猿人生活场景

原始人河边猎食

汾河西岸，东侧临近汾河岸边的二级阶地底砺层中，存在有石制品。经过对标本的研究对比，表明该地点是一处属于旧石器时代晚期的典型细石器遗址。

同时，在汾河三级阶地中的中更新世红色土及砾石层中，陆续发现了白马西沟、解村沟、埸河崖、上庄沟等含有石制品的地点，经过不同程度的试掘与采集，证明它们是属于旧石器时代早期晚段的石器文化遗存。

丁村人的石器分布在汾河两岸，主要用角页岩制成。一般石片角都较大，打击点不集中，半锥体很大，且常双生，也有小而长的石片。石器中第二步加工的不多，加工方法用碰砧法或用捶击法。

丁村人石器一般都较大，代表性石器为大棱角尖状器和石球。大棱尖状器有三面和三缘，横断面近似等边三角形，可能作挖掘植物根茎之用。

碰砧法 选择好一块较小的石料向另一块作为石砧的较大的自然砾石上碰击，碰下来的石片经过第二步加工即可作为工具使用。用这种方法碰击下来的石片，往往宽度大于长度，台面与石片劈裂面的石片角比较大。有的石片劈裂面上的打击点粗大而散漫，半锥体及疤痕往往不太明显。

丁村人石球

石球制作颇为粗糙，被认为可能供投掷之用，是狩猎工具流星索。厚三棱尖状器可能是掘土工具。三棱大尖状器和鹤嘴形厚尖状器特色鲜明，个体均厚重，代表了我国华北地区旧石器文化的另一个传统“河套－丁村系”。丁村人的石器加工更细，在技术上比北京猿人有显著的提高，应属古人阶段的人类。丁村文化扩充了丁村人生活的时间，上承北京猿人，下启山顶洞人，将这漫长的时间填充得滴水不漏。

在遗址内同一地层中还发现不少与“丁村人”共生的动物化石，有古菱齿象、纳玛象、披毛犀、野马、野驴、斑鹿、转角羚羊、野猪、水牛、原始牛、熊、獾、狼、狐、貉、河狸、短耳兔、鲤鱼、青鱼、鲩鱼、厚壳蚌等。距今10万年至5万年。

在丁村各地点共发现哺乳动物化石28种，大部分为生活在森林和山林之中的种类，代表温暖湿润的气候。从沙砾层中还采集到鲤、青鱼、鲩、鲶、鲇等鱼类化石，皆属于在能经常保持一定大流量的水中生活的种类。

在沙砾层中还有大量软体动物介壳化石，其中最引人注目的是一种大型丽蚌壳，这种动物现在只分布在气候温暖湿润的长江以南地区和汉水流域。

古菱齿象 是生活在距今20万至1万年的晚期更新世的大型哺乳动物，是有史以来最大的大象，成年古菱齿象体重可达10~14吨。其主要活动区域是在华北、华东等地区。由于这类象的臼齿磨蚀到一定程度后，齿板的中央就会扩大呈菱形，因此而得名。该象种在第四纪冰川期到来时灭绝。

从这些实物推测："丁村人"生活的时代，气候温和，附近山上森林茂密，汾河河床高于现在，水势相当大。两岸松杉蔽日，岸边平地上蒿草野菊丛生，并有鹿、大象、犀牛、野马、野驴出没。

汾河中河蚌和鲇鱼、青鱼、鲤鱼等水生动物甚多。丁村人即在这样的环境中生活在汾河两岸，在河滩上就地取材制作石器，利用石球等工具狩猎野兽、在树林里采集可供食用的野味野果，生息繁衍。

丁村人遗址不是仅限于汾河东岸单一的中期文化的11个地点，而是扩及汾河两岸，地点多达30多个的大型旧石器时代文化遗址群。丁村人的年代也不是以前所说的10多万年，而是从几十万年前就开始，一直承袭流传至新石器时期。这种情况在我国也是不多见的。

阅读链接

1953年，建筑工人在山西襄汾县丁村同蒲铁路施工现场发现了石器和脊椎动物化石。

1954年，由中国科学院古脊椎动物研究室、山西省文管会各派人员组成发掘队，经过两个月的普查与发掘，共发现含有旧石器的地点11个，并对其中9个地点进行了不同程度的发掘，对其他地点做了调查与采集。

1975年夏季，丁村人牙化石发现地点受到洪水冲击。为了避免洪水冲刷造成文物流失，经呈请国家文物局批准，1976年，由山西省文管会、临汾地区文化部门并邀请中科院古脊椎动物与古人类研究所吴新智参加指导，组成考古发掘队，对遗址进行了抢救性发掘，除了获得更多的考古资料以外，可喜的是又发现一块古人类化石，那是一块小孩儿的右顶骨化石。

北方最早远古人类——西侯度人

西侯度人塑像

“西侯度人”是在我国山西省芮城县西侯度村发现的古人类，其生产、活动遗址也是我国早期猿人阶段文化遗存的典型代表之一。同时发现有许多哺乳动物化石和带有切痕的鹿角以及一些表面呈深灰色的哺乳动物肋骨和马牙的烧骨，测定其地层年代为距今180万年前。

西侯度人类文化遗址是我国北方发现最早的人类文化遗存，早于元谋猿人约10万年。尤其是烧骨的惊世发现，说明人类在这里学会取火，开始熟食，从而减少了对大自然的依赖，促进体质上的进步和健康。据说，世界上其他国家还没有发现如此古老的烧骨。

纳玛象白齿化石

西侯度村位于黄河东岸、“鸡鸣三省”的风陵渡附近，漫长的旧石器时代，西侯度“猿人”已经告别了茹毛饮血的生食状态，这是人类进化的非常重要的一大步。

人类文化遗物主要是石制品和带有切痕的鹿角。动物化石有巨河狸、鲤、山西轴鹿、粗面轴鹿、粗壮丽牛、山西披毛犀、三门马、古中国野牛、晋南麋鹿、步氏羚羊、李氏野猪、纳玛象等。石制品出土数量不多，主要以石英岩为原料，种类有石核、石片、刮削器、砍斫器、三棱大尖状器。

另外在西侯度遗址文化层中还发现一批特殊的化石标本，颜色有黑、灰和灰绿几种，大多是哺乳动物的肋骨、鹿角及马的牙齿。化验结果表明，其中大部分标本是用火烧过的。

北京人用火是人们熟知的，但人类用火的历史并不是从北京人开始的。西侯度这批烧骨材料的发现把人类用火的历史推到距今100多万年前。这是目前我国最早的人类用火证据。石器和有切割痕迹的鹿角以

纳玛象　古菱齿象类群之一，也是更新世晚期分布于我国华北地区的萨拉乌苏动物群中重要的化石代表。另外，到距今10万年前的晚更新世晚期，我国的长江流域和淮河流域也有纳玛象分布，但黄河流域已不多见。

鹿　在古代被视为神物。古人认为，鹿能给人们带来吉祥幸福和长寿。作为美的象征，鹿与艺术有着不解之缘，历代壁画、绘画、雕塑、雕刻中都有鹿。现代街心广场，庭院小区矗立着群鹿、独鹿、母子鹿的雕塑。

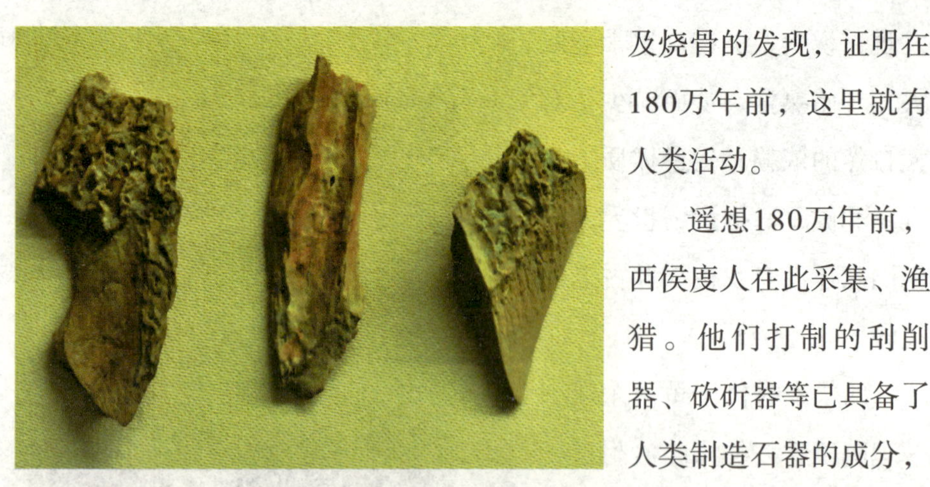

■尖状器

及烧骨的发现，证明在180万年前，这里就有人类活动。

遥想180万年前，西侯度人在此采集、渔猎。他们打制的刮削器、砍斫器等已具备了人类制造石器的成分，遗址中带切痕的鹿角和动物烧骨的发现，昭示出他们已将“火神”征服在脚下，显露出“万灵之灵”的神韵。人类用火或许早于180万年前，也可能还有没发现的。

西侯度文化石器的特点主要是用石片加工，属于石片技术传统，同欧洲石核技术传统存在着根本差异。在加工石器中，以向器身单面加工为主。发现鹿角化石，在靠近角节主枝的后外侧，有一个与主枝斜交的沟槽，横断面呈“V”字形，应是人工用器物切割或砍斫出来的。

火神 就是传说中的祝融，名重黎，简称黎，又称祝诵，祝和。相传帝喾高辛氏时，他在有熊氏之墟担任火正之官，能昭显天地之光明，生柔五谷材木，以火施化，为民造福。帝喾命名叫祝融，后世尊他为火神。另外也说祝融是古时三皇之一。

180万年前后，西侯度是黄河岸边或与黄河有关的湖泊边，黄河比现在高出许多，现西侯度距黄河直线距离也仅仅十多华里，黄河低于该处几十米。

几百万年前，晋秦两省仅是窄窄的但河谷较深的黄河相隔，几百万年过去了，黄河不断决堤，把疏松的黄土高原冲刷出一条宽深的河谷，同时，黄河与黄土高原塑造了华北平原。

由此可知，那时西侯度一带应为疏林草原环境。

西侯度的遗物虽然埋藏在河流沉积的沙层中，但来源不会太远，可以说明当时人们是沿河岸地带活动的。

遗址出土有鱼类和巨河狸，证明当时这里有较广的水域。根据鲤鳃盖骨判断，这里的鲤超过半米，因此，西侯度附近当时应有广而深的稳定水域。

黄河两岸秦晋的黄土高原，以前是一个相同的整体，仅因黄河这个细细的河水不断冲刷而形成宽深的河谷所阻隔。今天这又宽又深的河谷正是这奔腾不息的黄河所致。西侯度的河鱼化石也正说明了这些。同时这也佐证了黄河地区是人类重要的文明起源地。

大量石器和动物化石以及烧骨遍及周围大片区域，这充分说明，远古时期西侯度一带的人已经接触到烧死的动物，认识到火的作用，人类已进入熟食阶段。西侯度石制品虽然受到河流搬运埋藏的影响，但人类行为及其特征毋庸置疑。

阅读链接

1959年10月，著名考古学家王建听说西侯度村有人发现“龙骨”，他便到附近的山头转悠，观察附近环境。

一天，他在西侯度村后的山脚下看化石时，累了坐下来歇脚，随手抓起一把沙土碎石在手中把玩。突然，一块石头令他大吃一惊，这不是一块普通的石头，而是一件早更新世轴鹿角化石。他当即将情况向国家考古部门进行汇报。

1961年，王建同一些考古工作者对西侯度遗址进行第一次发掘。

1962年，又进行第二次发掘，前后两次发掘都取得了很大的进展，出土了一批人类文化遗物和脊椎动物化石。

“北京人”的后裔许家窑人

“许家窑人”是我国的早期智人化石，因发现于山西阳高县和河北阳原县交界的许家窑村附近而得名。距今10万年。许家窑人化石有头骨碎片、上颌骨和牙齿约20件。

许家窑人化石头骨骨壁的厚度、牙齿粗大和嚼面复杂的程度都像北京人。但更多的特征与早期智人相同。脑量估计比北京人大。许家窑人的发现，弥补了从“北京人”到“峙峪人”之间的空白，有很高的价值。

石器时代石核

阳原县位于河北省西北部，地处黄土高原、内蒙古高原与华北平原的过渡地带。阴山余脉与恒山余脉复合处。境内南北环山，桑干河自西向东横贯全境，呈两

■ 石器时代刮削器

山夹一川的狭长盆地。

这个地方属东亚大陆性季风气候中温带亚干旱区，春、夏、秋、冬四季分明。春季干旱少雨，风沙多，升温快，气温日差较大。夏季炎热而短促，多雷雨天气，冬季漫长且寒冷干燥。在这种气候下，我们的祖先许家窑人在这里生存繁衍。

由于当地北靠内蒙古高原，常受高压控制，东南面有恒山、太行山阻挡，因此很少发生台风等灾害。

据考证，“许家窑人”是“北京人”后裔，在10万年前迁徙西行，遇“大同湖”阻隔，遂在此定居。

大同湖在地下存在了千百万年，人们不知它的来龙去脉，民间只有一些传说。二郎神杨戬的母亲是玉帝的妹妹，因为羡慕人间恩爱生活偷偷下凡来到人间，结识了一位姓杨的书生。玉帝知道妹子私自下凡十分震怒，便将妹妹压在了桃山之下受苦。

待杨戬长到17岁，已经是勇无可挡，曾经在二郎山中干掉了8个危害人间的妖怪，他持一把开山斧，

阳高县 地处我国山西省东北部。阳高县文化积淀底蕴深厚，历史悠久，文物古迹丰富。西汉置高柳县，北魏永熙年于县置高柳郡，辽置长青县，属大同府；金代改名白登县，以白登河流贯其间，故名。明朝时置阳和卫，清初改阳和卫为阳高卫，属大同府；雍正三年即1725年改为阳高县。

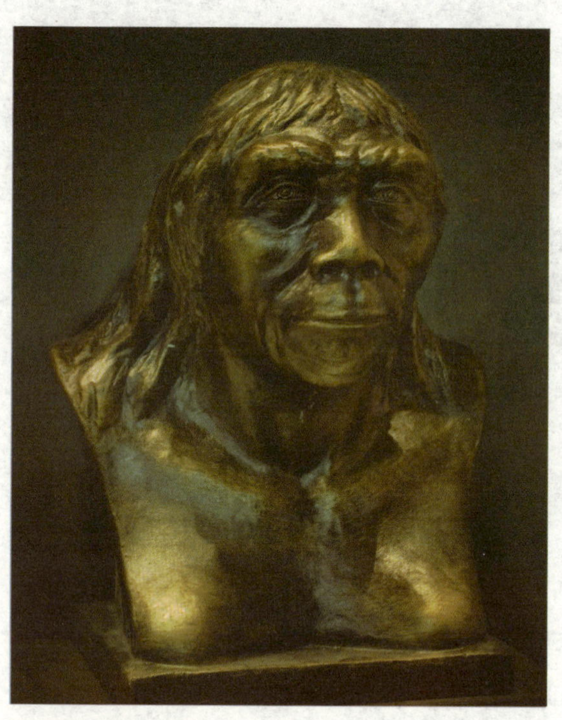

■ 许家窑人的祖先北京人塑像

力劈桃山，救出了被压在山下受难的母亲。

玉帝闻听二郎劈山，恼怒非常，为了消除自家的耻辱，便放出9个太阳上天，将妹妹活活晒死在山上。二郎又痛又恨，暴怒狂追天上9日，一手一个擒住却无处放，便分别拔起两座大山，将捉住的太阳压住，再看天上乱窜的7个日头，便抄起一副扁担担了7座大山继续追赶太阳。

传说二郎担山过海，走到大同这个地方，把两座山放下，堵塞了桑干河，大同这地方便汇聚成一片汪洋。在六棱山的东侧，还有二郎担山的扁担孔。

也有的传说把大同湖称作洪洋江，说有一年下了好多天大雨，洪洋江江水猛涨，眼看要淹没周围所有的村庄，玉帝派神猪下凡，便有“神猪拱开石匣里，放走洪洋江水”之说。

传说毕竟是传说，可许家窑人的发现，证明当时确实有我们远古的祖先在这里生存过。

许家窑人类化石共17件，包括顶骨11块，其中2块是较完整的左、右侧顶骨，枕骨2块，小孩儿左上颌1件，右侧下颌1块，牙齿2枚。还有约2万块的石片和石器以及大量的骨器，另外还有哺乳动物化石。

杨戬 也被人们称为“二郎神”，我国神话传说中一个重要人物。人神混血，力大无穷，法术无边，撒豆成兵，通晓八九玄功，民间传说他有七十三般变化，阙庭有神眼，手持三尖两刃刀，此兵刃为女娲补天的五彩石炼成，座下有神兽哮天犬。

许家窑人头骨骨壁甚厚，顶骨弯曲度在横向上比北京猿人小，但比现代人大。枕骨圆枕没有北京猿人宽而突出，更接近于欧洲尼安德特人，枕骨曲度角大于北京猿人，大脑窝比小脑窝大，但又没有北京猿人明显。颌骨鼻前棘清楚，颌骨的侧面膨胀，腭很低，上颌联合面很宽，上内侧门齿呈铲形。下颌低而宽。

桑干河 为永定河的上游，是海河的重要支流，位于河北省西北部和山西省北部朔州朔城区南河湾一带。相传每年桑葚成熟的时候河水干涸，故得名。上源为山西省的元子河与恢河，两河于朔州附近汇合后称桑干河。在河北省怀来县朱官屯汇洋河后入官厅水库。

许家窑人生活在距今10万年至6万年前，属于地质时代中更新世末或晚更新世初。20多块化石分别属于10个不同的人类个体。他们总体上已经属于早期智人，并且已经能制造更进步的石器和骨器。

许家窑遗址的石器多达1.4万多件，大都是细小的，以石英和燧石为主要原料。类型较多，有些石器精巧复杂，是细石器的母型，小型刮削器占绝大多数，很明显是从旧石器时代早期的北京人文化发展而来的。用厚石片加工成的龟背形状的刮削器、细小石器和石球，成了许家窑文化的象征。

旧石器时代古人使用的石斧

石核有原始棱柱状石核，是从打制的台面周围的边缘上打击石片，只有少数利用了自然台面；盘状石核是从砾石或石块的周围边缘向两面交互打击。

石片的打制方法有利用自然平面打击

石片，打击台面的石片，利用台面凸棱打击石片，垂直砸击的两极石片、修理台面的石片。石器有刮削器、尖状器、雕刻器和小型单面砍砸器。此遗址的显著特色是石球甚多。

许家窑遗址中发现了数以吨计的动物骨骸，却没有见一具完整的动物遗体。看来，成了智人的许家窑人已经具有了更大的战斗力，野兽们都成了他们的口中食和身上衣了。

可以想见，遥远时期的大同湖，湖水又深又清，四面环山，丛林繁茂，各种各样的动物时常出没在湖边的草原地带，在天然的动物园之中，有罕见的三趾马、狰狞的披毛犀、凶猛的虎豹、温顺的转角羚羊、斯文老练的纳马象等，动物化石印证了这一切。

三趾马 古哺乳动物的一属。三趾马化石在我国山西、陕西、河南、新疆等地均有发现。三趾马为哺乳动物纲奇蹄目马科的一个灭绝的属。体型比现代马小，前后肢均为三趾，中趾粗而着地，侧趾较小而不着地。在我国第四纪更新世早期，仍有三趾马和真马同时存在的情况，那时有长鼻三趾马。

石器时代石片

这便是古人类生活的地方，是茂密的森林给了古人以栖息的温床，洁净的湖水，许家窑以及周边台地，就是古人类生存的沃土。

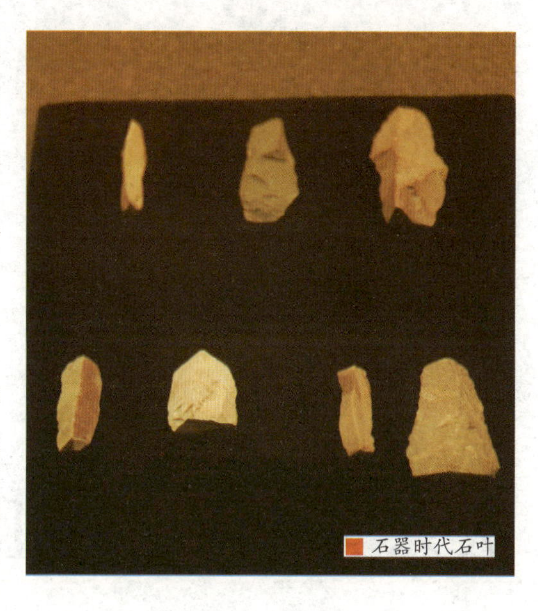
石器时代石叶

由于地壳的变动，存在了数百万年的大同湖，于数万年前湖水渐退消失了，留下了横贯东西的桑干河水。大同湖的消失客观上为人类发展提供了走向平川的物质条件。

许家窑遗址是我国旧石器时代中期古人类化石、动物化石、文化遗物最为丰富和规模最大的遗址之一。许家窑文化将早期的我国猿人文化和晚期的峙峪文化连接起来，充当了过渡的桥梁，使人类进化与文化渊源的探索得以完整。

阅读链接

1974年，来雁北考古的中科院古脊椎动物与古人类研究所贾兰坡教授等，由在药材收购站看到一块象牙化石，追踪调查至山西阳高和河北交界的山西阳高县古城公社许家窑。

1976年至1977年，对许家窑村东南 1千米的梨益沟西岸的断崖进行发掘，文化遗物和动物化石集中埋藏在离地表3米左右的黄绿色黏土层中。

1976年，国务院批准建立“许家窑人”遗址，位于古城镇许家窑村东南1.5千米处，南北长600米，东西宽200米。1996年由山西省申报被列为第四批全国重点文物保护单位。

大兴安岭西坡的扎赉诺尔人

扎赉诺尔人头像

“扎赉诺尔人”是发现于我国内蒙古呼伦贝尔草原城市满洲里市以东扎赉诺尔的16个人类头骨化石。“扎赉诺尔”是“达赉诺尔”即达赉湖的音转，所谓“扎赉诺尔人”就是“达赉湖人”。达赉湖又称呼伦湖或呼伦池。“呼伦”为突厥语“湖”之意，“达赉”则是蒙古语“海”的意思。

“扎赉诺尔人”中最有代表性的是明确为旧石器时代末期至中石器时代初期的一位壮年女性的化石，属于形成中的蒙古人种，几乎是与北京山顶洞人同期的古人类。

■ 扎赉诺尔人头骨化石

扎赉诺尔人的发现，充分证明了在1万多年以前，我国满洲里地区曾是扎赉诺尔人生活和栖息的故乡，是我们中华民族古老人类的摇篮之一。

扎赉诺尔位于大兴安岭山脉西坡，呼伦贝尔大草原西部。过去认为，细石器文化起源于贝加尔湖边，由于天气变冷而向南传播，因此“扎赉诺尔人”是从贝加尔湖边迁移来的。

但也有人认为“扎赉诺尔人”是从我国南方迁移去的。这件旧石器时代的女性化石，似乎可以从呼伦贝尔美丽的传说中去印证。

据说那时候，扎赉诺尔这里住着两个天真、美丽的姑娘。姐姐叫呼伦，妹妹叫贝尔。她俩放牧的羊群像天上的云朵那么多，她俩放牧的骏马跑得像夜里的流星那样快，奶牛产的乳汁流成小河，谁家遭灾遇难，姐妹俩就去帮忙，谁家缺东少西，她俩就把自己家的送过去。

除了放牧牲口，姐姐呼伦还到山林去打猎。她能拉四头老牛抻不动的硬弓，豺狼虎豹只要见了她的面，没有一个能活下来的。

妹妹贝尔总是在家放牧牲口，她有一根金鞭子，

细石器文化 是指形状细小的一种打击石器。用打击法打出的细石核、细石叶及其加工品。出现于旧石器时代晚期，盛行于中石器时代。这种石器长度一般在二三厘米，常见器形有石叶、石镞、小石刀、石片等，可作石钻或刮削器，也可镶嵌在骨梗、木柄上作复合工具使用。

古代扎赉诺尔人

金鞭子往哪儿指，牛马羊驼就往哪儿去。她还会选择草场，她的金鞭子净往水草肥美的地方指，所以，她养的牲畜都特别肥壮。

呼伦和贝尔都有清脆的歌喉，她俩一唱歌，百灵鸟都羞得闭住嘴巴。呼伦和贝尔都爱舞蹈，她俩翩翩起舞，彩云停下来看。牧民和猎人也都聚集到她们门前，唱啊，跳啊。

呼伦和贝尔的美名传遍了草原和森林，连老魔王都听说了。它派风兵去向呼伦姑娘为他求婚，呼伦姑娘严词拒绝；老魔王又派沙将去抢。呼伦姑娘连射3箭，沙将身上那3个窟窿直往下流沙子。

老魔王没有得到呼伦，就在贝尔身上打主意。贝尔也和姐姐一样叫老魔王碰了一鼻子灰。老魔王恼羞成怒，亲自带领风兵沙将，来抢呼伦和贝尔。他狂怒地吹落了花朵，拔掉了牧草，填平了河流，使大地龟裂，黄沙滚滚。

被困在毡包里的呼伦和贝尔毫不示弱，她俩用神箭和金鞭子抵挡老魔王，从早晨一直战到黄昏，没分胜负。老魔王累了，收兵回了风沙府。呼伦和贝尔却没有停息，她俩要给牧民和猎人除害，她们磨亮宝刀，乘夜深之际，杀进了风沙府，刺死了酣睡的老魔王。

可是土地已经龟裂，河流已经干涸，没有水草牧人怎么放牧牛羊啊？姐妹俩商定每人挖一个海子，来滋润草原，哺育牲畜。于是呼伦和贝尔不分白天黑夜，不分春夏秋冬，挖呀挖呀！一个月又一个月，一年又一年过去了，呼伦岁数大力气也大，挖的海子当然大；贝尔年岁小，力气也小，挖的海子当然也小,两个海子挖成了，她俩的汗水也把海子流满了。

后人为了纪念这姊妹俩，就把大草原中部的大湖叫呼伦池，大草原南部边缘的小湖叫贝尔湖。两个湖的名字合到一起，就成了呼伦贝尔的称号。也许，呼伦和贝尔就是古老的扎赉诺尔人的原型吧！

在扎赉诺尔人遗址地下约13米深的地层中，还有箭头、圆头刮削器、石叶、石片、石核、野牛、马、

箭 又名矢，是一种借助于弓、弩，靠机械力发射的具有锋刃的远射兵器。因其弹射方法不同，分为弓箭、弩箭和甩箭。箭的历史是伴随着弓的产生的，远在石器时代箭就作为人们狩猎的工具。传说黄帝战蚩尤于涿鹿，纯用弓矢以制胜，这是有弓矢之最早者。

扎赉诺尔人制陶塑像

扎赉诺尔人生活场景

鹿、羚羊等化石。经科学测定，距今1.1万年前，证明从那时就已经有人类在这一带劳动、生息、繁衍。

“扎赉诺尔人”头部的形态特征是，颧骨突出，门齿呈铲状，内侧呈弧形，眉弓粗壮，是典型的原始黄种人的特征。并可以肯定，“扎赉诺尔人”遗址在5万年至1万年之间，属于中石器时代。

在近5万年内的晚期智人阶段即“新人”“真人”阶段，原始人的体质形态与现代人类已没有多大区别了，现代世界上三大人种，黄种为蒙古利亚人种、黑种为赤道人种、白种为欧罗巴人种，在这个时期已经形成。三大人种相互间的区别只是外在的标志，至于智力和体力，则一切人种都是一样的。

原始扎赉诺尔人对石器制造和加工有了较大进步，已具有较高的劳动技巧和活动能力。他们改善了打击、琢削、压削和修理石器的方法，制出的石器更加多样，更加精细美观，对称均匀，锋利适用。

特别重要的是，“扎赉诺尔人”已懂得制造复合工具和复合武器，在木棒上装上石矛头而制成的矛，装上木棒的鱼叉，在木柄上装上石斧头的斧等。他们尤其善于把精制的石片嵌入骨柄中，制成带骨柄的刀或锯，适于剥兽皮或削树皮，他们懂得利用骨针和骨锥，把兽皮缝制成衣服，不再完全赤身裸体了。

制陶术的发明，是“扎赉诺尔人”处于新石器时代的重要标志之一，他们把一团黏土做成陶坯，然后再用火烧。陶器的出现便利于储存液体，并且使他们有了煮熟食物的器具，是他们生活发展中一大进步。于是可以想见那时扎赉诺尔人生活的场景：

两三万年以前，扎赉诺尔一带都在湖水之中，汪洋一片。四周百草丰茂，林木丛生，生活在中原一带的古人类为了生存需要北上，他们途经这里，就在这生存了很长一段时间。他们以狩猎为主，兼事采集，以石刀、石斧、木棒等为耕作工具，成群地栖息在山丘湖畔的草丛密林中。他们在这里繁衍生息，创造了呼伦湖畔早期的原始文化。

这些扎赉诺尔人已经穿上了用兽皮缝制的衣服，栖身于简易的茅草房中，端着做工粗糙的陶碗，表明人类生存能力已经明显增强。

阅读链接

1933年扎赉诺尔煤矿南坑获人头骨一件，1934年被定为“扎赉诺尔”人。截至1982年底，已发现扎赉诺尔人头骨化石16件。自1921年至1949年，先后有苏联学者巴洛夫斯基、托尔马乔夫，日本学者远藤隆次、赤堀英三、加纳金三郎，法国学者德日进、桑志华，我国学者裴文中等到此做过考查。

在人类历史上，扎赉诺尔人处于新人阶段，经人骨测量鉴定认为带有蒙古人种的原始特征。1968年日本出版的《北方人类学》一书提出，“只要石器和陶片出于‘扎赉诺尔人’头骨化石的同一层位，那么，‘扎赉诺尔文化’就是日本九州‘福井文化’的源头，是北方远古民族的摇篮之一”。

营口最早的古人类——金牛山人

金牛山人

“金牛山人”是我国辽宁省营口市金牛山发现的旧石器时代早期人类，距今28万年，是辽宁营口已知最早的古人类，属早期智人，时代为中更新世末期。化石为一个头骨、5个脊椎骨、两根肋骨以及其他部位的骨头，全部属于一个成年女性个体，年龄为30岁至40岁之间，脑量为1390毫升。

“金牛山人”遗址并且还有大量古动物化石、烧骨、灰烬和石器。金牛山发现的这批化石资料之完整，在我国尚属首次。金牛山人的发现，填补了这一时期我国古人类发展的空白，为对猿人体质特征及体质演化发展的研究提供了丰富的实物资料。

金牛山人头骨

金牛山位于营口市下辖的大石桥市西南的永安镇西田村，是一座由震旦纪的白云质大理岩、石灰岩和云母片岩夹菱镁矿等多种岩石组成的孤立山丘。

金牛山的得名，有个古老的传说：

相传很久以前，当地大山肚中有一头金牛拉着一盘金磨，日夜不停地转，金磨不住地往下流淌金豆。人们都知道，如果打开山门，财宝就会滚滚而来。

有一个贪财的人，他费尽千辛万苦，终于找到了开金山的钥匙，打开了金牛山的大门。他不去收集地上的金豆，却卸下金牛，把金磨放在牛背上，牵着牛往外走。

快到洞口时，忽然金牛怒吼一声，跑出山洞。刹那间，洞口坍塌，财主葬身洞中。而金牛也化作了一座青山，就是金牛山。

可能那时居住在这些山洞里的人们，就是勤劳朴实的金牛山人吧！

金牛山人居住的洞穴遗址，位于山的东南部，已发现的剑齿虎、肿骨鹿、大河狸等中更新世动物群化

震旦纪 为地质年代名称，是在我国命名并向国际推荐的一个地质年代单位。开始于8亿年前，结束于6亿年前。属于新元古代的晚期。由于古印度人在佛经中称我国为震旦，故又名震旦纪。这一时期形成的地层称震旦系。

石器时代金牛山人

石分析表明，该洞穴主要堆积时代距现在40万年至30万年间。是东北亚人类最早的活动地区。

金牛山化石不仅包括一个完整古人类头骨化石、5个脊椎骨、两根肋骨以及其他部位的骨头，而且手骨、足骨、尺骨、肋骨等齐全，共有50多件。

同时，还发现了一些灰堆，里面有烧土、炭屑和烧骨，可能是金牛山人烧食之处。在灰堆旁边分布着大量的动物碎骨，其中有的骨头还可以看到人工敲砸的痕迹。

最初，曾推断金牛山人为男性，因为其头骨大而粗壮。后来经过进一步的研究发现，其骨骼表面比较光平，头骨顶结节较发育，乳房部分突出，这些特点都暗示着女性的特征。

判断男女性别的最大的根据是骨盆，女性骨盆因适应分娩的需要，与男性的骨盆存在明显的区别。金牛山人虽未发现完整的骨盆，但发现了完整的左侧髋骨，其形态和测量结果都显示出女性的特征。因此最终确定金牛山人为女性。

“金牛山人”化石中的头骨十分完整，初步观察，她既有原始的特征，也有一些接近智人的进步特征，从头骨壁的厚度小于北京猿人而大于现代人这一点判断，金牛山人是猿人与智人的过渡类型，而且脑量大于同时期的其他猿人。

金牛山的这位女性上颌齿弓完整，牙齿保存较全，其左右两侧第三臼齿齿尖十分尖锐，几乎没有什么磨耗，显然是刚萌出不久。现代人的第三臼齿一般是在成年期前后萌出，故又称智齿。因此这位金牛山女子应该成年不久，年龄在20岁至22岁。

这与当地传说雷公菩萨劈石救少女的神话有相似之处。传说古时候，有一个妖魔避藏于金牛山的一块巨石中，有时会出来到山下拦路掳掠经过的少女。后雷公菩萨知道后，将巨石劈开，击死了妖魔，并救出了洞内还活着的几个少女。

这件金牛山少女的化石，也许是被妖魔害死后埋在那里的也说不定。她身材较矮但体格十分强健，头

雷公 古代神话传说中的司雷之神，道教奉之为施行雷法的役使神。传说雷公和电母是一对夫妻。状若力士，袒胸露腹，背有双翅，额生三目，脸赤色猴状，足如鹰鹯，左手执楔，右手持锥，呈欲击状，身旁悬挂数鼓，足下亦盘蹑有鼓。击鼓即为轰雷。能辨人间善恶，代天执法，击杀有罪之人，主持正义。

■ 金牛山人胸骨标本

古人类生活场景雕刻

中国貉 这种动物中等体型，外形似狐，但较肥胖，吻尖，耳短圆，面颊生有长毛；四肢和尾较短，尾毛长而蓬松；体背和体侧毛均为浅黄褐色或棕黄色，背毛尖端黑色，吻部棕灰色，两颊和眼周的毛为黑褐色，从正面看为“八”字形黑褐斑纹，腹毛浅棕色，四肢浅黑色，尾末端近黑色。貉的毛色因地区和季节不同而有差异。

部与猿人相似。上肢和手比现代人原始，不能像现代人那样灵活地从事各种活动。下肢虽然具备现代人的形状，能直立行走，但仍有些屈膝。

据分析，金牛山人正处在直立人向早期智人过渡阶段，填补和连接了人类进化系列中的重要缺环。虽然与北京人有许多相似之处，但却比北京人进步。

金牛山人使用的石器有刮削器和尖状器。除石器、骨器外，金牛山文化遗存中较重要的是发现大量烧土、烧骨和灰烬层等用火遗迹，说明当时的人类不仅会用火而且懂得控制火。

烧骨中多兔类、鼠类和鹿类的肢骨，这些动物是当时人们狩猎的主要对象。同时期生存的动物有剑齿虎、变种狼、中国貉、三门马和梅氏犀等 。

金牛山文化的石制品用脉石英制成。石核较少，为两极石核，形制与北京人的两极石核相似。石片较多，用捶击法和砸击法打制。

石器有刮削器和尖状器，前者数量多，全部用石片制成，有单刃、复刃和半圆形三种。以一面加工为主，也有两面加工修理成刃的。双面加工的数量极少，其一侧两面都有较细的修理痕迹，另一侧只稍微加工，于两侧刃相交处修理成尖。

金牛山文化石器的打片方法、加工方法或类型都与北京人的相似。表明两者有一定的关系。

与金牛山文化共存的动物群与北京人遗址的一样，多是喜暖的，推知当时的气候温暖湿润。硕猕猴和剑齿虎的存在，说明当时金牛山一带森林茂密、灌木丛生；而三门马和巨河狸的发现，则说明附近有过广袤的草原和开阔的水域。

阅读链接

从1974年至1984年，金牛山先后被文物考古工作者5次发掘。1975年，金牛山出土了第一件石器。

1984年，金牛山出土了手骨、足骨、尺骨、肋骨等。同年10月，发现一完整古人类头骨化石，包括1个头骨、5个脊椎骨、两根肋骨以及其他部位的骨头，金牛山人头盖骨出土，当即震惊国内外。

2003 年，“金牛山人类遗址”中的头盖骨复制品参加了韩国举办的“中国历史文化展”。

韩国对营口市的历史文物非常感兴趣。自2002年，韩国仁川市决定在韩国举办“中国历史文化展”，选择9座城市的文物参展，营口市是第一入选的城市。经省文物局批准，营口市这次参展的共有近百件文物复制品，其中包括金牛山人头盖骨和骨骼化石复制品共21件。

吉林最早的古人类——榆树人

“榆树人”是在我国吉林省榆树市秀水镇大于周家油坊屯发现的古人类头骨、胫骨等部位化石。

对于研究古人类在吉林省，特别是在榆树境内这块黑土地上繁衍、生息，提供了实物依据，填补了古人类在吉林省境内活动的空

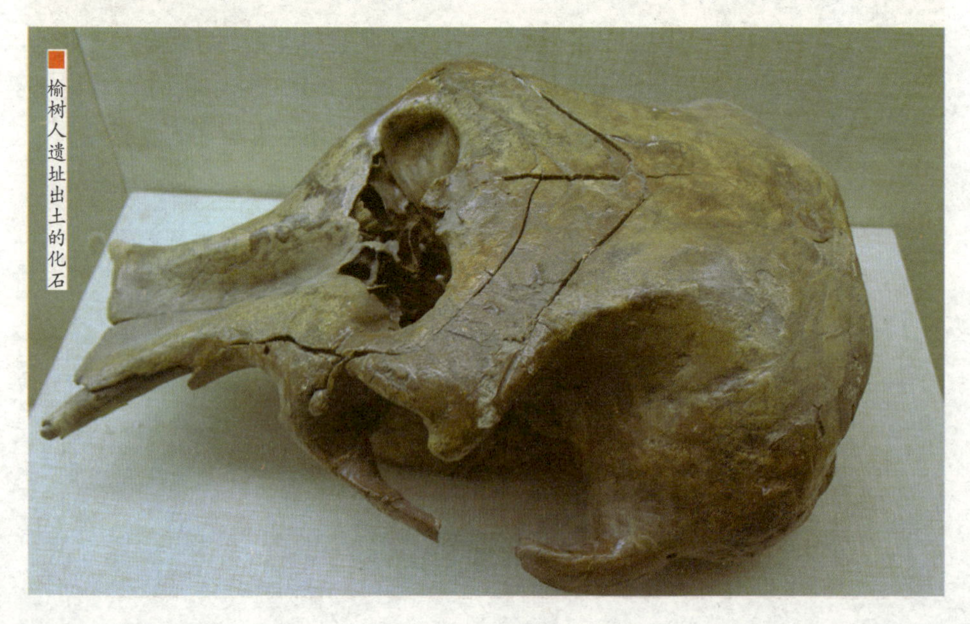
榆树人遗址出土的化石

白，确实有着极为重要的历史意义和现实意义。

榆树市位于吉林省中北部，地处长春、吉林、哈尔滨三大城市构成的三角区中心，西南以第二松花江为界与德惠市毗邻，西靠松原市，北、东隔拉林河与黑龙江省双城、五常两市相望，南接舒兰市。

当地农民传说，这里是古代龙集居和活动的地方。因此也就风调雨顺，非常适合人类在这里生活。

古人使用尖状器猎食塑像

榆树人化石分布范围较广，纵贯榆树全境，从北到南，从东到西，到处都可以见到古生物化石。其中古生物化石散落最多的地方为拉林河支流、南北卡岔河、大荒沟、注入第二松花江的河塘、沟谷等地。

从大量的古生物化石中，存有两块古人类头骨碎片和胫骨化石，这是对研究东北古人类和吉林省古人类生息、繁衍的重大发现。

关于善良的榆树人，还有个“榆树钱”的传说故事：

相传，很久以前，在东北松花江畔的一个村子，住着一个善良的人家，老两口仅靠着种几亩薄田维持

榆树 最早因城南一片榆树林，又因后治所为榆树屯而得名。早在4万多年前，“榆树人”就在这片黑土地上繁衍生息。这里曾是鲜卑、契丹、女真等部族活动的区域。西汉属濊貊族夫馀国。东汉先隶于玄菟郡，后归辽东郡。

生计，日子过得很苦，但老两口却非常乐善好施，看到别人有困难总是倾囊相助，是远近闻名的好人。

有一天，农夫出去打柴，看到路上躺着一位衣衫褴褛、饿得奄奄一息的老者。农夫又动了恻隐之心，就把老者背回了家。

老伴看这位老者快要饿死了，就赶紧把家里仅有的一碗米煮成稀饭给老者吃，老者吃饱了，有了精神，看了看农夫的家，叹了口气说：“你们日子过得这样苦，还把仅有的一点米给我吃了，真不知怎样感谢你才好。”

农妇说：“快别说感谢，天下穷人是一家，家里人不帮助，还有谁能帮呢？”

老者听了农妇的话，很受感动，从怀里掏出一粒种子，递给了农妇，说：“这是一颗榆树的种子，把它种到院子里，等到长成大树时，如果遇到困难，需要钱时，就晃一下树，就会落下钱来，切记不要贪心。”说完老者就走了。

农夫把这粒种子种到院子里，果然长出一棵树来。老两口精心地侍候着，浇水、除草、施肥，几年长成了一株枝繁叶茂的参天大树，更奇怪的是树上竟结出了一串串的铜钱。

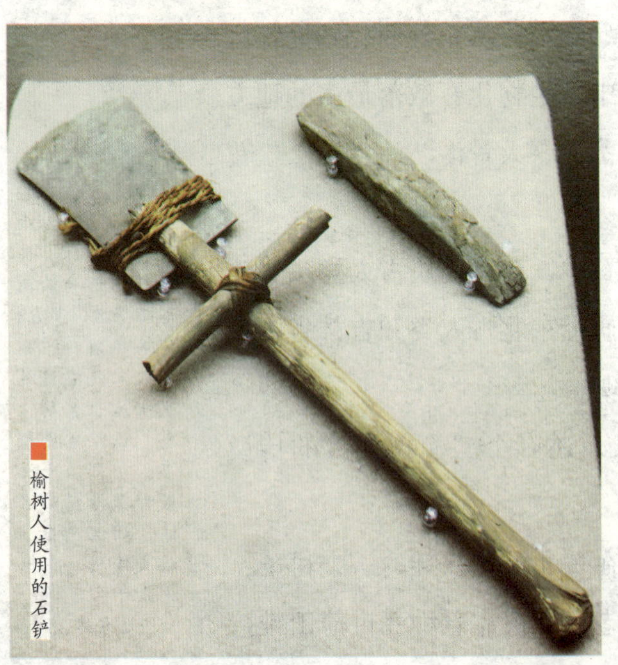
榆树人使用的石铲

虽然有了这棵树，老两口还是靠种地维持生活，只是遇到非常困难或者帮助别人的时候，才到树下晃下几个铜钱来。

但是，这个消息很快传了出来，被村里的一个恶霸知道了，他带着打手，气势汹汹地来到农夫家，把农夫赶了出去，霸占了这棵树。

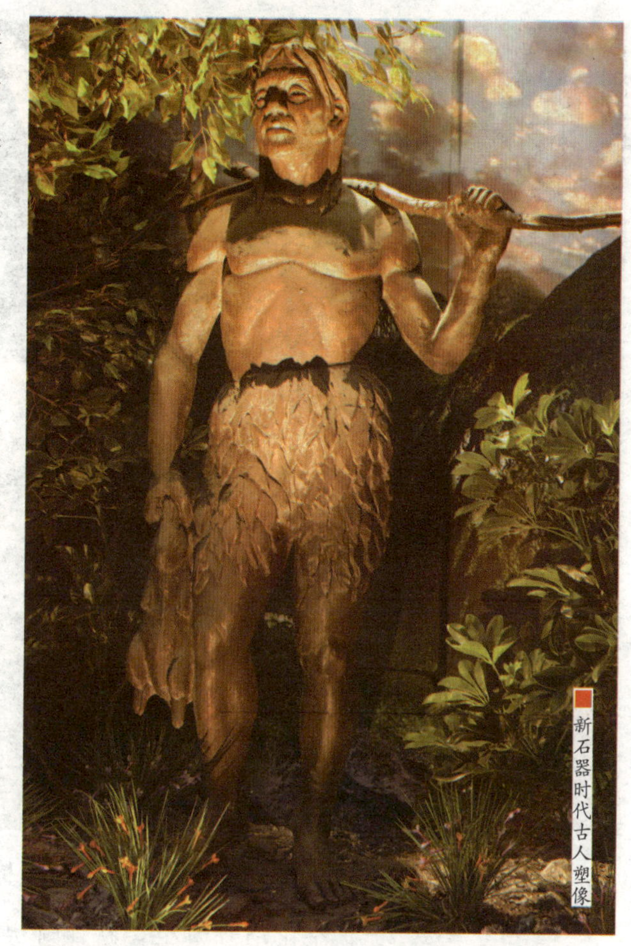
新石器时代古人塑像

老恶霸来到树下，看着树上结着一串串铜钱，抱着树就晃了起来，树上的铜钱像雨点一样"哗哗"地落。他一边晃树，还一边大喊："我发财了，我发大财了！"

老恶霸从早晨晃到中午，最后他和他的打手都被铜钱埋了起来，压死了。从此以后，这棵树就再也不落钱了。

这一年，天气大旱，地里寸草不生，村民们眼看都要饿死了。村里几个淘气的孩子来到树下玩，看到树上又结出了一串串绿乎乎的东西，孩子们感到好奇，就爬到树上，看到一串串像铜钱一样的绿东西，忍不住摘下几片放到嘴里，还微微的有点甜，很好吃，孩子们高兴地告诉了大人。

饥饿的村民们纷纷来到树下，吃这种绿东西，奇怪的是人们吃了它以后，就不感到饿，还浑身有劲了。全村人就靠这棵树度过了荒年。后来，村民们为了纪念这棵曾经救活了全村人性命的树，又因为它长得像一串串的钱，就给它起了一个很好听的名字"榆树钱"。

■猛犸象　古脊椎动物，哺乳纲，长鼻目，真象科，学名真猛犸象，也称长毛猛犸象。猛犸的生活年代为1.1万年前，源于非洲，早更新世时分布于欧洲、亚洲、北美洲的北部地区，尤其是冻原地带，体毛长，有一层厚脂肪可隔寒，以群居为主。最后一批猛犸象大约于公元前2000年灭绝。

这样“榆树钱”就成了榆树的种子，它随风飘下，不论落到哪里，就在哪里生根、开花结果。多年以后，这个村子的周围就长出了一片片的榆树。

从那时起，一遇到荒年，人们就吃榆树钱来充饥。因为这个村子有这种奇怪的树，远近的村民都搬到这里来住，成了很大的村子，人们就把这个村叫榆树村，而且村子规模也慢慢地不断扩大。

所以，古老的榆树人，就像这榆树钱在这片土地上生根、开花、结果一样，一代代地生活着，并留下了大量的化石。

在榆树人化石的遗址中，还有大量古生物化石，包括猛犸象、披毛犀、东北野牛、野马、水牛、马鹿、普氏羚羊、野狗、鹿、狍子、田鼠等。同时，还有许多打制石器、石片、刮削器、尖状器等当时人类生产、生活用的工具。

研究发现，“榆树动物群”与西伯利亚南部动物群基本相似，同属一个动物群区系，距今有7万年至4万年。

同时，还有骨器近70余件，其动植物的躯体、果实、根茎等遗物，是原始人类赖以生存的食物之源。从而印证了这个区域内确实有原始人活动。从而做出了科学结论。

根据对周家油坊村出土的人类骨骼化石和猛犸象门齿化石的科学测定，及对石器、骨器特点的综合分析，“榆树人”应属于旧石器时代晚期智人，相当于或略晚于以宁夏水洞沟和内蒙古萨拉乌苏河为代表的河套文化。他们生活的年代距今有两三万年。

在榆树人时期，周家油坊一带地区，生长着以松、云杉、冷杉及桦属树木为主的原始森林，在森林

河套文化 是我国华北地区旧石器时代晚期文化。发现于河套南部内蒙古萨拉乌苏河沿岸一带。地质年代为晚更新世，是我国境内最早发现的旧石器文化之一。河套文化是草原文化和黄河文化的融会之产物，是我国北方草原主流文化的重要组成部分之一。在草原文化中，河套文化既是源，又是流。

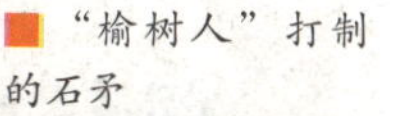

■ “榆树人”打制的石矛

之外，则是以野蒿、野菊及藜科植物等为主的大草原和沼泽地。猛犸象、披毛犀、原始牛、鬣狗、马鹿、狍子、田鼠等原始动物成群结队地在这里栖止。

当时正处于冰期气候或冰缘气候时期，气温远远低于现在。猛犸象、披毛犀、松、杉、蒿、藜等冰缘动物、植物的存在，为“榆树人”的生产和生活提供了丰富的自然资源。

可见，“榆树人”就是使用石头和动物骨骼打制的尖状器、刮削器、挖掘器及铲、矛等简陋的工具，勇敢地同各种自然灾害和凶猛的野兽进行殊死的斗争，十分顽强地维护着自己的生命，推动着历史的发展和进步。

在榆树境内共有42处古生物化石分布地点，为研究吉林省乃至我国东北地区的古人类、古地理、古气候以及古生物，提供了重要实物资料。

阅读链接

1950年夏天，在榆树秀水镇大于周家油坊屯前的大沟及其周围的自然屯中，经常发现不知名的古生物化石散落于地表。当时人们传说这是“龙骨”。有的群众把发现比较大的“龙骨”捡回去压房子、压猪圈、顶门；还有的把一些已经风化的古生物化石，背到附近或县城中草药店里当作“龙骨”卖掉，许多中草药店也真的当作“龙骨”把它收下做了药材。

1956年初夏，在著名考古文物专家裴文中教授的率领下，来到吉林省榆树市秀水镇大于周家油坊屯，进行了为期半个月的考古调查和发掘工作。采集了大批古生物化石，经过整理，从中发现了古人类胫骨化石。又对采集的大量古生物化石进行清理，称为“榆树动物群”，并判断为“旧石器晚期文化”。

人类遗迹

东部猿人

我国的东部地区幅员辽阔，靠近漫长的海岸线，包括上海市、江苏省、浙江省、安徽省、福建省、江西省、山东省以及宝岛台湾省。面向大海给了当地文明发展的最好契机，也保留了众多的古人类遗存。

其中包括江苏下草湾人、安徽和县人、山东沂源人、江苏南京人和台湾左镇人等。每揭开一处古人类文明遗址，都是我们的远祖从几十万年前向我们发出的真情呼唤……

打破南方天荒的下草湾人

江苏“下草湾人”也称“下草湾新人”。是在我国江苏省泗洪县双沟镇东南处发现的一段股骨化石，为更新世晚期人类的化石，距今5万至4万年。“下草湾人”股骨化石的发现，打破了“南方更新世晚期

古人狩猎场景

古人钻木取火场景

地层中无原始人类踪迹可寻”的论说，证明下草湾是江苏人类乃至我国人类祖先的发源地之一。

历史上泗洪县水患一直不断，传说古时候，由于一个下草湾的年轻后生路过洪泽湖，与湖中水母娘娘相遇。水母娘娘很爱他才学出众，长得英俊，便向他求婚，但他执意不从。水母娘娘一气之下，便借来东海水淹了泗洪。

泗洪县双沟镇早在宋时形成集市，因面临淮河得名顺河集，又名水集，后因东西两侧各有一条流水大沟而得名双沟。

下草湾位于泗洪县双沟镇东南，南临淮河，北滨洪泽湖，是河湖间的岗岭地带。由于滨湖湾，且有广泛的水草资源，故称“下草湾”。

泗洪县 位于我国江苏省西北部，东临洪泽湖。泗洪历史悠久，人杰地灵，西周时为徐国中心，南北文化交汇处，与中原文化、吴越文化、楚文化相互渗透、融合，形成璀璨夺目的古徐国文化之主体。后为泗州本州。境内分布着吕布辕门射戟台、鲁肃故里子敬泉、隋朝开凿的通济渠等古迹名胜。

古人制作衣服画面

历史上因洪水泛滥，双沟小镇东西两侧被洪水冲刷成两道大沟，明代人称双溪镇。因溪即沟，泗州州守王如玖改双溪镇为双沟镇。

传说很久很久以前，双沟、泗河、峰山地域都是黄淮海湾地区，由于地势低洼，加之在历史上连续有600多年的洪水灾害，万千良田被洪水吞于一旦，人民食不果腹，衣不遮体，苦不堪言。

这时，在盱眙山随张天师学艺的二郎神于心难忍，抓起方天画戟，挑起一座山峰，命哮天犬引路，脚踏洪浪奔到泗洪地域，放到洪浪之前，封挡住了洪水，于是就形成了下草湾附近的岗陵地带。

张天师 传说中为道教创始人张陵，第一代天师。张陵7岁埋头书房，苦读《道德经》《河图》《洛书》，19岁设帐讲学，因当时社会的种种原因，张陵无意官场，决计修道拯救百姓。张陵先后在青城山、龙虎山、巴蜀地区传道，创立了我国土生土长的宗教——道教。

含有古脊椎动物化石的下草湾土层的地质结构为湖相沉积区，其岩性特征为灰绿色与紫红、褐色泥浆，并普遍含有高岭土矿物，因此，下草湾地层被称为“下草湾高岭土地层”，这一地层是地质年代中新世的典型地层。

淮洪新河东岸出土一段人类化石，经鉴定为右侧股骨化石，化石为股骨的上半段，小转子基部以上已经完全缺损。从形态上看，有股骨结存在。骨表面布满长尾纤孔，确定为人类的股骨。

从其石化的程度计算，以及从海绵骨质的空隙中填土来判断，确定为相当早的人类化石。经测定，说明这段骨化石的年代较现代人早，比巨河狸晚。

这段股骨侧面直平，同北京猿人股骨相似，不同于现代人股骨的向前弯曲。股骨上部的扁平度介于北京人与现代人之间，而与尼安德特人相近。股骨下端骨壁的厚度和髓腔大小的比例，远比北京猿人小。

在下草湾东南的火石岭，有与下草湾新人同时期的旧石器遗址，发现了刮削器、尖状器等石器。这说明，这段股骨为更新世晚期人类的化石。

所谓“新人”的分类，是根据我国旧石器时代的地质年代来划分的，旧石器时代晚期的人称“新人”。“下草湾人”是住在濒水的高陵地带，环境决定了他们的生活文化层不容易保存。不像同一时期的“山顶洞人”。由于住在山洞中，环境比较干燥，所以比较好地保持了当时的生活形态，考古挖出来不少他们当时的石制工具。

戟 是一种我国古代独有的兵器。实际上戟是戈和矛的合成体，它既有直刃又有横刃，呈“十”字或“卜”字形，因此戟具有钩、啄、刺、割等多种用途，所以杀伤能力胜过戈和矛。戟在商代就已出现，西周时也有用于作战的，但是不普遍。到了春秋时期，戟已成为常用兵器之一。

化石标本

四不像化石

■ 四不像 即麋鹿，属于鹿科，又名大卫神父鹿，因为它头脸像马、角像鹿、颈像骆驼、尾像驴，因此又称四不像，原产于我国长江中下游沼泽地带，以青草和水草为食物，有时到海中衔食海藻。后来由于自然气候变化和人为因素，在汉朝末年就近乎绝种。

下草湾有一个像小岛的地带。传说洪泽湖古时候通大海，一个乌贼精在这里作祟，把这里的沙子都拱起来形成的。

也有人说，很久很久以前，东海有一条黑龙偷食了龙王敖广的黑珠，犯下天条，被玉帝派天兵天将追杀，于是逃到下草湾，钻进湖底藏身，这条黑龙在湖底翻了个身，拱起一片沙滩，就形成了这个小岛。

下草湾一带不仅有古人类活动的遗迹，还有相当丰富的动物化石，如中国大河狸、纳玛象、剑齿象、四不像、无角犀、原始牛及众多的淡水动物化石。

这些动物和蚌类都是下草湾人不可或缺的食物资源。从这些动物化石来看，5万年前的下草湾环境非常好。那时候气候应该很温润，有茂密森林、成群的动物和踽踽独行的我们人类的祖先“下草湾人”。

阅读链接

1954年治理淮河时，中国科学院古脊椎动物与古人类研究所所长、地质学家、古生物学家杨钟健教授来到下草湾水利工地考察古生物，发现巨河狸及其他一些古脊椎动物化石。

杨钟健教授在考察巨河狸和其他古脊椎动物时，于淮洪新河东岸，采集到一段人类化石，经鉴定为右侧股骨化石。后这段股骨化石又经著名古生物学家吴汝康、贾兰坡两位教授研究，他们认为这段股骨同北京猿人股骨相似，不同于现代人股骨。介于北京人与现代人之间，而与尼安德特人相近。

山东旧石器人类——沂源猿人

我国山东省沂源县历史悠久，早在四五十万年前与“北京猿人”同期的“沂源猿人”就在这里繁衍生息，是山东人的远祖。

沂源猿人复原头像

沂源猿人化石发现于沂源县土门镇九会村，其中猿人头盖骨化石两块，眉骨两块，牙齿8颗，肱骨、股骨、肋骨各1段及伴生动物骨骼化石10余种。

经鉴定，这些化石确系旧石器时代的猿人遗骸，并且属于两个猿人以上的个体出土的古人类化石，与“北京猿人”处于同一时代。

沂源地处我国山东省中腹部，

■ 木炭

是全省平均海拔最高的县，素有“山东屋脊”之称，是泱泱八百里沂河的发源地。其境内低山连绵，河流纵横。

沂源境内有个“九天洞”，此洞之所以称为“九天”，是因为神话传说中天有9层，即九天，而这个洞也有9个洞厅，景观可与神话中的天宫相媲美，所以叫九天洞。

沂源山清水秀，属暖温带半湿润大陆性季风气候，植被好，气候较湿润。土门镇背山面水，环境优美。一个有山有水的所在，往往是有灵性的地方。当地的地理环境和气候条件特别适合人类生存。

在地质地貌上，沂源也的确有其得天独厚的条件。鲁中灰岩低山丘陵处山势和缓，河谷切割不深，地面起伏不大。在此范围内，至少有洞穴上百个，其数量之多，国内罕见，被命名为“北方溶洞之乡”。

而在远古时期，沂源的气候要比现在更温暖湿润得多，当时沂源一带的年平均气温比现在要高，趋于北亚热带气候的植被茂盛，动物繁衍，非常适合远古人类生活。这些优势条件都说明，这里曾是古人类生存和繁衍的摇篮。

古老的沂河历史悠久，广泛流传着古代的神话，或许传说中的沂花姑娘就是古代的沂源人。

沂河 发源于我国山东省沂源县，“沂河”之名来源于大禹治水。禹总结了父亲鲧堵截水泛滥成灾的教训，深受小河里孩童玩水开口顺水的启发，开山辟地开河治理水灾。正是因为太古沂河是禹王用“斧”开辟的，古字“斧”就是“斤”，所以人民就取其名为“沂河”。

相传沂蒙山的沂花，做了观音的使女。沂花跟观音菩萨来到南海，照样思念家乡和爹娘。这一天，观音去赴蟠桃会，让沂花捧着玉净瓶，跟她一起驾着祥云去了。当她们来到沂蒙山区上空时，沂花偷偷地看家乡，只见到处是焦山秃岭，看不到一点青绿颜色，就连乡亲们吃水的井都干了，不知爹娘和乡亲们怎么过日子。

沂花看得眼泪汪汪，趁观音不留意，偷偷用杨柳枝儿蘸着玉净瓶里的神水往下面洒了几滴，霎时间沂蒙山里喜降大雨，山山岭岭百花盛开，万木葱茏……

沂花看到这般光景，心里乐得开了花。抬头一看，观音菩萨早已走远，沂花急忙赶上去。来到南天门外，观音要过玉净瓶，令沂花站在南天门外边等候，自个儿到瑶池仙宫喝仙酒、吃蟠桃去了。

这一来沂花可就有了机会，她趁着把守南天门的天兵天将不注意，驾起祥云跑回了沂蒙山。

观音菩萨赴蟠桃会出来，找遍了天宫就是不见沂花的影子。这时候，千里眼把沂蒙山区降雨的事奏明了玉皇大帝，玉帝查问是谁降的雨，观音菩萨掐指一

鲁 山东省的简称，“鲁”原为我国春秋时国名，在今山东省南部，都城在今曲阜。周武王于公元前1046年杀纣灭商后，封其弟周公旦于鲁。国名“鲁”是武王所赐，意为“像鱼儿那样生活在东夷之海中，用摆尾的方式扫荡敌对势力”。这说明鲁国之封是周王室经营东方的重点、难点，周王室对此有充分的心理准备。

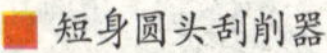
短身圆头刮削器

算，原来是沂花偷降了大雨，又跑回了老家！菩萨大怒，招来善财童子一起去捉拿沂花。

沂花回到人间，见了爹娘和乡亲，正哭诉着离别后的光景。忽听观音要把她拿回天宫问罪，乡亲们说："孩子，你豁上性命救了这一方生灵，俺说啥也不能让你回天上去受罪，快藏起来。"乡亲们将沂花藏进一个山洞里。

善财童子在天上喊破嗓子也不见沂花出来，观音菩萨无奈地说："下界的人听着：一时三刻不交出沂花，我就让善财童子喷出神火，把沂蒙山烧成一片焦土！"

沂花在山洞里听到这话，心想我不能连累父老乡亲，于是跑了出来。观音按落云头，指着沂花说："好个丫头，你已犯下弥天大罪，快随我上天庭领罪去吧！"

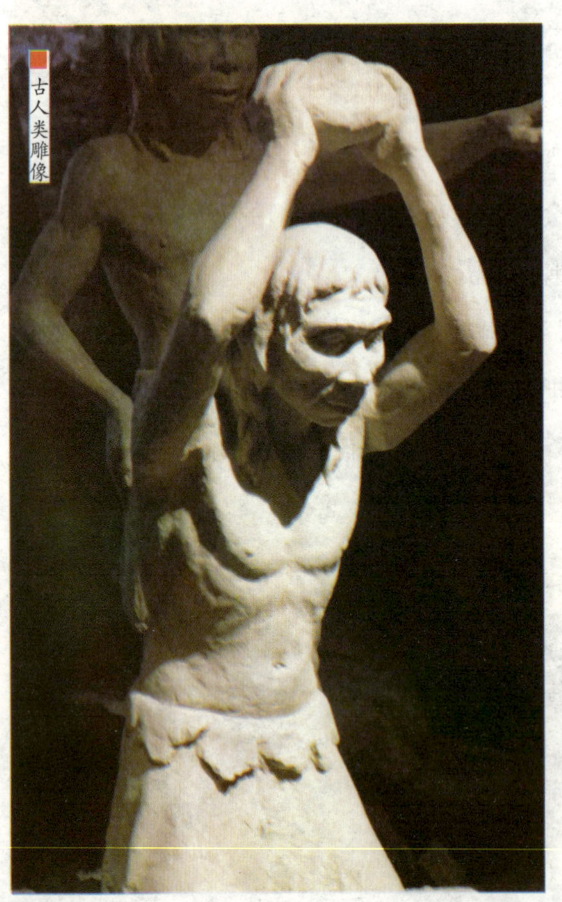
古人类雕像

沂花说："观音菩萨，任杀任剐由您，沂花至死也不离开爹娘和众乡亲！"观音催了半天，沂花就是不动，不由生气地说："好吧，你既然有这般志气，我就发发慈悲成全你！"说完用手一点，沂花立时化成了一条小河。观音长叹了一声，带着善财童子驾云回南海去了。

聪明伶俐、救苦救难的沂花被菩萨点化成了一条小河，乡亲们心疼得一起大放

古人制陶场景

悲声，这哭声惊天动地，流下的泪水把那条小河冲成了大河。河水像沂花留恋家乡一样，缠山绕岭流过沂蒙山区，汇进了大海。

人们看着河水，思念着沂花，就把这条大河叫“沂河”了。沂源人世世代代生活在这里，于是留下了许多古人类的化石。

沂源人化石发现于土门镇九会村骑子鞍山东山根、下崖洞南处，在一个很小的连洞穴都算不上的浅洞，面积不大，但是，就在如此小的地方却存有许多动物化石碎片。

尤其是其中一件瓢形的人类头骨化石，头骨内壁的脑动脉切沟依稀可辨，尽管不完整，但仍可以确认这是一件珍贵的人类头骨化石。

另外还有直立人牙齿7枚和大量的哺乳动物化石。经鉴定，确实是旧石器时代的猿人化石，与举世闻名的“北京猿人”处于同一时代，是所发现的最早的山东古代人类化石。

不过，沂源猿人头骨化石发现地点并非他们生活的地方，其遗物好像是发生泥石流之后从别处冲积而来，但其生活地肯定离化石发现

古人粮食加工工具磨盘

地不远，遗憾的是，因为一些暂时无法解决的原因，一直未能发现。

另外，在沂源县张家坡镇北桃花坪村扁扁洞里，发现顶骨、枕骨、牙齿等古人类化石和石斧、陶器及粮食加工工具磨盘、磨棒等石器，该遗址完整保存了厚厚的3层文化堆积，其中一个文化层保留了大量人类活动的迹象，有灶面、火的烧结面、灰坑、活动面。

“沂源猿人”化石的发现，填补了我国古人类生活遗迹地理分布的空白，并为研究古地理、气候、人类进化和史前文化，提供了弥足珍贵的资料。

阅读链接

1981年，沂源县文物普查小组在该县的土门乡进行文物普查时，当地驻军战士提供线索称，在一个崖洞里有一些好像化石的东西。

文物工作人员马上赶到现场，果然发现了一些残破的哺乳动物的肢骨化石和更多的化石碎片。突然，旁边的一个战士说，他们在施工中曾挖出有点像人的一块骨头，但后来不知道埋到哪里去了。

文物普查小组来到沂源县土门乡芝芳村骑子鞍山东侧崖下。一件碗口粗的化石被挖了出来。他们仔细剔剥着中间的红色填充物，慢慢地，一件瓢形的化石暴露在眼前。经过几个小时细致的清理，头骨内壁的脑动脉切沟依稀可辨，可以确认这是一件珍贵的人类头骨化石。

经北京大学考古系教授吕遵谔鉴定确认，这是一块难得的古人类头骨化石。

和县完整的猿人头盖骨化石

“和县猿人”是在我国安徽和县西北善厚镇陶店汪家山北坡龙潭洞发现的直立人化石之一，包括一个我国唯一保存完好的猿人头盖骨化石、两块头骨碎片，一块破碎的下颌骨和9枚零星的牙齿。

与和县猿人共生的哺乳动物化石达40多种，其中有华南大熊猫、剑齿象动物群中的许多典型代表。

和县猿人头盖骨化石

和县猿人的发现，填补了安徽省旧石器文化的空白，尤其完整的头盖骨化石的发现更是举世瞩目。

龙潭洞洞穴古老，泉溪清澈，大旱不干涸，故名“龙潭洞”。

和县猿人生活时期的古气候为亚热带气候，山上有茂密森林，山下北面有滁河，河两岸为宽阔的旷野，有大片的草原和湖沼。当时，这里生活有大量的古脊椎动物。

在260万年前，由于新构造运动，大气环流发生变化，西北冬季风逐渐增强，全球变冷，冰川发育，并伴随多次气候冷暖波动，以秦岭为界的南北气候格局基本形成。

至此，秦岭以北的广阔地域便在西北季风控制之下，形成了干旱的气候，累积了厚厚的黄土。这样的生态环境是不适宜远古人类生息的。

而在秦岭以南，由于处在东南和西南季风控制之下，气候湿润，植被繁茂。不言而喻，这样的生态环境才是远古人类生息的理想家园。人类群体中，最先进入这片沃土的，当然是能够直立行走、能够制造工

秦岭 横贯我国中部的东西走向山脉。西起甘肃南部，经陕西南部到河南西部，主体位于陕西省南部与四川省北部交界处，呈东西走向，长约1500千米。为黄河支流渭河与长江支流嘉陵江、汉水的分水岭。秦岭—淮河是我国地理上最重要的南北分界线，秦岭还被尊为华夏文明的龙脉。

古猿复原画面

■ 古人打制工具场景图

具的远古先民。

龙潭洞中的一具猿人头盖骨化石包括4颗猿人上臼齿化石，一段左下颌骨化石。这件罕见的完整头盖骨化石堪称举世瞩目的珍宝。这是我国继北京周口店和陕西蓝田之后第三个发现猿人头盖骨化石的地址。

龙潭洞中还存有密集且种类繁多的动物化石，有哺乳类、鸟类和爬行类等。另外还有一部分粗陋的骨器和火烧骨片、灰烬等。

据推断，“和县猿人”头盖骨化石为一个20岁左右男性青年，属新生代第四纪中更新世地质时代，距今三四十万年。

和县猿人头骨具有许多与北京猿人相似的特征。例如颅穹隆低，颅最大宽位于两侧外耳门附近，额骨扁平和明显向后倾斜，具有矢状脊，眉脊和枕脊均发达，颅骨很厚，枕骨枕平面与项平面交界呈明显角状

矢状脊 也叫矢状嵴，是一道沿颅骨顶部中线的脊状的骨头。许多哺乳动物和爬行动物都有这样的颅骨结构。这个结构一般表示这些动物有非常强健的咀嚼肌。矢状脊主要是用来固定颞肌，它是最重要的咀嚼肌之一。

扬子鳄化石

扬子鳄 我国特有的一种鳄鱼，是世界上体型最小的鳄鱼品种之一。它既是古老的，又是现在生存数量非常稀少、世界上濒临灭绝的动物。在扬子鳄身上，至今还可以找到早先恐龙类爬行动物的许多特征。所以，人们称扬子鳄为“活化石”。因此，扬子鳄对于人们研究古代爬行动物的兴衰和研究古地质学和生物的进化，都有重要意义。

转折。颅骨的多项测量也和北京猿人近似。脑量约为1025毫升。

此外，和县猿人头骨又显示出若干较为进步的特征，例如眶后缩窄不如北京猿人那样明显；颞鳞高，且其顶缘呈弓形隆起。

根据以上初步描述，和县猿人的系统位置可视为与北京猿人的晚期代表相当。

和县猿人化石伴生的脊椎动物化石约50余种。爬行类有龟、鳖、扬子鳄等；鸟类有马鸡；哺乳类有田鼠、大鼠、硕猕猴、狼、豺、狐、猪獾、水獭、中国鬣狗、剑齿虎、中华猫、豹、大熊猫、棕熊、东方剑齿象、马、中国貘、额鼻角犀、李氏野猪、葛氏斑鹿、肿骨鹿、麋、野牛等。和县动物群是南、北型动物互相混合的过渡类型。

和县猿人的地质时代属于更新世中期，与北京猿人化石产地第三至四层的时代相当。年代距今在30万年至20万年。

和县猿人的声望虽然不高，但是标本却相当完好。就同时期的人化石来说，其完整性只有北京猿人可以与之相比。

和县猿人及其动物群的重大发现，对于研究人类起源和发展，南北早期人类在演化上的差异、关系、位置、特性，长江流域的发育史，对于研究第四纪动物的迁徙、古地理和古气候的演变都有十分重要的价值，也为中华民族文化渊源提供了极其珍贵和重要的依据。

在此之前，普遍认为黄河流域是中华民族文明的唯一摇篮。“和县猿人”的发现，证实早在新生代第四纪更新世中期，也就是距今40万年至30万年前，那里就有人类生存活动，说明了长江流域与黄河流域都是中华民族文明的摇篮。

中华猫 即中华古猫，是老虎的直系祖先，主要生活在我国森林山地。多单独生活，不成群，多在夜间活动，嗅觉发达，行动敏捷，善于游泳，但不善于爬树。与其他的虎的亚种相似，中华古猫主要是猎食有蹄类动物。

阅读链接

1979年春，安徽省水文队在进行地质普查时，采集了一些化石，并致信中国科学院希望派人帮助鉴定历史年代。同年秋，中国科学院古脊椎动物与古人类研究所助理黄万波回到研究所，在办公室后的一件邮件盒里发现一些化石，其中有猿人的牙齿，引起了他的重视。

由中科院古脊椎动物与古人类研究所彭春和黄万波组成发掘队到龙潭洞。他们在工作面西端发现一具猿人头盖骨化石，4颗猿人上臼齿化石，一段左下颌骨化石。这件头盖骨化石后被专家研究后命名为“和县猿人”。

南京古人类先民——汤山猿人

汤山猿人

江苏省南京市汤山镇西的雷公山中，有一个巨大溶洞群，因其洞体如平卧的巨型葫芦，故称“葫芦洞”。洞内发现了较为完整的古人类头骨化石，经科学鉴定，是出生于30万年前的南京猿人，证实了长江流域是中华民族的发祥地之一。

在南京的汤山镇有一座山名叫射乌山，传说是后羿射日所登的山。

盘古开天辟地之后，

起初风调雨顺，人兽和睦，世间万物幸福地生活着。可后来有一年，突然天上冒出来10个太阳，把大地烤得像火炉，人和兽烤得死的死、逃的逃。这时，后羿率领部落就住在汤山。他是出名的神箭手，他听老人说，太阳是3只脚的金乌鸦变的，于是他就带上弓箭，爬上高山，拉满弓，瞄准一个太阳就是一箭。果然，从天上掉下来一只大乌鸦。

这下后羿更有把握了，他又一箭接着一箭射上天空，一连射了8箭，射落了8个太阳。于是，大地恢复了阴凉，树木变绿了，庄稼返青了，人和动物又过上了好日子。

后羿射中了9个太阳，其中8箭射到当中，而有一箭却射偏了一点，还未冷透就落到汤山山肚里去了，把地底下的泉水烧得滚烫，于是汤山就有了温泉。

而葫芦洞据说也源于一个美丽神奇的传说：相传在很久以前，汤山镇一带有妖魔鬼怪经常作乱人间，残害生灵，当地村民难于生存并纷纷逃亡。此情况被观世音身边护法的七子金刚葫芦娃兄弟知晓，他们相约到人间与众妖斗智斗勇，鏖战了七七四十九天，但不幸其中有两兄弟被妖怪吃掉。

正在艰难的时候，观音菩萨突降人间，她降服了魔怪。为保一方百姓平安，也为了防止魔怪死灰复燃，观音菩萨就命令剩下的5个金刚葫芦娃永驻此洞，并把此地命名为葫芦洞。世代相传，人们都说后羿和葫芦娃就是古代汤山人的原型呢！

葫芦洞的汤山猿人化石分为1号头骨和2号头骨。其中1号头骨保存稍完整，有顶骨、额骨、左眼眶及部分面颊、鼻骨和枕骨等，初步分析为成年女性个体头骨。2号头骨仅存额骨、顶骨及部分枕骨，属成年男性个体。

南京猿人头骨形状特征与北京周口店猿人有诸多相似之处，伴存的动物种群也和周口店"北京人"的相似。它对于研究我国古人类分布演化，以及更新世人类生存环境，特别是长江中下游的环境，具有高度的历史价值和科学价值。

■ 中国鬣狗 主要生活在中新世晚期到上新世早期，样子虽然长得像狗，但并不属于犬科，而与猫科类有一定的关系。是一种灭绝了的动物，在我国的山西、陕西、宁夏、河北等地区，都发现过相当丰富的鬣狗类动物化石和遗迹。

葫芦洞中还发现一枚猿人牙齿化石及2000余件古脊椎动物化石，大概属于15种动物。其中中国鬣狗、肿骨鹿等绝大部分动物已在远古时灭绝。初步测定，

其年代属中更新世晚期，距今35万年左右。

葫芦洞古人类头骨化石的出土，是我国古人类研究及旧石器时代考古领域具有世界意义的重大发现，它将南京先民的活动历史提前到35万年以前，而在此之前，南京最早只可追溯到以北阴阳营文化和浦口营文化遗址所代表的距今五六千年历史的新石器时代。

“南京猿人”头盖骨化石的发现，对研究人类演变规律提供了重要依据，是我国继北京猿人、云南元谋人、陕西蓝田人、安徽和县人之后又一重大发现。

原始人类哺育后代画面

阅读链接

葫芦洞是1990年被采石工人发现的。1992年下半年，汤山镇决定将“葫芦洞”作为旅游景点进行开发，陶肿鸿任顾问。

1993年，陶胪鸿到挖掘现场，见到箩筐内有一个似球状的化石，疑是股拐骨或猿人头骨。在清理“葫芦洞”南侧小洞中的堆积物时，发现一件保存相当完好的头骨化石。后来陶胪鸿用手扒去一些泥巴，便看出有眼眶轮廓和眉骨形状，他惊喜地说：“这是国宝，是猿人头骨化石。”

他们带着照片专程飞赴北京，向中科院报告，请古脊椎动物与古人类所著名人类专家吴新智、张银运两位教授做权威鉴定，他们一致认为它是古人类头骨化石。新华通讯社报道了这个重大发现，立刻轰动了全世界。

开发台湾第一人的左镇人

台湾“左镇人”是在我国宝岛台湾省台南县左镇乡菜寮溪溪谷发现的9块灰红色的古人类化石，其中有7块是头骨残片，另外两块则是大臼齿。每块化石都代表单一的个体，分属于距今3万年的几个古代人类。

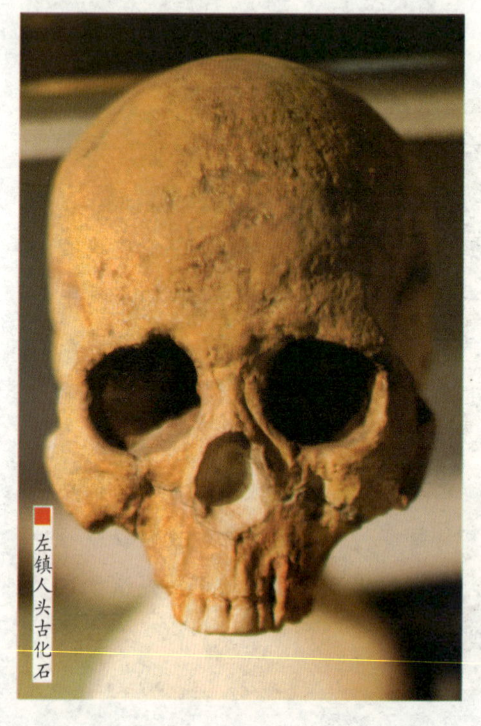
左镇人头古化石

“左镇人”是最早开发我国宝岛台湾的先驱，他的出现，把台湾原始社会的历史在“长滨文化”的基础上，向远古推溯了两万年左右。左镇人揭开了台湾人类历史的第一页。

左镇乡位于我国台湾省台南县东南方，北临玉井乡、山上乡，东邻南化乡，西邻新化镇，南接龙崎乡、高雄县内门乡。

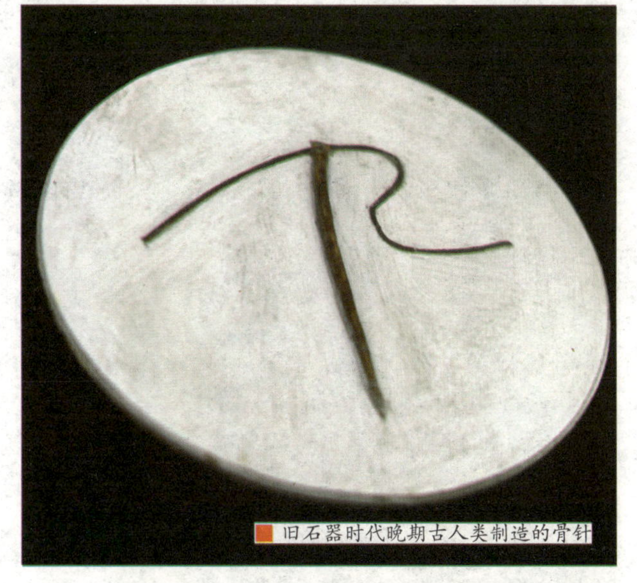
旧石器时代晚期古人类制造的骨针

左镇乡位处山区，虽地势不高，地形却是高低起伏，形成半面山、断崖、曲流、深谷等特殊地景，缺乏大而平坦的腹地，气候上则属热带季风气候。

在菜寮溪河床出土的左镇人化石总共有9块，其中的3块，一块经测算，是3万年前一位约20岁的男性青年的顶骨；一块是具有强壮颞肌的成年人左顶骨残片；另一块也是一个成年人的右顶骨残片。这3个人都是属于同一群及同一时代的古人类。

至于两块臼齿的齿冠，比现代人的要大一点，从臼齿化石的情形来看，可能是属于3万年前至2万年间的人类，分别属于一男一女的遗骨。

就生存年代而言，左镇人与“山顶洞人”大致相当，都属于旧石器时代晚期的现代人智人种。只是在山顶洞人的居住地北京周口店龙骨山，还伴存有大量旧石器时代末期的器物，如石珠、赤铁矿粉、制作精细的骨针等，它们标示了华北山顶洞人在我国历史上的划时代地位。而伴存于左镇人的仅仅是一些毫无文化显示的更新世哺乳动物的化石。

左镇人从何而来？在古老的高山族民间传说中，屡屡有将台湾诸山作为本民族发祥地的故事。高山族中的卑南人的民间传说尤其美丽动人。

《社族祖先的传说》讲道：一位女神奴奴拉敖右手持一石头，投

骨尖头器

石于地，石头裂开，生一男神；左手拿竹，竹插于地，地裂开，生一女神。此二神皆为卑南族祖先……

但是，由于年代久远和生产力水平的限制，古老、纯朴的高山族人民尽管充分发挥了想象力，也无法突破自己世代生存的狭小天地并溯及至本民族真正的源头。

根据生物进化论的观点，由氨基酸进化到高级生物要几十亿年的漫长过程。台湾山脉的最后形成，不过是近二三百万年的事情，根本不可能凭本身产生人类。显然，台湾最早的开发者是左镇人，而左镇人是从祖国大陆迁徙过去的。

1.5万年前，海平面低于今天，3万年前则应更低一些。台湾海峡平均深度80米，那时当在海平面之上。因此，左镇人可以很顺利地由大陆经过长途跋涉走过这块低洼的陆地进入台湾。

另外，在福建的清流、漳州和东山等地发现的古人类化石，时间虽比“左镇人”晚些，但从牙齿结构和体质形态上看，也属于同一起源。

古地理学研究证明，旧石器时代台湾岛和祖国大陆是连成一片的，“左镇人”是从祖国大陆东南经过长途跋涉，先到达台湾西部，再向南迁移到一处四面青山环绕和溪水明澈的地方，这就是后来的左镇。他们就在这里安居下来了。

台湾最早的人类来自大陆，他们带去了华南的原始文化。可是当时尚未发明水上交通工具，而在海峡中南部横亘着一条浅滩带，由台湾浅滩、南澎湖浅滩、北澎湖浅滩和台西浅滩组成，称为“东山陆桥”，一般水深不超过40米。原始人类就是通过“东山陆桥”去到台湾的。

首先，地球史证明海平面存在升降交替的状况。地球有冰期与间冰期频繁交替出现的演变规律，相对应的是冷暖气候的交替变化。冰期到来，气候变冷，海平面下降；间冰期到来，气温回升，海平面也上升。在台湾最高的玉山一带发现的贝类与鱼类的化石，说明间冰期时这里曾是一片汪洋。

其次，台湾海峡水深较浅，海平面只要下降40米，浅滩带就能露出海面。以当今的海平面为准，结合全球性冰川活动和气候波动研究，冰期以来台湾海峡海平面有3次下降幅度可能超过40米，说明了东山陆桥的存在。

另外，左镇人很可能是“山顶洞人”的一支。尽管周口店龙骨山距离台湾十分遥远，但是，由于生活习性和索取食物的方式所致，古人类是非常擅长奔

高山族 我国少数民族之一，主要居住在我国台湾省，也有少数散居在大陆福建、浙江等沿海地区。高山族有自己的语言，没有本民族文字。散居于大陆的高山族通用汉语文。居住在台湾的高山族有自己独特的文化艺术，他们口头文学很丰富，有神话、传说和民歌等。高山族的手工工艺主要有纺织、竹编、藤编、刳木、雕刻、削竹和制陶等。

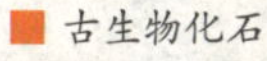

■ 古生物化石

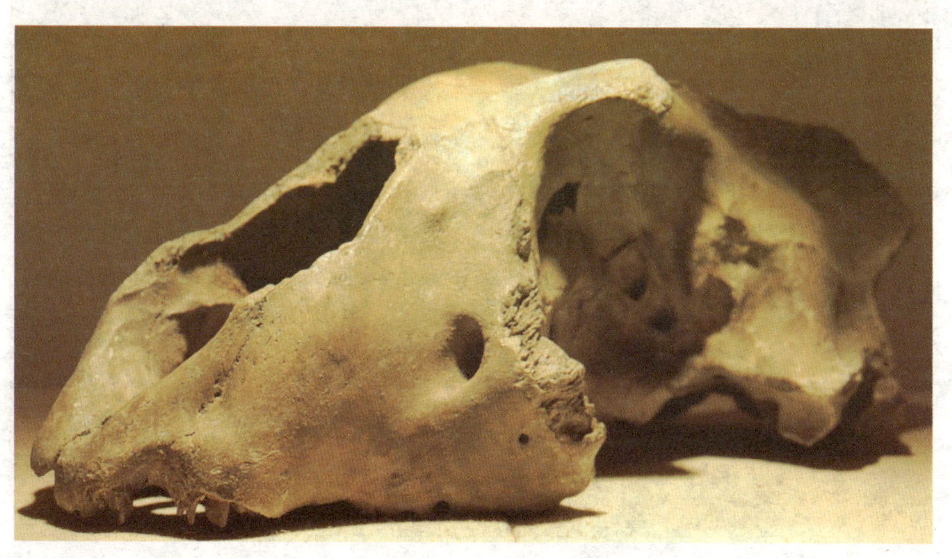

旧石器时代人类使用的工具

走的。山顶洞人遗存中的海蚶壳，说明当时他们的活动范围已远及海边，并且极富开拓精神。

这些都说明了，至迟在距今3万年至2万年以前，台湾岛上就已经开始有人类居住了。“左镇人”是西部“长滨文化”的主人。长滨文化是台湾旧石器时代晚期的代表性文化，因此，左镇人可能也是使用石片器、砾石器和骨角器、以渔猎维生的旧石器时代人类。

阅读链接

1970年夏季，台湾省台南县左镇乡当地居民在菜寮溪溪谷采到一块灰红色的古人类化石。1971年初冬，由古生物化石的业余收藏家郭德铃在菜寮溪的臭屈河谷地层找到了另外一块人类化石。

1972年，台湾大学考古人类学系教授宋文薰偕同省立台湾博物馆几名工作人员，一起到菜寮溪发掘古生物化石，并顺道参观郭德铃的化石收藏品。宋文薰发现这些收藏品中有一块疑为人类头骨的化石。该块化石后来由日本学者鹿间时夫带回日本做鉴定，并认为这是一块距今3万年到1万年的人类头骨右顶骨残片化石。

1976年，关于这些头骨化石的报告正式在《日本人类学会期刊》上发表，由于该批化石都是在左镇附近找到的，学界人士于是将这些化石的前身定名为“左镇人”。

原始文化

新石器时代文化遗址

长江流域

长江干流和支流流经我国广大地区，横跨我国西部、中部和东部共计19个省、市、自治区。长江流域雨量丰富，气候温暖湿润，农作物生长期长，非常适合人类生存。因此，它是中华文化的重要发源地。

长江流域分布着很多新石器时代的原始文化遗址，它们在源远流长的中华文明史中占据着不可忽视的地位。比如彭头山文化、大溪文化、河姆渡文化、良渚文化、屈家岭文化、宝墩文化、营盘山文化等。

南方最早新石器彭头山文化

彭头山文化处于长江流域，位于湖南省北部澧县大坪乡孟坪村境内，其年代距今9000年至7500年。它是我国南方最早的新石器时代遗址，是我国史前文化的代表。

原始村庄想象图

彭头山文化主要分布在洞庭湖西北的澧水流域，仅发现于澧县境内。被确认为属于彭头山文化的遗址有彭头山、八十垱、李家岗等10多处。

澧阳平原属于河湖冲积平原，是湖南境内最大的平原之一，是一个介于武陵山余脉与洞庭湖盆地之间的过渡地带，它东连湖区，西北邻近山地。

彭头山文化陶器复原图

彭头山古文化遗址位于澧阳平原中部，是一处高出四周地的圆形丘岗，东南是澧县县城。周围地势开阔平坦，西面和南面有一些澧水的支流涔河的小支流。彭头山文化距今9100年至8200年。彭头山文化遗址属新石器时代早期遗址，大致呈长方形。据考察，遗址有地面式、浅地穴式建筑遗迹和以小坑二次埋葬为主的墓葬18座。

彭头山文化遗址城内分布着成排的房屋，其中有我国最早的高台建筑，城外是一圈壕沟环绕。它很可能是我国后来夯土城址的雏形。

彭头山文化分7个文化层。发现了一批居住房址，出土的文物有新石器时代早期的打制石器和细小燧石器，以及夹炭红褐陶、夹砂红褐陶和泥质红陶。

彭山头遗址出土的几件陶器比较原始，制作工艺古朴简单，器坯均使用了原始的泥片贴塑法，胎厚而不匀。

史前文化 就是指文字产生以前的人类文化，史前时期的年代范围是文字出现前的人类历史。一般说来，我国的史前时期，包括早期猿人、晚期猿人、母系氏族，以及传说中的我国上古时期三皇五帝的发展史，直至最后夏朝的建立。

钵　洗涤或盛放东西的较小的陶制器具。钵的形状多呈矮盂形，腰部凸出，钵口钵底向中心收缩，直径比腰部短。这种形状可使其中的饭菜不易溢出，又可保温。

彭头山文化遗址中大部分陶器的胎泥中夹有炭屑，一般呈红褐色或灰褐色。器类不多，主要是深腹罐与钵，普遍装饰粗乱的绳纹、刻画纹，器形有圆底罐、钵、盆。而且红陶已饰有太阳月亮纹，其历史价值和研究价值极高。

彭头山文化遗址的石器由大型打制石器、细小燧石器、磨制石器三大部分组成，并以打制石器占绝对多数，既有大型砾石石器，也有黑色细小隧石器，另有少量石质装饰品。与本地旧石器时代晚期的传统区别不大。

锛　我国原始社会时期磨制石器的一种，长方形，单面刃或双面刃。有的石锛上端有“段”，就是磨去了一块，称“有段石锛”。它装上木柄可用作砍伐、刨土。锛是新石器时代和青铜器时代主要的生产工具。

大型打制石器制作粗糙，没有固定的形状，作用多是用来砍砸东西，形制有石核、砍砸器、穿孔盘状器、刮削器和石片石器等；细小燧石器也缺少正规的样式，功用应该是以切割和刮削为主，器形有石片和刮削器。

彭头山文化遗址石器中的磨制工具不仅数量极少，且种类单纯、体型偏小，常见一种既可以叫作斧又可以叫作锛的器形，双面刃。还有个别石杵和石棒，它们可能是食物加工工具。

在彭头山文化的晚期，磨制石器有了明显的进步，一是数量有所增加，二是出现了较大型的斧。

彭头山文化遗址骨木器发现的数量和种类都十分稀少，而且造型简单，制作加工粗糙原始。骨器有小型和大型斜刃锥形器，前者为掌上型工具，功用为采掘和开挖小洞坑；后者可以捆缚上木棒而构成复合工具，可用于取土或开沟。木器有钻、杵、耒等。

在彭头山文化遗址中，首次发现了距今超过9000年至8000多年的世界上已知最早的稻作农业资料，陶器泥料中也普遍发现稻作遗存。

在显微镜下，可清楚地看到陶器胎壁中有大量的炭化稻谷谷粒和稻壳。将稻壳作为陶胎的主要掺和料

杵 我国远古时期人们使用的捣谷工具，它是棒的一种，因其两端粗，中间细，故得名。据说，它是由伏羲发明的。杵还有一个重要用途。在“版筑”这种传统土木建筑施工法中，人们要把土捣实，才修筑墙壁，而杵就是把土捣实的工具。军队里就有杵这种工具。后来，士兵们就把杵作为一种兵器使用起来。

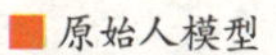
原始人模型

之一，是彭头山文化陶器的一大明显特征。

广泛流传于洞庭等地的系列神话，暗示了生活在彭头山文化遗址的原住民三苗率先发现野生稻并进行人工栽培。从农业起源的角度看，它们都应是早期形态栽培稻，为确立长江中游地区在我国乃至世界稻作农业起源与发展中的历史地位奠定了基础。

值得一提的是，这里从遗址边缘古河岸坡下含古生活垃圾的淤积土中发现了数以万计形态完好无损的稻谷和米粒，许多谷粒上还带有芒；另有莲藕、稻米等。

总结起来，彭头山文化时期，经济生活中特别值得一提的重大事件首推水稻种植。其经济特征为采集、渔猎在经济生活中居主导地位，兼有水稻种植与家畜饲养。

阅读链接

1988年秋，发掘彭头山遗址时，人们在出土的器物陶片及火烧土中见到众多的炭化稻壳。当年，有学者发表了《彭头山文化的稻作遗存与中国史前稻作农业》一文，在简要介绍彭头山文化稻作遗存与经济生活的基础上，探讨了我国稻作农业的若干问题。

文章从彭头山文化的稻作农业与经济生活、关于我国稻作农业的起源、我国史前稻作农业的发展阶段几个方面阐述证明了彭头山文化中的稻作农业对中国史前农业研究的重要价值。

1989年冬，试掘李家岗遗址时，又在陶片中观察到大量炭化稻壳；1990年夏，小面积试掘曹家湾遗址时，在出土的陶片中发现稻壳遗痕；在下刘家湾遗址采集到的陶片中也发现稻谷遗痕；1993年至1997年，发掘八十垱遗址时，不仅在出土的陶片中观察到炭化稻壳，还在遗址中出土了大量炭化的稻草、稻壳和稻谷。

父系氏族的萌芽大溪文化

大溪文化是我国长江中游地区的新石器时代文化，因位于重庆市巫山县大溪遗址而得名。其分布东起鄂中南，西至川东，南抵洞庭湖北岸，北达汉水中游沿岸，主要集中在长江游西段的两岸地区。据放射性C–14测定为公元前4400年至前3300年。

巫山县历史文化悠久，古代神话中的巫山神女，也称巫山之女。传说为天帝之女，一说为炎帝之女，本名瑶姬，未嫁而死，葬于巫山

大溪文化动物陶器

■彩陶　也称陶瓷绘画，它是我国悠久的“国粹”——陶瓷艺术之中的艺术。彩陶艺术中融合了艺术家的各种创作思想、风格、语言，创作出风格各异而又多姿多彩的艺术珍品，是我国不可多得的文化瑰宝。

之阳，因而为神。

战国时楚襄王游高唐，梦与神女相遇，神女自荐枕席，后宋玉陪侍楚襄王游云梦时，作《高唐赋》与《神女赋》追述其事。神女为“旦为朝云、暮为行雨”的美貌仙女。

因此，巫山神女的传说和大溪文化的发现，都印证了早在远古时期这里就有人类生活。

大溪文化的发现，揭示了长江中游的一种以红陶为主并含彩陶的地区性文化遗存。属母系氏族晚期至父系氏族的萌芽阶段，是我国著名的原始社会古文化遗址之一。

大溪遗址位于长江瞿塘峡南侧，后在西陵峡又发现几处同类遗址。大溪文化可归纳为3期：

早期以夹炭红陶最多，戳印纹简单、细小，彩陶极少，以折肩圈足罐、三足盘、鼓形器座等为代表。

中期戳印纹发达，彩陶兴盛，常见内折沿圈足盘、簋、高把豆、折腹盆、曲腹杯、筒形瓶等。

晚期则以泥质陶占绝对优势，灰陶和黑陶剧增，有细颈壶、折敛口圈足碗等。

大溪文化的陶器以红陶为主，外表普遍涂有红衣，有些因扣烧而外表为红色，器内为灰色和黑色。盛行圆形、长方形和新月形等戳印纹，一般成组印在圈足部位。

其中有少量彩陶，多为红陶黑彩，常见的是绳索纹、横人字形纹、条带纹和旋涡纹。主要器形有釜、斜沿罐、小口直领罐、壶、盆、钵、豆、簋、圈足盘、圈足碗、筒形瓶、曲腹杯、器座、器盖等。

以白陶和薄胎彩陶最为突出，代表了较高的工艺水平。在白陶圈足盘上，通体饰有类似浅浮雕的印纹，图案复杂精细。薄胎细泥橙黄色的彩陶单耳杯和圈足碗，绘以棕红色的多种纹样，显得精美别致。

石器中两侧磨刃对称的圭形石凿颇具特色。有很少的穿孔石铲和斜双肩石锛，偶见的巨型石斧。同时，有相当数量的石锄和椭圆形石片切割器等打制石器。另有大量的实心陶球和空心裹放泥粒的陶响球。

大溪文化流行火烧土房屋并较多使用竹材建房。葬式复杂多样，跪屈式、蹲屈式和仰身屈肢葬是该文

圭 我国古代在祭祀、宴飨、丧葬以及征伐等活动中使用的器具，其使用的规格有严格的等级限制，用以表明使用者的地位、身份、权力。一般为玉制，长条形，上端作三角形，下端正方。有的器表满布浮雕的谷纹或蒲纹，有的阴刻出四山纹，寓安定四方。

复原陶器

原始人居住的房屋

化的特殊葬俗。

大溪文化居民以稻作农业为主。在房屋建筑遗迹的火烧土块中，经常发现稻草、稻壳印痕。红花套遗址的稻壳印痕经鉴定为粳稻。

大溪文化居民除饲养猪、狗外，鸡、牛、羊可能也已成为家禽家畜。同时，渔猎、采集等辅助经济仍占一定比重。特别在大溪有些地段的文化层内，夹杂较多的鱼骨渣和兽骨，包括鱼、龟、鳖、蚌、螺等水生动物以及野猪、鹿、虎、豹、犀、象等的遗骸。

在大溪文化遗址中，一直没有发现成批的或数量较多的收割农作物的工具，为数甚少的石刀、蚌镰显然主要不是为了收割水稻使用的，而是用于采集活动。

这种现象表明，大溪氏族部落收割稻谷不是像黄河流域那样用刀割粟、黍穗头，也不是连秆割取，而是在田间带茎薅拔，再捆扎成把晾晒。

稻谷去壳加工，主要用杵和臼。在许多遗址中发现了舂米用的陶臼和一些直接利用形体合适的河卵石做成的石杵。

大溪文化的手工业主要是制陶业和石器制造业。长江中游氏族部落当时的制陶业有其自身的创造。大溪文化遗址的火膛上未见窑箅，在高出火膛处围绕窑壁一周有平台，构成窑室。待烧制的陶器就摆放在平台上。这种陶窑使用的材料和构筑形式，在中国新石器时代尚属少见。

大溪文化共有 300余座墓葬。其中大溪墓地最多，人骨保存较好。该墓地死者头向普遍朝南，除个别为成年女性和儿童的合葬墓外，绝大多数实行单人葬。葬式一类为直肢葬，数量占半数以上，以仰身直肢为主。

原始社会中的男性

绝大多数墓都有随葬品，最多的有30余件。其中，女性墓一般比男性墓随葬品多。很多石镯、象牙镯等饰物，出土时还佩戴在死者的臂骨上。

在几座墓里发现整条鱼骨和龟甲，有的把鱼摆放在死者身上，或是置于口边，也有的是两条大鱼分别垫压在两臂之下。以鱼随葬的现象，在我国新石器文化中尚属少见。另外还有以狗作为牺牲的。

大溪遗址早晚两期墓葬所反映的社会性质，有

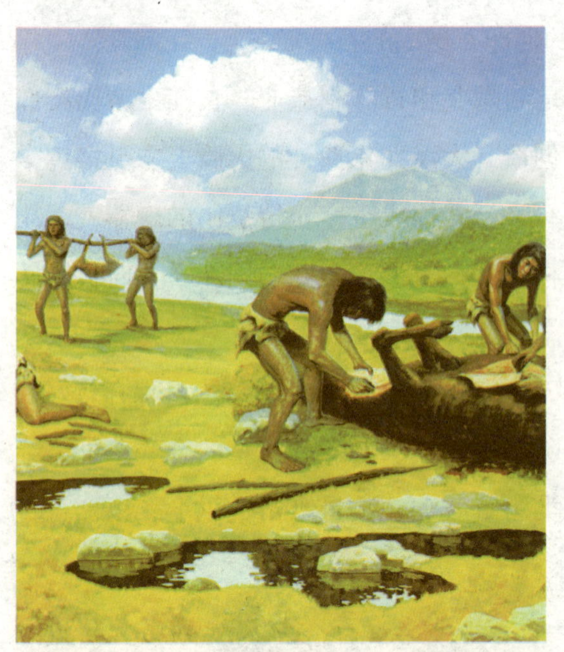
原始社会狩猎图

很大的变异。大溪文化的早期为母系氏族公社的繁荣阶段，晚期为父系氏族公社的萌芽阶段。

大溪文化与中原地区的仰韶文化，都是新石器时期不同类型的重要文化遗存，它们之间存在相互交流影响的因素。

目前，学术界一般认为大溪文化与屈家岭文化是同一文化类型的两个不同发展阶段，其中，屈家岭文化是在大溪文化的基础上发展起来的。

阅读链接

约在20世纪70年代初期，郭沫若把其称之为“大溪文化”。迄今发掘的主要遗址还有，湖北宜都红花套、枝江关庙、江陵毛家山、松滋桂花树、公安王家岗，湖南澧县三元宫和丁家岗、安乡汤家岗和划城岗等10多处。

1973 年在大溪文化的红花套遗址发现了两处保存较好的地臼。这一考古发现，证实了《周易·系辞下》关于上古时代“断木为杵，掘地为臼”的记载。

2007年，重庆东南酉阳县酉酬水电站工程库区也首次发现大溪文化遗址，出土了典型的大溪文化中期双人合葬墓葬等珍贵遗迹遗物。已清理出墓葬和柱洞等建筑遗迹。

其中，墓葬为椭圆形双人合葬墓，左边为侧身屈肢，右边为仰身屈肢，是典型的大溪文化中期墓葬。这是首次在渝东南地区发现大溪文化遗址，也是首次在酉水上游发掘出大溪文化遗址，这为研究大溪文化的分布范围和扩展提供了新的素材。

江汉特色鲜明的屈家岭文化

屈家岭文化是我国长江中游地区的新石器文化，因首先发现于湖北京山屈家岭遗址而得名。距今约5000年至4600年。

主要在湖北，分布地区以江汉平原为中心，西起三峡，东至武汉一带，北达河南省西南部，南抵洞庭湖区并局部深入到湘西沅水

原始人类生活图

古陶器复原图

中下游。

屈家岭文化是一处以黑陶为主的文化遗存，文化面貌不同于我国新石器时代的仰韶文化，也与洞庭湖以南的几何印纹陶差别较大。因其具有鲜明的江汉平原的特点，有别于仰韶文化和龙山文化，因此将这种文化单独列出。

当地传说，距今5000多年前，中原楚地生活着几支部落，其中有一个比较大的部落首领叫陶帛。

他骁勇善战，在无数次的部落战争中，他都带领他的士族左冲右突，总是用他锋利的箭射中敌对部落首领的心脏，让其应声倒地，从而兵卒溃散，在海啸般的欢呼声中，他又成了这个大部落的首领。

陶帛穿着虎皮做的衣服，头戴狮帽，两道浓眉下的眼睛总是射出鹰隼一样的光。他的部落越扩越大，在不断的征战迁徙中，他们来到中原腹地一个叫屈家岭的地方。这里土地肥沃，最重要的是有一条清凌凌的河，适合部落休养生息。

陶帛带领他的部族在屈家岭居住下来，并将这条赖以生息的河流取名为“青木档河”。他带领着部族建造草屋，烧制陶器，制造弓箭，种植稻米，取粮酿酒，饲养猪、牛、羊、鸡、鸭、鹅等家禽。日子慢慢变得闲适了下来。

陶帛的妻子名叫奢香，只有18岁，杏核眼，鹅蛋脸，一头乌黑似瀑布一样的长发，最重要的是她性情温和，低眉顺眼，从不违逆他的任何旨意。

以前，由于陶帛南征北战，无暇顾及她。现在，有了空闲，他外出打猎时总会带上她。他骑一匹枣红色的骏马，外出打猎时，他将她放在马背上。每打中一头奔跑的鹿，她总是惊恐地闭上眼睛，不敢看那汩汩流出的鲜血。

青木档的河水静静地流淌着。有一年的阳春三月，桃花开遍了屈家岭的山岭、河坡，他们培育的油菜也开出了金灿灿的花朵，花儿虽然小巧，但重在这一种小小的花儿会造势，一蔓满山坡，金黄金黄的，美丽无比。

奢香近来觉得身子恹恹的，吃不下饭，特别闻不得油烟味儿。成天里只想睡觉，闭目躺在陶帛为她特别搭建的草屋的草褥垫子上。

陶帛看着奢香恹恹的脸，他焦躁无比，在奢香的草榻前走来走去，眉头紧锁。他命令手下人马上去将另一个部落最有名的巫医给请来，为奢香瞧病。

不多久，巫医被带到了，他脸色惨白地站在陶帛面前，低着头不敢出声。陶帛命他替奢香瞧病，他先把了把脉，后来他战战兢兢地答道：

黑陶 在器物烧成的最后一个阶段，从窑顶徐徐加水，使木炭熄灭，产生浓烟，有意让烟熏黑，而形成的黑色陶器，其分布区域以山东和苏北地区为主。它是继彩陶之后，中国新石器时代制陶业出现的又一个高峰。黑陶作为山东龙山文化的一个重要特征，是我国新石器时代制陶工艺中与彩陶相媲美的又一光辉创造。

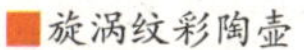

旋涡纹彩陶壶

原始人狩借图

巫医 即巫师和医师，是一个具有双重身份的人。他既能交互鬼神，又兼及医药，是比一般巫师更专门于医药的人物。古人多求救助于鬼神以治病，故巫医往往并提。春秋之时，巫医正式分家，从此巫师不再承担治病救人的职责，只是问求鬼神，占卜吉凶。而医生也不再求神问鬼，只负责救死扶伤，悬壶济世。

“族母有孕像，但这孕像不大同于往常，力道太大，怕是不祥。”

陶帛一听奢香有喜，根本没有听进后一句，忙奔到奢香跟前，捧着她的脸狂喜般地亲吻起来，一边大喊：“我陶帛也有今日啊！”

日子如青木档河的水一样如常流过，四季更迭。陶帛热烈期盼着奢香肚中的孩子尽早出世。然而，奢香的肚子倒是越来越大，却一点生产的迹象也没有。

事实上，在陶帛统一长江流域的这几年之中，在一些地方有的部落也迅速成长起来。其中听说一个九黎族的部落特别厉害，他们的部落首领叫蚩尤，特别勇猛，在征战时能幻化出兽身，如老虎、狮子等，但面相不改，常常把敌族吓得战马嘶鸣，不战而逃。

蚩尤凭这一身本事收服了不少部落，如今正突破黄河流域，向长江流域而来。这对于已经统一长江流域的陶帛来说是个不小的威胁。

陶帛外临强敌，加紧了对部落所有男丁的训练，日日夜夜在青木档河边制造弓箭，磨快刀，养好战马，排兵布阵；女人们也一样，辛勤劳作种植庄稼，汲水煮饭，喂好战马和牛羊，这所有的一切都是为了抵御强敌。

一个仲秋之夜，一轮明月悬挂在天边，陶帛视察训练了一天，累了，静静地躺在奢香草榻边睡着了，他梦见奢香巨大的肚子不见了，她在森林里像风一样轻盈地奔跑着，他骑着战马在森林里追着她，想追问她“我的孩子哪里去了”。可奢香却在大树间飘来飘去。

突然，一个高大的男人出现了，他非常丑陋，盯着美丽的奢香，似乎要扑过去，陶帛想用箭射中他的心脏，无奈箭在箭筒，却怎么也拔不出来。他又看见那个丑陋的人身体瞬间变成了狮子模样。

正在这时，一个英俊的青年从树丛中闪出来，他长得多么像年轻时的自己啊，那样年轻，那样英俊，然而，那个人面狮身丑陋的家伙

原始人使用的红陶杯

原始陶器

丢掉奢香向年轻人奔去……

突然，窗外火光冲天，哭喊震天，战马嘶鸣。他正沉浸在这可怖的梦中，突然被惊醒，知道大事不好了，他转过头望了望奢香，她正恬静地睡着，他不能让她和她肚中的孩子落入敌手。

他打了一个呼哨，那匹枣红色的战马跑到了床前。他将奢香慢慢抱起放到马背上，摸摸马鼻子，使劲一拍它的屁股，马仰天嘶鸣一声，却不肯走。

陶帛已顾不得它了，他取下挂在墙上的弓箭，大步冲出屋子。外面，人仰马翻，他的族人们正在奋勇杀敌。他瞧见了那个站在河坡上的高大身影，那丑陋的面容正是他梦中所瞧见的，他想这就是蚩尤了吧！

陶帛的手伸向箭筒，一根离弦的箭一触即发了。可就在这时，他的眼前一黑，一股旋风天昏地暗，那个丑陋的人立马变得高大了起来，变成了立体的狮子，他毛茸茸的手也正将箭射向陶帛。

一股鲜红的血洒向了青木档河，刹那间，河水变得殷红。陶帛感到无比疲惫，慢慢地倒在了屈家岭。他缓慢地向战马方向望过去，只听见了心爱的战马撕

蚩尤 我国神话传说中的部落首领，上古时代九黎族部落首长。约在4600多年以前，黄帝战胜炎帝后，在今河北涿鹿县境内，展开了与蚩尤部落的战争——涿鹿之战，蚩尤战死，东夷、九黎等部族融入了炎黄部族，形成了今天中华民族的最早主体。

心裂肺的狂啸和奔腾的马蹄声。

它看到主人倒下了，它用悲鸣的长啸为主人送行，之后，它带着主人的遗愿驮着奢香夫人朝森林方向奔去……

美丽的屈家岭上的这个部落在一夜之间消失了，那些密密麻麻的草屋，那些桃树，那成片的油菜花，都消失了。只留下了一个传说：

一匹枣红色的战马驮着一个怀孕的女人在森林里产下了一个巨婴，是个男孩儿，他生下来就会开口说话，但说出的第一个字符是“陶帛”，那是他的阿爸。他和他美丽的阿妈在森林里生活，食草露，穿树叶，射杀野兽，他的面容俊美，像极了他的阿爸陶帛。

18年后，那个兽身人面的九黎族部落首领蚩尤带领他的部下攻打黄河流域另一个强大起来的部落，他们的首领叫黄帝。双方来来回回打仗无数次，实力不相上下，总是不分伯仲，难分胜负。

原始人使用的骨制器物

原始时期灰陶

有一天，黄帝部落里出现了一位非常厉害的领队人，一个异常勇猛的年轻人。他是部落里无数女人喜欢的英勇少年，人们叫他应龙，听说他的阿爸曾经统一过长江流域无数部落，在一个名叫屈家岭的地方生活过。

这个美丽的传说和屈家岭遗址的发现，说明我国长江流域同黄河流域一样，也是中华民族的摇篮。

屈家岭文化的石器多为磨制，制作水平已相当高超，器形有斧、铲、锛、凿、镰、箭头等。从石器看，屈家岭文化分为早、晚两大时期，早期石器磨制一般比较粗糙；晚期磨光石器增加。

稻作农业是屈家岭文化主要经济形式，在建筑遗迹的火烧土中发现有稻壳印痕，经鉴定为人工栽培的粳稻。家畜以猪和狗为主。

新石器时代晚期，江汉地区的经济发展比较快，大体上与黄河流域齐头并进。不过，由于有更为广泛的植被和水域，采集和渔猎经济比黄河流域更为普遍与持久。

屈家岭文化各处遗址发现的农业生产工具，主要是扁平穿孔石铲和石镰等，地处鄂西北山区的郧县一带，较多使用打制的凹腰或双肩石锄。

还有些地方也曾发现少数磨制的穿孔石刀。当时收割工具极少，可能是因为水稻的收获方法与中原地区刈割粟穗的方法不同，只采取薅拔的方式的反映。

屈家岭文化陶器以手制为主，少量加以陶轮修整，器型有高圈足杯、三足杯、圈足碗、长颈圈足壶、折盘豆、盂、扁凿形足鼎、甑、釜、缸等，蛋壳彩陶杯、碗最富代表性。

陶器大部分素面，少量饰以弦纹、浅篮纹、刻画纹、镂孔等。由部分彩陶及彩绘陶，有黑、灰、褐等色彩，纹样以点、线状几何纹为主。

彩陶的绘制方法很有特点，作笔有浓淡，不讲究线条，里外皆施彩。陶衣有红、白等色，施加陶衣后用黑色或赭色彩绘出带形纹、网格纹、圆点纹和弧三

弦纹 我国古代陶器纹饰，是古器物上最简单的传统纹饰，出现于新石器时代，是作为界栏出现的。纹样是刻画出的单一的或若干道平行的线条，排列在器物的颈、肩、腹、胫等部位。有时弦纹与其他纹饰配合使用。弦纹的出现与原始制陶中轮制方法的产生有关，旋刻出来的弦纹又称旋纹。

■ 屈家岭文化玉石牙璋

■豆　我国新石器时代的陶器名，像高脚盘，本用来盛黍稷，供祭祀用，后渐渐用来盛肉酱与肉羹了。作为礼器常与鼎、壶配套使用，构成了一套原始礼器的基本组合，成为随葬用的主要器类。

角纹。

另有较多的彩陶纺轮，其横截面有椭圆形、长条形等，纺轮上先施米黄色陶衣，然后彩绘出旋涡纹、平行线纹、同心圆纹、卵点纹和短弧线纹。

屈家岭文化的陶器圈足器发达，三足器较多，平底器较少，不见圜底器，器形有罐形鼎、高领罐、高圈足杯、薄胎杯、壶形器等。

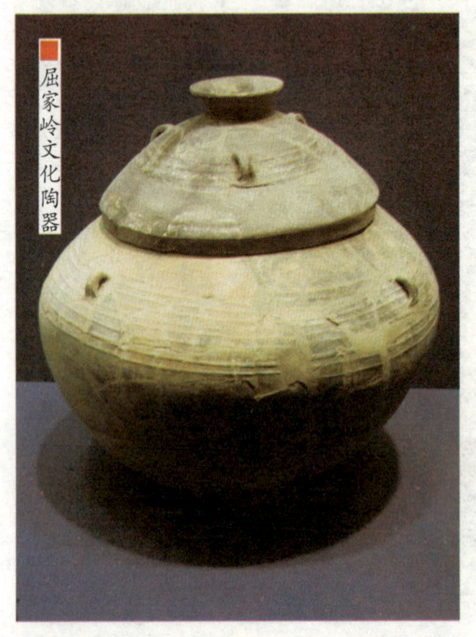

■屈家岭文化陶器

屈家岭文化出现了大型分间房屋建筑。这种建筑一般呈长方形，里面隔成几间，有的呈里外套间式，有的各间分别开门通向户外。地面用火烧土或黄沙土铺垫，以便隔潮，表面再涂上白灰面或细泥，并用火加以烘烤使之坚硬。室内面积达70平方米。

在建房过程中，人们有时还把整条猪、狗埋在房基下作为奠基牺牲。

墓葬形制以竖穴土坑墓为主。成

人墓多集中于氏族公共墓地，多单人仰身直肢葬，有拔掉上侧门齿的现象。小孩儿墓多圆形土坑瓮棺葬，葬具通常是在一个陶碗上对扣一个陶盆或用两个陶碗对扣。

原始人劳作图

屈家岭文化遗址范围很广，主要有京山屈家岭遗址、荆州阴湘城遗址、石首走马岭遗址、钟祥六合遗址、天门邓家湾、谭家岭和肖家屋脊遗址等。

阅读链接

屈家岭遗址于1954年在修建石龙水库干渠时发现后，1955年及1957年中国科学院考古研究所和湖北省文物工作队两次发掘，出土了大量用于生产和生活的石器和陶器。中国科学院为此出了专著《京山屈家岭》。

关于屈家岭文化的来源，一种意见认为，屈家岭文化与大溪文化在部分地区互相重合，有明确的地层叠压关系，陶器有承袭、演变的因素，因而是直接继承大溪文化发展来的。另一种意见认为，大溪文化和屈家岭文化属于不同的文化系统，湖北黄冈螺蛳山遗址为代表的一类遗存，应是探索屈家岭文化渊源的线索。

有的更进一步提出，由螺蛳山遗存直接演变为典型屈家岭文化，而大溪文化则发展成具有地区特征的屈家岭文化。这一问题有待于通过积累更多资料和深入研究来解决。

文明时代标志的石家河文化

石家河文化是新石器时代末期铜石并用时代的文化，距今约4600年至4000年，因首次发现于湖北省天门市石河镇而得名，主要分布在我国湖北及豫西南和湘北一带。

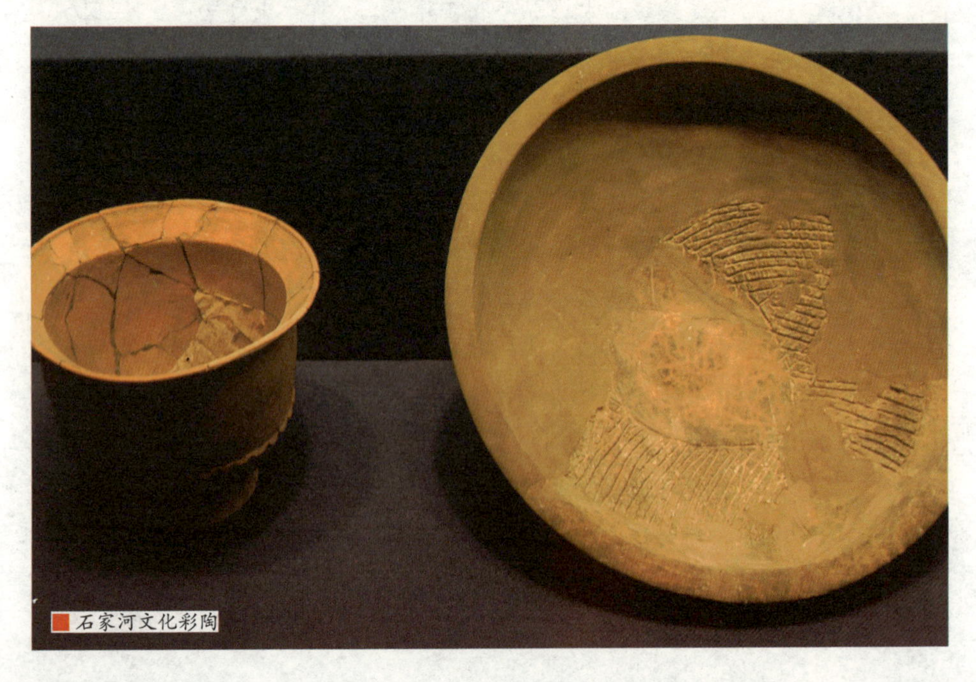

石家河文化彩陶

此地有一个规模很大的遗址群，多达50余处，该处已经发现有铜块、玉器和祭祀遗迹、类似于文字的刻画符号和城址，表明石家河文化已经进入文明时代。

原始陶器

石家河文化分布地域较广，遍布湖北全境，延续时间也较长。主要遗址有湖北郧县青龙泉和大寺、房县七里河、天门石家河、当阳季家湖、松滋桂花树、均县乱石滩和花果园、孝感碧公台与涨水庙、枝江关庙山、江陵蔡家台和张泉山、圻春易家山等。

石家河遗址是我国长江中游地区迄今发现分布面积最大、保存最为完整的新石器时代聚落遗址。该遗址群的文化遗存从相当于大溪文化阶段开始，经屈家岭文化至石家河文化，形成一个基本连续发展的过程。

石家河文化晚期已经进入夏代统治的前期，曾一度称为“青龙泉三期文化”，因湖北天门石家河遗址更具这种文化的代表性，故统称之为石家河文化。

尧舜禹时期，中原地区黄河流域洪灾泛滥，鲧禹父子治水的传说流传后世。而江汉地区也出现了严重洪涝灾害，石家河文化创造的“筑城—围堰—分洪区”抗洪技术体系，正是对这一灾害的最好注释。

在这场天灾面前，双方都把生存与发展的希望寄托在豫西南丘陵地带。因此，三苗和尧舜禹之间的冲突，也是双方争夺生存空间的一

■ 石家河文化陶罐

场较量。这是双方冲突不绝的另一个重要原因。

石家河文化与中原地区龙山文化的交流、碰撞，印证了史籍记载的尧舜禹讨伐三苗这一重大历史事件。

在新石器时代，我国长江中游的稻作农业生产始终在稳定地发展着，在石家河遗址，发现大片火烧土内夹有丰富的稻壳和茎叶，表明当地的农业生产以种植水稻为主，并且产量较高。

许多遗址出土的农业生产工具也反映了这种情况。长方形无孔石铲、打制双肩石锄、蚌镰、长方形带孔石刀都是实用的农具。

尧舜禹 我国黄帝以后，黄河流域又先后出现了3位德才兼备的部落联盟首领，相传，尧很节俭。舜品德也好，能以身作则。尧舜时候，水患严重。舜命禹去治水。禹用疏导的方法，把水引入大海。他一心治水，前后13年，三过家门而不入。洪水终于止住，百姓过上了安宁的生活。禹在人民心中树立了威信。

在农业发展的基础上，家畜饲养业有了稳定的发展。青龙泉遗址发现了猪、狗、羊和鹿的骨骸，各地普遍发现的动物骨骼以猪骨最多，尤其在墓葬中大量出土，表明以家畜为私有财产的现象比较突出。

邓家湾遗址的个别地段，还发现了大批小型陶塑，有的一座坑中竟达数千件之多。所塑有鸟、鸡、猪、狗、羊、虎、象、猴、龟、鳖以及抱鱼跪坐的人物等。

这些小塑像集中于窖穴之中，有祭祀的味道。陶器大部分为黑色，不过也有不少红色的陶杯和陶塑，是该文化的一大特色。

彩绘鸟形陶壶

石家河文化的陶器刻画符号以象形符号为主，大多以简练的笔画勾勒出某一事物的外部形态，一件陶器上只有一个符号，而且绝大多数为单体符号，少数几个为合体符号。

刻画的基本笔画为弧线和直线，间或用少数未戳穿的圆形小戳孔。少到二画，多到十余画，主要是用某种材料制成的锐器在大口尊、缸的坯体上刻画而成。沟槽较深，有些残片往往沿沟槽断裂，沟槽内的颜色与器表一致，笔道深粗均匀，线条自然流畅。

有些符号因刻画较深，坯体烧干后槽口张裂，其现存宽度往往大于刻时的宽度。高领罐等泥质灰陶小件陶器则是在陶器烧成后或是使用过程中刻画而成，笔道浅细，刻画处的颜色比器表要浅。

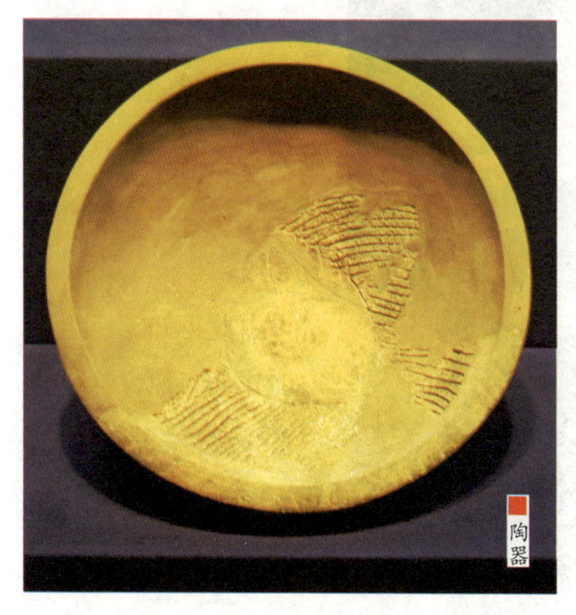
陶器

石家河文化的小型精致的玉件也非常有特色。这些玉器体积小、重量轻，纹饰简洁，做工却很精细。它们大多存在于成人瓮棺之中，显示石家河先民具有特殊的原始宗教信仰。

石家河文化中的玉人头基本都具有“头戴冠帽、菱形眼、宽鼻、戴耳环和表情庄重”的特征，但在造型上富于变化。这些玉制的人头形象可能代表着石家河先民尊奉的神或巫师的形象。

石家河文化的动物形玉器多为写实造型，玉人头、玉鹰、玉虎头和玉蝉属于石家河文化玉器中的精华部分：展翅飞翔的玉鹰生动逼真、栩栩如生；玉虎头方头卷耳，生气勃勃；玉蝉写实的形象，开创了商周时期玉蝉造型的先河。

总之，石家河文化的玉器代表了江汉平原史前玉雕的最高水平。

另外，在邓家湾遗址还发现了铜块和炼铜原料孔雀石，标志着当时冶铜业的出现。

石家河文化晚期大小墓差别很大。肖家屋脊一座大型土坑墓长3米多，随葬品百余件；另一座成人瓮棺中有小型玉器56件，居该文化已发现的玉器墓之首。钟祥六合大多数瓮棺内随葬玉石器及玉石料。这些表明人们以玉器为财富。一般认为，该文化已处于原始社会瓦解阶段。

由此可知，距今约4600年前，屈家岭文化已经被石家河文化取代。早期石家河文化出土的红陶缸上有类似于

孔雀石 一种古老的玉料。我国古代称孔雀石为“绿青”“石绿”或“青琅玕”。孔雀石由于颜色酷似孔雀羽毛上斑点的绿色而获得如此美丽的名字。判断孔雀石品质的依据主要就是它的颜色和纹理。纹理越细腻，颜色越鲜艳，品质越上乘。孔雀石虽然没有珠宝的光泽，却有独一无二的高雅气质。

原始人头盖骨

■玉蝉　在我国古代，蝉象征复活和永生。蝉的幼虫形象始见于公元前2000年的商代青铜器上，从周朝后期到汉代的葬礼中，人们总把一个玉蝉放入死者口中以求庇护和永生。由于人们认为蝉以露水为生，因此它又是纯洁的象征。

文字的刻画符号，其中“牛角杯形”刻画陶符和描绘“稻草人形”的陶符，表明石家河人盛行“灌禘”崇祀“帝”礼。而“帝”是人祖至上神。这种祖先崇拜与双墩文化祖先崇拜极为相似。

石家河古城内邓家湾社祀中心还发现了陶祖，说明石家河人有生殖崇拜现象。

阅读链接

1954年冬，京山和天门市修建石龙过江水库干渠，考古工作者沿渠道进行调查，在京山屈家岭和天门石家河发现了许多古遗址。石龙过江水库指挥部文物工作队在石家河配合工程，发掘了罗家柏岭、杨家湾、石板冲、三房湾4处遗址。这是江汉地区相当重要的一次考古发掘。

1956年，石家河遗址由湖北省人民委员会公布为第一批重点文物保护单位。

20世纪70年代后期，石家河遗址群的考古工作重新起步。1978年湖北省荆州博物馆试掘了邓家湾遗址，1982年湖北省博物馆试掘了谭家岭、土城遗址。1987年春季，荆州博物馆和北京大学考古系联合发掘了邓家湾遗址。这几次发掘虽然规模都不大，但获得的资料和信息却十分丰富。

1996年，国务院公布石家河遗址为全国文物保护单位。

成都平原最早的宝墩文化

宝墩文化是发现于四川省新津县宝墩的新石器时代文化，距今4500年左右，是成都平原能追溯到的最早的人类古文化。

宝墩遗址既是这一时期成都平原时代最早的古城址的典型，也是

原始聚落模型

四川即将跨进文明门槛的历史见证。宝墩文化的发现，对了解夏商时代三星堆文明意义重大。

宝墩文化陶器

宝墩文化是文明孕育时期的文化，可能是由营盘山文化发展而来的。宝墩文化在其自身的发展过程中，陶器制作工艺有所创新，同时还可能接受了其他文化的影响。

宝墩村地形奇特，在绿色沃野上凸现出一圈不规则的脊梁似的黄土埂子。埂内阡陌纵横，沟渠交错。沟底和两侧往往会发现一些散碎的砖瓦器物。

而这圈黄土埂子圈起的地方，就是距今约四五千年的古城遗址，散碎的砖瓦器物则是蜀地先民早在四五千年前就进入文明的物证。

宝墩文化遗址主要分布于新津宝墩、温江鱼凫城、郫县古城、都江堰、芒城、崇州双河等处古城址，这些地方共同组成了成都平原距今四五千年的古城址群。

宝墩文化遗址的6个古城均建在成都平原上河流间的台地上，城墙的长边往往与河流及台地的走向一致，城址均呈长方形或近方形，既有利于防洪也便于设防。其中鱼凫城保存较差，似乎近于六边形，其保存最长的南墙也与附近的现代河流遥相平行。

都江堰 位于四川省成都市都江堰市灌口镇，是我国建设于古代并使用至今的大型水利工程，被誉为“世界水利文化的鼻祖”，由秦国蜀郡太守李冰及其子率众于公元前256年左右修建的，是全世界迄今为止年代最久、唯一留存、以无坝引水为特征的宏大水利工程。

原始人类生活场景图

城墙建筑都是采用“双向堆土、斜向拍夯”的办法，与三星堆古城的做法有明显的承袭关系。从宝墩、鱼凫、古城三座城址的发掘看，城墙由平地起建，先在墙中间堆筑数层高后，再由两边向中间斜向堆筑，堆放一大层土即行拍夯，城内侧的斜坡堆筑层次多，故坡缓；城外侧的堆筑层次少，故坡略陡。

城址的格局因地而异。处在成都平原内部的宝墩古城最大，城墙圈面积约60万平方米；鱼凫城约40万平方米；郫县古城约31万平方米。而在成都平原西北边缘近山地带的城较小，而防卫功能更突出，城墙均分内、外两圈，呈“回”字形。

处在成都平原腹心地带的城址，其中心部位都发现大型建筑基址。如宝墩古城址中部有一处高出周围

宝墩古城 位于我国四川省新津县城西北的龙马乡宝墩村，是川西地区最早和最大的古城，其建造年代在公元前2550年，废弃年代在公元前2300年；面积先为60万平方米，后扩增为近300万平方米。据考证，应该就是蜀国开国之都。

地面的台地上，有房子基槽和密集的柱洞。

在郫县古城城址的中心位置也发掘出特大型建筑“郫县大房址”。建筑与城墙走向一致，面积约550平方米。在房子里基本等距离地分布着5个用竹编围成的卵石台基。此房址基本上没有发现多少生活设施，偌大的建筑物里面只有5个醒目的坛台，显然是一处大型的礼仪性建筑——庙殿。

古蜀文明 指从远古时期到我国春秋时期早期，产生于我国四川省和重庆市等地不同于中原文明却又与中原文明有着千丝万缕关系的古文明。目前留存的遗址主要有成都金沙遗址、广汉三星堆遗址等。

对这6座古城研究证明：它们与三星堆遗址的第一期属于同期文化，它不仅大大丰富了三星堆一期的文化内涵，能够再细分为若干期，并且可与以三星堆古城为代表的夏商时期的三星堆文化或古蜀文明相衔接起来。

宝墩文化遗址的生产工具主要是石器和陶器，主要有绳纹花边陶、敞口圈足尊、喇叭口高领罐、宽沿平地尊为标志。

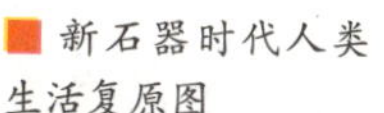

新石器时代人类生活复原图

《山海经》中记载：

东海之外，大壑，少昊之国。少昊孺帝颛顼于此，弃其琴瑟。……长流之山，其神白帝，少昊居之。其兽皆文尾，其鸟皆文首，是多文玉石。实惟员神石鬼氏之宫，是神也，主司反景。

这里的员神石鬼氏即为少昊，它由东方的太阳神变成了落日之神。少昊原来的居住地，在他迁移后，他的余部建立起了少昊之国。

当少昊西迁之后，氏族将原来东方的地名也带到了西方，所以在后代传说中，东西方均有所谓的扶桑、穷桑等地名，这些都与这场氏族大迁移有关。

少昊 我国远古时羲和部落的后裔，东夷人的首领，我国五帝之一，嬴姓及秦、徐、李等数百个姓氏的始祖。传说他的父亲是太白金星，母亲是仙女皇娥，又称“朱帝”“白帝”“穷桑氏”，在位84年，寿百岁崩，后人尊称为祖先神帝。

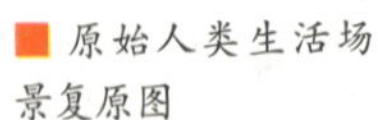

原始人类生活场景复原图

山东龙山文化中东夷文明与四川盆地宝墩文化尤其是其后续的三星堆遗址文化，见证了我国东部与西部的太阳崇拜文化密切关系，从看似荒诞的神话故事中看到了东夷部族的迁徙，将文明沿黄河跨国中原地区传播到川蜀之地。

龙山文化红陶鬶

据史料考证，少昊部族是由东部沿海迁徙到鲁西南一带，从神话故事里可以看到少昊部族及东夷文明向西的扩展，直至川蜀，停下来并且得到继续的发展，几乎相同的太阳崇拜、鸟图腾、十日传说等证明了其传承关系。

所以，川蜀宝墩文化尤其是三星堆文明应当是山东地区龙山文化东夷文明的传承。

阅读链接

1995年，成都市文物考古研究所、四川大学考古系及日本早稻田大学联合对宝墩村进行考古发掘，短短4个月就有了轰动性的发现：黄土埂子圈起的地方是距今四五千年的古城遗址，散碎的砖瓦器物是蜀地先民早在四五千年前就进入文明的物证，比三星堆和金沙遗址年代还要早，属成都平原古蜀文明的最早阶段。

从此，由四川省成都市文物考古队与四川联合大学考古教研室等单位在新津宝墩、温江鱼凫城、郫县古城、都江堰芒城，然后又在崇州双河等遗址调查发掘，证实成都平原首次发现了距今四五千年的古城遗址群。按考古学文化命名规则，专家将这种文化称为“宝墩文化”。

巴蜀文明源头的营盘山文化

营盘山文化是发现于四川省阿坝州茂县凤仪镇境内营盘山的一处新石器时代文化，距今约6000年至5500年。该遗址是岷江上游地区发现的地方文化类型遗址中面积最大、遗存最为丰富的遗址，它代表了5000年前藏彝走廊地区文化发展的最高水准。

营盘山遗址群不仅将巴蜀文明的历史渊源推进至6000年前也为探

原始人使用的石斧

■朱砂　在我国古时称作“丹”。东汉之后，为寻求长生不老药而兴起的炼丹术，使我国人民逐渐开始运用化学方法生产朱砂。朱砂的粉末呈红色，可以经久不褪。我国利用朱砂做颜料已有悠久的历史，朱砂“涂朱甲骨”指的就是把朱砂磨成红色粉末涂嵌在甲骨文的刻痕中以示醒目。

索辉煌的三星堆和金沙文明源头提供了新的线索。

营盘山文化遗址发现的遗物包括四川地区发现的最早的陶质雕塑艺术品，时代最早使用的人工朱砂，长江上游地区发现的时代最早及规模最大的陶窑址等，它们是研究古代文化传播、民族形成、迁徙、交融以及与成都平原和三星堆联系的桥梁。

营盘山又名红旗山，也称为云顶山，位于茂县县城南方，系岷山山脉老人山在西南麓向岷江河谷延伸部分的二级台地，它南北走向，南窄北宽，形似马蹄。岷江从东北面、背面、西面三面呈“几”字形将营盘山环抱。

传说很久很久以前，营盘山山脚下老寨沟住着一

巴蜀文明　“巴蜀”是对先秦时期四川境内的概称，商周及其以前，“巴”和“蜀”所代表的是两个不同的地区和国家。“东部为巴，西部为蜀”。公元前316年，秦国分别灭了巴国和蜀国，并设立巴郡和蜀郡。巴国和蜀国的经济文化趋于融合，达到了空前的统一。自此，“巴蜀”合二为一，逐步形成了光耀四方的“巴蜀文明”。

原始社会时期岩画

个道人，他养了一条石龙，石龙吃的是沙溪的沙水和路边的黑石。老道来了以后，老寨沟就改名叫老道沟了。他的石龙温顺慈爱，经常呼风唤雨为营盘山一带造福。

河的对面是老鸹沟，也有一个道士，养了一条白龙，白龙嫌老鸹沟的螃蟹少，吵着跟道士要饭吃，道士只好打造一个特大号的甑子给它甑饭吃，老鸹沟前面就取名为饭甑子了。

只要白龙喊饿，就兴风作浪，为害一方百姓，下北街一年都要被水淹几回；白龙吃饱喝足后，还经常飞过河与石龙争斗。

有一天，它们约定在龙王庙前决斗，石龙过江后，就留下了一座大水坝。白龙张牙舞爪扑上来，石龙义愤填膺迎上去，两个拼杀得飞沙走石，天昏地暗。

经三天苦战，石龙体力不支，悲壮而亡，龙袍留在老道沟化为龙鳞石，角甩向河口化为龙石包，龙身抛在河边化为马脑滩。

而白龙因为作恶多端，被石龙的师父镇压在了营盘山下岷江里。

岷江上游地区共发现80多处新石器时代文化遗址及遗物采集点。其中在营盘山遗址获得了非常丰富的实物资料，发现的新石器时代遗迹包括房屋基址 9 座、墓葬及殉人坑 5 座、灰坑80余个、灰沟 4 条、窑址及灶坑等，还在遗址中西部发现一处大型的类似于广场的遗迹。

其中，灰坑的平面形状有椭圆形、长方形、扇形等种类，一些灰坑底部及四周采用卵石垒砌而成，推测应是进行石器加工的场所或有其他用途。个别灰坑内还发现涂有鲜红色颜料的石块，可能具有某种宗教含义。

而大型广场遗迹的硬土面之下发现有多座奠基性质的殉人坑，表明这里应是举行祭祀等重大活动的场所。

从遗址内发现的相关遗迹和遗物中，可以推测营盘山先民以定居农耕业为主要生活方式。遗址内圆形袋状灰坑应为用于贮藏粮食或其他物品的窖穴，表明当时农产品的数量已较为丰富。

营盘山文化遗址的陶器中有相当数量的酒具类器物，如制作精美的彩陶壶、彩陶瓶、杯、碗等，据此推测营盘山先民可能已掌握了酿酒技术并开始进行生产。

同时，狩猎、采集和捕捞业也是营盘山先民以农耕业为主业的经济生活的不可或缺的补充内容。岷江弯曲的河道形成了较大面积的回

原始氏族生活浮雕

原始社会的石耜

尚红习俗 中国红作为我国的文化图腾和精神皈依，其渊源可追溯到古代对日神虔诚的膜拜。太阳象征永恒、光明、生机、繁盛、温暖和希望。红色是中国人的魂，尚红习俗的演变，记载着中国人的心路历程，经过世代承启、沉淀、深化和扬弃，传统精髓逐渐嬗变为我国文化的底色，弥漫着浓得化不开的积极入世情结，象征着热忱、奋进、团结的民族品格。

水湾区，河水流速减缓，其中的浅水区域是理想的捕捞作业场所。遗址出土有数量丰富的狩猎所用的石球、磨制精细的石质和骨质箭镞等遗物。

营盘山文化遗址中还有数量众多的细石叶、细石核及小石片石器，质地以黑色及白色半透明的燧石、白色的石英和透明的水晶为主，细石器制作工艺成熟，选材精良。

细石器多为复合工具的组成部分，常用来剥离加工兽皮，细石器工艺与狩猎、畜牧经济有密切联系。另外，遗址中还有亚腰形的打制石网坠，当为捕捞渔业的实物例证。

营盘山遗址的细石器及小石片石器具有地点集中化的特征，未经使用的成品石器、半成品石器和加工残片，多在几处填土呈灰黑色的大型灰坑内出土。

在营盘山遗址的灰坑底部发现有涂抹红色颜料

的石块，经测试其成分以朱砂为主，另在部分陶器内壁也发现有同样的红色颜料，应为调色器的遗存。表明营盘山先民有尚红习俗，朱砂的具体用途可能与涂面、刷房等活动有关。这也是目前考古发现的最早使用朱砂涂红的实例。

营盘山遗址的陶器、玉器、石器、骨器、蚌器等类遗物总数近万件。陶器以平底器和小平底器为主，从陶质陶色来看，以夹砂褐陶、泥质褐陶、夹砂灰陶、泥质红陶、泥质灰陶、泥质黑皮陶为主。

其中夹砂陶可分为夹粗砂和夹细砂两种，以陶胎夹有颗粒粗大的片岩沙粒的陶片最具特色。其中彩陶器的器形有盆、钵、罐、瓶等，彩陶均为黑彩绘制，

灰陶 新石器时代出现的一种颜色呈灰色的陶器。陶器的颜色和陶土的成分以及烧成气氛有一定关系。在不同的烧成气氛中，能使陶器呈现各种色泽，灰陶即是在弱还原气氛中烧成的。控制还原气氛，是烧成中比较进步的工艺技术，因此灰陶一般在新石器时代晚期文化中才占主要地位。

原始人生活图

古陶复原图

图案题材有草卉纹、变体鸟纹、蛙纹等。

人祭制度和猎头习俗是营盘山先民精神生活领域的重要内容之一。在遗址中部地带发现了一处面积不小于200平方米的类似广场的大型遗迹，坚硬的踩踏层之下发掘出4座人骨坑，其中3座均保存有较为完整的人骨架，应是具有奠基性质的人祭坑。

另一座仅见一件人头，该头骨已不见颅顶及上颌部分，剩余颅身及下颌部分，这种现象可能与原始社会常见的猎头习俗有关。在遗址中部偏东的房屋密集区附近也发现有5座奠基性质的人祭坑。

阅读链接

营盘山文化是我国21世纪重大考古发现之一。2000年以来，成都市文物考古研究所会同阿坝州文管所、茂县羌族博物馆等文博部门对岷江上游地区进行全面、细致的考古调查，共发现84处新石器时代文化遗址及遗物采集点。

自2003年开始，在营盘山遗址进行为期3年的正式考古发掘，获得了非常丰富的实物资料，发现了新石器时代遗迹。

发掘结束后，组织各种规模、各种专题的专家论证研讨会，对考古成果进行科学研讨并以权威认证。同时，营盘山遗址申报了该年度全国十大考古新发现，并被省政府列为省级文物保护单位。2006年首个中国文化遗产日，营盘山文化遗址被评为重点文物保护单位。

最古老的稻作河姆渡文化

河姆渡文化是发现于浙江省余姚市河姆渡镇金吾庙村的古老而多姿的新石器文化，主要分布在杭州湾南岸的宁绍平原及舟山岛，年代为公元前5000年至前3300年。它是新石器时代母系氏族公社时期的氏族村落遗址，反映了7000年前长江流域氏族的情况。

原始人生活场景图

笄 我国古代的一种簪子，用来插住绾起的头发，或插住帽子。在我国古代，女子十五岁就可以盘发插笄，因此女子十五岁就算成年，称“及笄”或“笄年”。最早的笄多为骨器，而且样式繁多。它同时也是一种饰物，说明古人已经开始关注自身的形象。

河姆渡文化的发现，有力地证明了长江下游地区的新石器文化同样是中华文明的重要渊薮。它是代表我国古代文明发展趋势的另一条主线。为研究当时的农业、建筑、纺织、艺术等东方文明，提供了极其珍贵的实物佐证。

黑陶是河姆渡陶器的一大特色。河姆渡文化在人工制品上，石器数量较少，主要是石斧等打猎所用的工具，也有比较少的装饰品，更多的是木器和骨器。

河姆渡文化的骨器制作比较进步，最具有代表性的是大量农业上使用的耒耜。有耜、鱼镖、镞、哨、匕、锥、锯形器等器物，精心磨制而成，一些有柄骨匕、骨笄上雕刻花纹或双头连体鸟纹图案，就像是精美绝伦的实用工艺品。尤其发现了我国最早的木制饰品“木雕鱼”。

河姆渡遗址石碑

在河姆渡遗址还发现了我国最早的漆器，其陶器制作有一定的水平。稻穗纹陶盆上印有稻穗的图案，弯弯的稻穗图案使人想象到，河姆渡时期的人们已经开始了水稻的栽培。

■河姆渡文化陶盉

较为特殊的陶器有陶灶和陶盉两种。陶灶发明后，解决了木构建筑内煮炊防火问题，是后世南方居民一直使用的缸灶的前身。而陶盉则被认为是古代的一种酒器。

河姆渡文化最重要的是发现了大量人工栽培的稻谷，遗址中有大量的稻壳，总量达到150吨之多，在已经碳化的稻壳中可以看到稻米，分析的结果确认这是7000年前的稻米。这是世界上最古老、最丰富的稻作文化遗址。

水稻的栽培，使社会上大量的余粮囤积成为可能，随之而来的是贫富差距的出现，因此文化的发展也进入了新的阶段。

河姆渡遗址发现的稻谷数量之多、保存之完好，在世界上是绝无仅有的。它的发现，不但改变了我国栽培水稻从印度引进的传说，甚至还可以依此认为河姆渡可能是我国乃至世界稻作文化的最早发源地。

河姆渡文化的社会经济除了以稻作农业为主外，还兼营畜牧、采集和渔猎。在遗址中除稻谷、谷壳、

陶盉 我国古代的酒器。形似酒壶，前有冲天管状嘴，后为喇叭口，中间以扁平半耳环连接。器壁内外打磨光滑，制作精细，现在看来仍有很高的艺术价值。陶盉作为一种温酒器，说明当时的农业生产已相当繁荣，已有大量的剩余粮食用于酿酒。

河姆渡人生活场景图

干栏式建筑 在木柱或竹柱底架上建筑的高出地面的房屋。我国古代史书中又有干阑、干兰、高栏、阁栏和葛栏等名，当是由其他少数民族语言转译而来的音变。此外，一般所说的栅居、巢居等，大体所指的也是这种干栏式建筑。主要分布于我国的长江流域以南和黑龙江省北部等地。

稻秆、稻叶等作物遗存，还有其他许多植物遗存，如橡子、菱角、桃子、酸枣、葫芦、薏仁米与藻类植物遗存。

河姆渡遗址的动物遗存有羊、鹿、猴子、虎、熊等野生的，以及猪、狗、水牛等家养的牲畜。最具代表性的农具“骨耜”即采用鹿和水牛的肩胛骨加工制成。

骨耜通体光滑，有的刃部因长久与土壤摩擦而残缺或形成双叉、三叉式。这是一种很具特色的农业生产工具。这种制作方法为河姆渡文化遗址所特有。

河姆渡遗址共有骨耜170件之多，与数量巨大的稻谷堆积物相对应，说明河姆渡农业已从采集进入到耜耕生产阶段。

遗址中所发现的柄叶连体木桨，证明那时已有舟楫的使用了，除用于交通外，可能也在渔猎活动中乘用。

河姆渡文化时期人们的居住地已形成大小各异的村落。在村落遗址中有许多房屋建筑基址。但由于该地是属于河岸沼泽区，所以房屋的建筑形式和结构与中原地区和长江中游地区发现的史前房屋有着明显的不同。

河姆渡文化的建筑形式主要是栽桩架板高于地面的干栏式建筑。干栏式建筑是我国长江以南新石器时代以来的重要建筑形式之一，以河姆渡发现最早。它与北方地区同时期的半地穴房屋有着明显差别，成为当时最具有代表性的特征。

河姆渡遗址中的许多桩柱、立柱、梁、板等建筑木构件和加工成

原始人生活场景图

榫、卯 是在两个木构件上所采用的一种凹凸结合的连接方式。凸出部分叫榫；凹进部分叫卯。这是我国古代建筑、家具及其他木制器械的主要结构方式。我国木建筑构架一般包括柱、梁、枋、垫板、桁檩、斗拱、椽子、望板等基本构件。这些构件相互独立，就需要用榫卯的方式连接起来才能组成房屋。

的榫、卯、企口、销钉等，显示当时木作技术的杰出。

柱子两端凸出的小方形称为榫、柱上凿出可将榫插入的孔为卯。在垂直相交的构件接点上，使用榫卯结构技术。把我国出现榫卯木作技术的时间从金属时代前推了3000多年。

遗址中所发现的企口板、销钉孔两种木构衔接法，令人惊叹不已，至今仍为木工工艺所沿用。河姆渡遗址的建筑技术，可说已为我国木结构建筑打下了基础。

根据木桩的排列与走向分析，当时的房屋呈西北、东南走向。房子的门开在山墙上，朝向为南偏

原始人生活场景图

东。它在冬天能够最大限度利用阳光取暖，夏季则起到遮阳避光的作用，因而被现代人所继承。

河姆渡时期的房屋建筑布局合理、设计科学、充分利用自然地理条件，使之有利人类的生活和居住。

除建筑外，在遗址中还发现了最早的水井遗迹。河姆渡文化时期，居址周围河沼遍布，但水体与海水相通，致使盐分升高、苦卤而不堪饮用。所以水井的出现是人类为提高生活质量所做的努力，是人类本质所导致的。

河姆渡文化陶埙

河姆渡遗址中的纺轮、两端削有缺口的卷布棍、梭形器和机刀等，据推测这些可能属于原始织布机附件，显示新石器时代人们已经发明了原始的机械。

河姆渡遗址中相当多的骨哨，是一种乐器，也是一种狩猎时模拟动物声音的狩猎工具。

陶埙也是河姆渡的代表遗物，埙身呈鸭蛋形、中空，一端有一小吹孔，也是我国一种古老的乐器，只是河姆渡的陶埙只有吹孔而无音孔，可见它的原始。

河姆渡遗址的原始艺术品不仅数量庞大，而且题材广泛，造型独特，内容丰富多彩。主要表现在象牙雕刻、陶器纹饰上面，尤其是一些象牙雕刻器，线条

埙 我国最古老的吹奏乐器之一。相传埙起源于一种叫作“石流星”的狩猎工具。古时候，人们常常用绳子系上一个石球或者泥球，投出去击打鸟兽。有的球体中间是空的，抡起来一兜风能发出声音，后来人们觉得挺好玩，就拿来吹，于是这种石流星就慢慢地演变成了埙。埙音色古朴醇厚、低沉悲壮，极富特色。

稻穗纹陶钵

流畅，造型美观，令人叹为观止。

人体装饰品有璜、管、珠、环、饼等，其中珠、环等饰品大多用玉和萤石制成，在阳光下闪烁着淡绿色光彩，晶莹美丽。还有一些以兽类的獠牙或犬牙、鱼类的脊椎骨制成的装饰品。

河姆渡遗址充分显示出我国南方长江流域在新石器时代中期文化的发展不亚于华北的文化，这可证明我国文化其实是多元发展，各有特色的。

河姆渡文化遗址在宁绍平原共有49处，其中以姚江两岸最密集，共有31处，重要遗址有余姚市丈亭镇鲻山遗址、三七市镇田螺山遗址、宁波江北区傅家遗址。

阅读链接

1976年，国家文物局、浙江省文化局在杭州召开“河姆渡遗址第一期发掘工作座谈会”，与会专家学者认为河姆渡遗址的发现，证明在7000年前长江流域同样有着繁荣的原始文化，与黄河流域一样都是中华民族远古文化的发祥地，它是新中国成立以来最重要的考古发现，一致同意对“河姆渡文化”的命名。

1977年至1978年第二次对河姆渡遗址进行发掘并获得一批研究资料。据放射性C-14断代，年代约为公元前5000年至前3300年。河姆渡文化分早、晚期。早期为约公元前5000年至前4000年。晚期为约公元前4000年至前3300年。

太湖流域源头的马家浜文化

马家浜文化是发现于浙江省嘉兴市马家浜的新石器时代文化。主要分布在太湖地区，南达浙江的钱塘江北岸，西北到江苏常州一带。据放射性C-14测定，年代约始于公元前5000年，距今7000余年的历史，到前4000年左右发展为崧泽文化。

马家浜文化豆盘

马家浜先民耕织复原像

骨镞 新石器时代常用的狩猎工具，分斜铤式、柳叶式和圆铤式三种。斜铤式锋长而粗壮，锋端尖锐，铤部加工成斜面，以便绑扎箭杆。柳叶式骨镞为管状骨破条制成，锋部宽扁，装箭杆方式为铤部嵌入箭杆再捆绑加固。圆铤式骨镞的锋部如子弹形，锋、铤分界处起脊，锋部略残，装箭杆方法为嵌入式。

马家浜文化及其后续的崧泽文化和良渚文化的发现与确立，表明我国太湖地区的新石器文化源远流长、自成系统，并具有鲜明的地域特色。这证明了长江流域和黄河流域同是中华民族文化起源的摇篮。

马家浜遗址位于嘉兴县西南，表土层下文化层分上下两层：

上层以灰黑色黏土为主，并有火烧土层和淤泥层，包含物有兽骨、石锛、砺石、骨镞和各种质地的陶片，还有建筑遗迹，建筑夯土中伴有印纹陶、原始青瓷、红陶、黑陶和石器、铜镞、玉璜等，最晚的是印纹陶和原始陶。

下层为含有大量腐烂的兽骨碎片的黑色黏土，包含的兽骨比上一层更多，还有骨管、骨锥、骨针、骨镞以及石斧、砺石和陶片等。

在马家浜遗址上下层交接处的淤泥中发现了墓葬，墓葬中有30具人骨架，其中6具身旁伴有随葬品，生产工具置于腰部，装饰品置于头部，陶器位置不一。

从墓葬中的器物和各种遗迹来看，马家浜文化确实是一种与黄河流域原始文化不同的文化形态。

马家浜文化遗址除了马家浜之外，还有余杭吴家埠遗址、常州圩墩遗址等地，这些文化遗址有力地证实了马家浜文化是长江中下游、环太湖流域新石器时代早期文化代表。由此，将马家浜文化扩展至太湖地区，南达浙江的钱塘江北岸，西北到江苏常州一带的广大地区。

马家浜文化居民主要从事稻作农业，多处遗址中出土了稻谷、米粒和稻草实物，经鉴定，已普遍种植籼、粳两种稻。罗家角第三、四层出土的粳稻，年代在前5000年左右，是我国发现的最早的粳稻遗存。

玉璜 我国古代玉器。形体可分两种，一种是半圆形片状，圆心处略缺形似半璧；另一种是较窄的弧形。一般玉璜在两端打孔，以便系绳佩戴。是一种礼仪性的挂饰。每当进行宗教礼仪活动时，巫师就戴上它，显示出巫师神秘的身份。并且每一个上面都刻有或繁或简的神人兽面图像。

马家浜文化三足盘

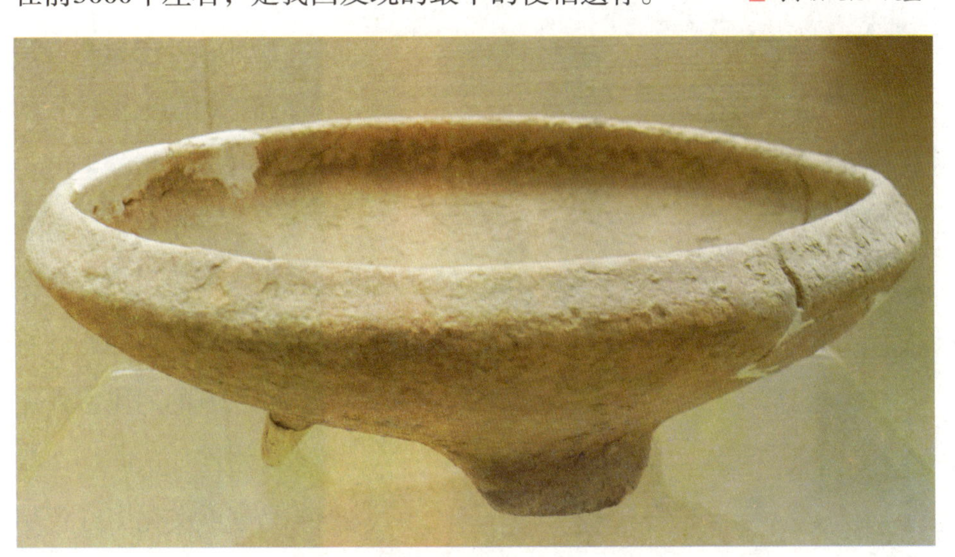

马家浜文化的居民还饲养猪、狗、水牛等家畜。草鞋山遗址中发现的狗的头骨，介于狼和现代狗之间，说明狗是从狼驯化而来，在当时已经成为家畜。

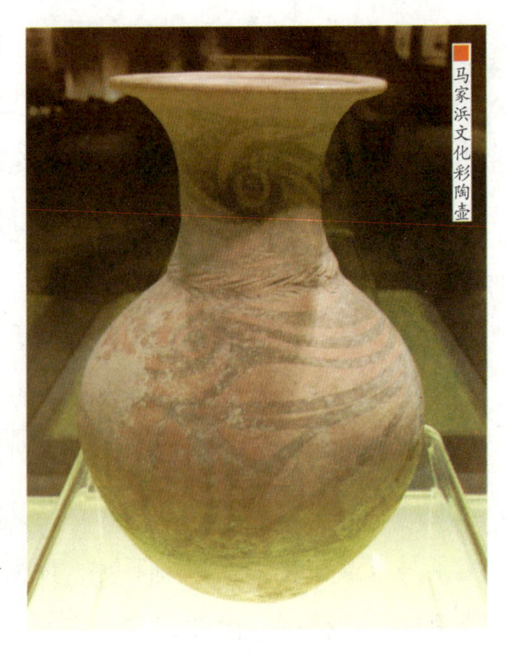
马家浜文化彩陶壶

渔猎经济也在马家浜时期占重要地位，遗址中常发现骨镞、石镞、骨鱼镖、陶网坠等渔猎工具，以及陆生、水生动物的遗骸。骨镞以柳叶形的居多，十分尖锐锋利。

在一些遗址中还发现有野生的桃、杏梅的果核和菱角等，这些是人们从事采集活动的例证。

在草鞋山遗址还发现了公元前4000多年的5块残布片，经过鉴定，原料可能是野生葛。花纹有山形斜纹和菱形斜纹，组织结构属于绞纱螺纹，嵌入绕环斜纹，远比普通平纹麻布进步。这是我国最早的纺织品实物。

马家浜文化陶盉

遗址多处房屋残迹已有榫卯结构的木柱，在木柱间编扎芦苇后涂上泥，就成了墙；用芦苇、竹席和草束来铺盖屋顶；居住面经过夯实，内拌有砂石和螺壳；有的房屋室外还挖有排水沟。

马家浜文化多红色陶

器，腰檐陶釜和长方形横条陶烧火架炉箅是马家浜文化独特的炊具。但是马家浜文化制陶业的发展还处于比较落后的阶段。

马家浜文化陶釜

马家浜文化在手工业生产中，玉石器制造技术发展较快，许多遗址都发现了制作精美的玉器，这一时期的玉器手工业的发展，为其后崧泽文化和良渚文化玉器的辉煌成就奠定了基础。

例如马家浜遗址的玉玦呈淡褐色，圆管形，顶部有缺口，可夹于耳垂作装饰之物。另外还有青灰色的，也是圆管形，顶部也有缺口。同时，在马家浜遗址还发现了几件残缺的玉璜，也都表现出古朴而精美的特质。

阅读链接

1959年初春，嘉兴南湖乡天带桥马家浜地方在沤肥挖坑中发现大量兽骨和古代遗物。浙江省文物管理委员会组成考古队进行了发掘。发现有与邱城下层同类的遗物并有房基、墓葬等遗迹。

马家浜遗址的发掘，引起了国内外考古界的重视。1959年，新华社发了消息，并记入《中华人民共和国要闻录》。

1977年在南京召开的长江下游新石器时代学术讨论会上，夏鼐等考古学家认为长江流域和黄河流域同是中华民族文化起源的摇篮，并确认嘉兴马家浜遗址为代表的马家浜文化是长江下游、太湖流域新石器时代早期文化的代表，从此，马家浜文化正式定名。

马家浜文化已载入《大不列颠百科全书》《中国大百科全书》，确定了它在史前文化考古中的地位。

中华文明曙光的良渚文化

良渚文化遗址发现于浙江省杭州市余杭区，实际上是余杭的良渚、瓶窑、安溪三镇之间许多遗址的总称。属于新石器时代，存续时间为距今5300年至4200年前，分布的中心地区在太湖流域，而遗址分布最密集的地区则在太湖流域的东北部、东部和东南部。

良渚文化发展分为石器时期、玉器时期和陶器时期。玉器是良渚先民所创造的物质文化和精神文化的精髓，也是良渚文化遗址最大特色。刻画在出土器物上的“原始文字”被认为是我国成熟文字的前奏。可以说，中华文明的曙光是从良渚升起的！

良渚、瓶窑两镇的良渚遗址的陶器中有引人注目的黑陶，与山东的黑陶相类似，但是，良渚遗址中的黑陶干后容易褪色，也没有标准的龙山文化中的蛋壳黑陶，在陶器、石器的形制上有其自身的特点。

良渚文化的重点遗址除了良渚、瓶窑、安溪之外，还有江苏草鞋山和张浦张陵山、武进寺墩，浙江嘉兴雀幕桥、余杭莫角山、杭州水田畈，上海市上海县马桥、青浦区福泉山等。

良渚文化玉琮

良渚文化大体可分为早、晚两期。早期以钱山漾、张陵山等遗址为代表。晚期以良渚、雀幕桥等遗址为代表。

良渚文化的陶器，以夹细砂的灰黑陶和泥质灰胎黑皮陶为主。轮制较普遍。一般器壁较薄，器表以素面磨光的为多，少数有精细的刻画花纹和镂孔。圈足器、三足器较为盛行。代表性的器形有鱼鳍形或断面呈“丁”字形足的鼎、竹节形把的豆、贯耳壶、大圈足浅腹盘、宽把带流杯等。

石器磨制精致，新出现三角形犁形器、斜柄刀、“耘田器”、半月形刀、镰和阶形有段锛等器形。

良渚墓葬中有大量随葬品，其中玉器占90%以上，象征财富的玉器和象征神权、军权的玉琮、玉钺，为研究阶级的起源提供了珍贵的资料，使一些原被误认为是“汉玉”而实际上是良渚玉器的历史推前

玉琮 我国古代的一种内圆外方筒型玉器，是古代人们用于祭祀神的一种法器。最早的玉琮见于安徽潜山薛家岗第三期文化，距今约5100年。至新石器时代中晚期，玉琮在江浙一带的良渚文化、广东的石峡文化、山西的陶寺文化中大量出现，尤以良渚文化的玉琮最发达，出土与传世的数量最多。

平底弦纹陶罐

了2000多年。

良渚文化遗址中的丝织品残片，是先缫后织的，这是我国发现最早的丝织实物，其中一块距今5200年至4700年的丝绢堪称“世界第一片丝绸”。

钱山漾遗址是有机质文物最丰富的良渚文化遗址，发现的家蚕丝织物是我国年代最早的家蚕丝织物，丝织物平纹结构、密度体现出良渚文化时期纺织技术已达到很高的水平，对研究良渚文化社会、经济生活具有很重要的价值。

良渚文化所处的太湖地区是我国稻作农业的最早起源地之一，在众多的良渚文化遗址中，普遍发现较多的石制农具，表明良渚文化时期的农业已由耜耕农业发展到犁耕农业阶段，这是我国古代农业发展的一大进步。

良渚文化时期农业的发展，带动了当时生产力的高度发展，更促进了手工业的发展，因而，制陶、治

漆器 我国古代在化学工艺及工艺美术方面的重要发明。生漆是从漆树割取的天然液汁，主要由漆酚、漆酶、树胶质及水分构成。用它作涂料，有耐潮、耐高温、耐腐蚀等特殊功能，又可以配制出不同色漆，光彩照人。在我国，从新石器时代起就认识了漆的性能并用以制器。历经商周直至明清，我国的漆器工艺不断发展，达到了相当高的水平。

玉、纺织等手工业部门从农业中分离出来，尤其是精致的治玉工艺，表现了当时手工业高度发展的水平。

其他诸如漆器、丝麻织品、象牙器等，也均表现出当时生产力的一定程度的先进性及其所孕育的文化内涵。

我国远古社会的玉器制造业，到龙山文化时期已相当发达，各地普遍发现了造型美观、制作精巧的玉器。在中原地区进入夏王朝统治之际，良渚文化的玉器在我国大陆成为首屈一指的工艺品，并成为商周礼器的一个渊源。

良渚文化玉器散布地点多，分布面广，尤以杭嘉湖地区最为集中。仅浙江的吴兴、余杭等8县市，就有20多处遗址发现过玉璧和玉琮。青浦福泉山发掘的7座墓，随葬品共600多件，其中玉器就有500件以上。

余杭区反山氏族墓地是良渚文化中期的遗存，时代在公元前3000年，墓葬中各种玉器占全部随葬品总数的90%以上，11座墓中共计出土 3200余件，其中有一座墓随葬玉器达500多件。

良渚文化的玉器制造业，承袭了马家浜文化的工艺传统，并吸取了我国北方大汶口文化和东方薛家岗文化各氏族的经验，从而使玉器

头盖骨碗

制作技术达到了当时最先进的水平。

反山墓地出土的玉器有璧、环、琮、钺、璜、镯、带钩、柱状器、锥形佩饰、镶插饰件、圆牌形饰件、各种冠饰、杖端饰等，还有由鸟、鱼、龟、蝉和多种瓣状饰件组成的穿缀饰件，由管、珠、坠组成的串挂饰品，以及各类玉珠组成的镶嵌饰件等。

■璧　我国古代的一种器物名，一般为玉制，也有用琉璃制的。璧的形状通常呈扁圆形，中心有一圆孔，但也有出廓璧，即在圆形轮廓外雕有龙形或其他形状的钮。据古文献记载和后人推测，璧的用途很多。一为祭器，用作祭天、祭神、祭山、祭海、祭河、祭星等。二为礼器，用作礼天或作为身份的标志。三为佩饰。四作砝码用的衡。五作辟邪和防腐用。

值得注意的是，同一座墓的玉器，玉质和玉色往往比较一致，尤其成组成套的玉器更为相近。选料有时是用同一块玉料分割加工而成的。

反山墓地出土的玉器中有近百件雕刻着花纹图案，工艺采用阴纹线刻和减地法浅浮雕、半圆雕以及通体透雕等多种技法。图案做工非常精细，有的图案在一毫米宽度的纹道内竟刻有四五根细线，可见当时使用的刻刀相当锋锐，工匠的技术也是相当熟练的。

良渚文化大至璧琮，小至珠粒，均精雕细琢，打磨抛光，显示出良渚文化先民高度的玉器制作水平。

玉器的图案常以卷云纹为地，主要纹饰是神人兽面纹，构图严谨和谐，富有神秘感。

与反山氏族墓地相距不远的瑶山氏族墓地，也发现了大量精美玉器。这个墓地的玉器与反山所出大多相像，但十几座墓葬中均未出土玉璧，表现了两个相邻氏族在习俗上的区别。瑶山的一座墓中出土了玉匕和玉匙，是良渚文化首次见到的珍贵餐具。

良渚文化的玉器，以其数量多、质量高而超越同时期其他地区玉器制造业之上，充分说明玉器制作已经成为专业化程度很高的手工行业，从一个侧面反映出长江下游三角区四五千年前的物质生产水平是比较发达的，为吴越经济区早期国家的出现准备了条件。

根据玉器出土的情况，可以看出当时石器制作技术同样高超。制作石器的工匠们已经完全掌握了选择和切割石料、琢打成坯、钻孔、磨光等一套技术。

良渚文化晚期，已进入中原夏王朝统治时期。受到中原文化的影响，长江下游地区的各氏族部落在政治、经济、军事各个领域也都发生了巨大的变革，一些相对独立的“王国”可能已经存在。

夏禹 姒姓夏后氏，名文命，字高密，号禹，后世尊称大禹，夏后氏首领，传说为黄帝轩辕氏第六代玄孙，因治黄河水患有功，受舜禅让继帝位。禹是夏朝的第一位天子，因此后人也称他为夏禹。他是我国传说时代与尧、舜齐名的贤圣帝王，他最卓著的功绩，就是历来被传颂的治理滔天洪水，又划定我国古代国土为九州。

例如余杭莫角山大型建筑遗址，显然与国家的礼制有关。说明历史上所说夏禹在会稽召集天下各部族首领聚会，“万国”赴会，是有一定根据的。

良渚文化玉钺

尤其是良渚遗址的核心区域有一座290多万平方米的5000年前的古城。这是我国长江中下游地区首次发现同时代我国最大的良渚文化

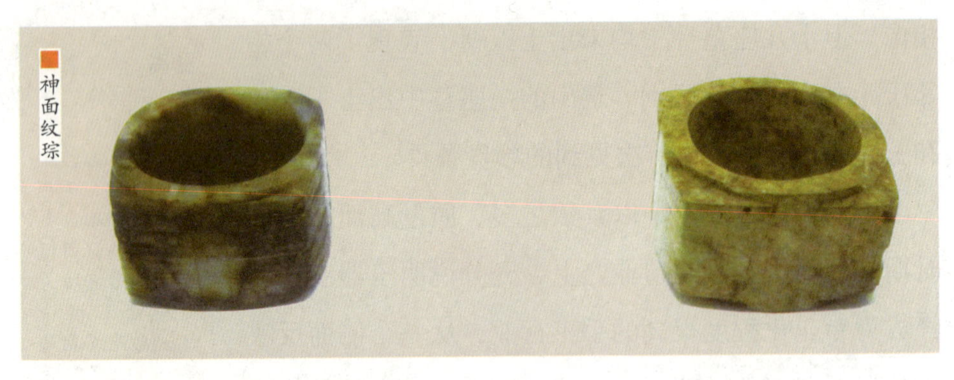
神面纹琮

时期的城址，可称为“中华第一城”。

良渚古城的发现，改变了良渚文化文明曙光初露的原有认识，标志5000年前的良渚文化时期已经进入了成熟的史前文明发展阶段。

良渚文化遗址作为我国史前良渚文化的政治、经济、文化和宗教中心，堪称实证中华五千年文明史的圣地。

阅读链接

良渚遗址于1934年被发现于浙江省杭州市余杭区的良渚、瓶窑两镇。1936年，发掘了具有代表性的良渚遗址。良渚的陶器中有引人注目的黑陶，当时被认为与山东的黑陶相类似，因此，也称作龙山文化。

1939年，有人把龙山文化分为山东沿海、豫北和杭州湾三区，并指出杭州湾区的文化相与山东、河南的有显著区别。1957年，有人认为浙江的黑陶干后容易褪色，没有标准的蛋壳黑陶，在陶器、石器的形制上有其自身的特点，于1959年提出了良渚文化的命名。

1986年和1987年，从良渚墓葬中出土大量随葬品，其中玉器占90%以上。从而使世界上许多大博物馆对旧藏玉器重新鉴定、命名。

1996年，良渚文化遗址被国务院列为全国的重点文物保护单位，1994年和2006年两次入选到中国政府申报联合国教科文组织的《世界遗产目录》预备清单，2012年被第三次列入预备名单。

黄河流域

黄河自古就被称为中华民族的“母亲河”，沿河两岸生活着勤劳勇敢的中华民族优秀儿女，他们在生产和生活中孕育了深厚广博的中华文明。因此，黄河流域的原始文化在中华文明史上占据着十分重要的地位。

黄河流域最著名的原始文化有仰韶文化、马家窑文化、大汶口文化、龙山文化、裴李岗文化、大地湾文化、齐家文化等，它们构成了从新石器时代到阶级社会的一个完整的体系。

分布非常广泛的仰韶文化

仰韶文化主要存在于河南省三门峡市渑池县仰韶村，是我国黄河上游地区重要的新石器时代文化。仰韶文化的持续时间在公元前5000年至前3000年，分布在整个黄河上中游地区。

从甘肃省到河南省之间，已发现了几千处仰韶文化的遗址，其中以陕西省为最多，它们约占全国仰韶文化遗址数量的40%，是仰韶文化的中心。

仰韶杯口红陶尖底瓶

仰韶文化自公元前5000年左右，持续了2000多年的时间，我国历史上的传说时代，史书记载的炎帝和黄帝等著名部族的外会生活和文化生活，都可以从仰韶文化的研究中去探索。仰韶文化分布广泛，历史悠久，内涵丰富，影响深远，是我国黄河流域华夏文化的主要代表。

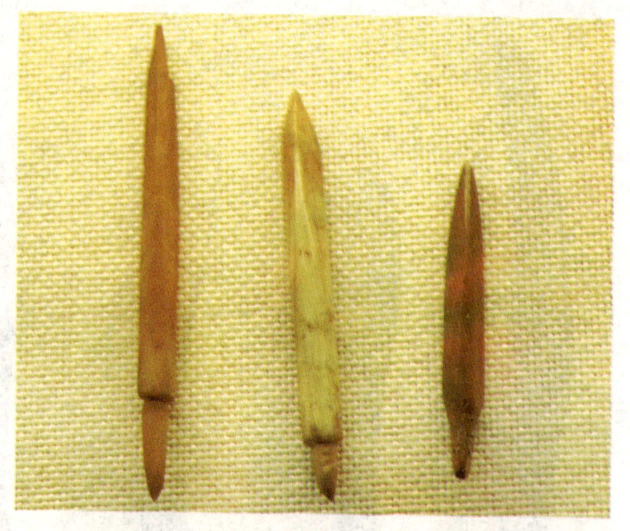

仰韶骨镞

河南省三门峡市渑池县东北的仰韶遗址位于洛阳市以西，仰韶村北面不远处是属于崤山山脉的韶山，这大概就是仰韶村名的由来。

传说六七千年前，人类还群集在那深山密林的石洞里，过着捕猎采果的生活。山上的猎物和野果日益满足不了他们的生活需要，他们便慢慢地走出了山。

崤山山脉韶山峰下，有一片沃野，南临黄河，北临韶山，草木丛中野果累累，鸟儿在空中飞高飞低，走兽在林里窜来窜去，真是一片富饶美丽的好地方。从山上下来的人，有个叫陶的族长，带领族人来到了这块地方。

起初，大自然的丰富物资，足以让他们过着捕猎摘果的美好生活。后来人越来越多了，大自然的财富维持不了生活，他们于是披荆斩棘以开垦田地耕种，并且开始了猎物捉鸟养畜放牧的新生活。

黄帝 与炎帝并称为中华始祖，我国远古时期部落联盟首领，五帝之首。本姓公孙，长居姬水，因改姓姬，居轩辕之丘，故号轩辕氏。出生、建都于有熊，故亦称有熊氏，因有土德之瑞，故号黄帝。黄帝在位时间很久，其间政治安定，文化进步，国势强盛，有许多发明和制作，如文字、音乐、历数、宫室、舟车、衣裳和指南车等。他以统一中华民族的伟绩载入史册。

有一年秋天，秋风瑟瑟，大雨连绵。风像猛兽一样不断地掀翻他们赖以生存而用树枝搭起的篷子，薅掉辛勤耕种的庄稼，卷走日夜相伴的牛羊。

雨后，大地被洪水冲出道道沟壑，人们只好在这沟壑上覆盖厚厚的树枝茅草，住在下面用来避风驱寒。

一天，陶在巡视族人们的生活时，发现这些居住在沟壑茅草棚下的人，冬天雪透，夏日雨浸，不少因潮湿而得病。他想：要是在干燥的地方挖洞开穴，再用茅草盖顶，那一定会更好些。于是在陶的带领下，大家轰轰烈烈地干了起来。

漫长的辛勤劳动，使他们发明了不少劳动工具，陶把这些经验积累起来，磨出了各种各样的石器：石斧、石锥、石凿、石碗等。

同时，漫长的生活需要他们将猎物的骨头磨制出骨针、骨锥、骨筷等，用树皮、兽皮、毛草拧成了各种长短粗细不等的绳子。锥和绳子的出现使人们披上了蓑衣，穿上了兽皮。

仰韶菱形彩陶

长期没有发生过战争，社会经济不断得到发展。各族人之间和平相处，平等相待。从而出现了劳动工具、驯服饲养的家畜、猎物和粮食的交流和交换。

生活需要储存粮食、干肉和果品，于是他们用土和泥制成各种各样的储物器，在太阳下晒干使用，这种泥器成为他们当时较为广泛使用的生活用品之一。

一天黄昏，灾祸突然降临，刹那间，狂风大作，天昏地暗。原来还没来得及熄灭的烤肉火堆被风吹散开来，燃着了杂草、树木、庄稼和茅棚，一会儿就成了一片火海。大火之后，树上的果子没了，只留下枯干残枝；田野的庄稼没了，只留下片片灰烬。

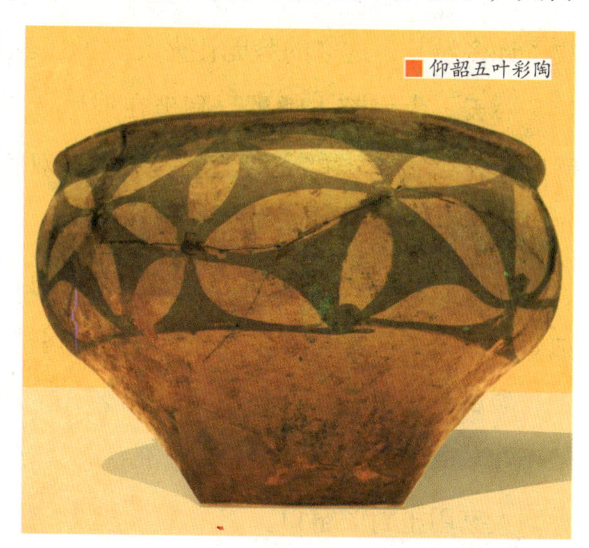
仰韶五叶彩陶

不幸的遭遇中，陶却发现了一个奇迹：那晒制的用泥做的储物器，比原来坚硬得多，敲起来清脆悦耳，尤其是放在穴里的更好。于是，他就带领族人掘洞建窑试烧这种坚硬

仰韶白衣彩陶钵

的储物器。

陶带领族人亲自试烧。他把晒干的各种泥制品放进掘好的窑洞里，用木材架起来烧。一天又一天，一窑又一窑，但不是烧焦，就是烧流，或是半生半熟。整整3年这位老人都是在火海里折腾，发须被烤成了许多卷儿，透红的脸庞让火炙出了许多黑硬的斑。

一天，大家都去睡了，陶坐在那里用干柴不住地添火，他在朦朦胧胧中觉得自己走进了熊熊的烈火中，双肋长出了翅膀，飘飘忽忽地飞向蓝天，在黄河上空翱翔。

天亮之后，人们来到火窑旁边，火熄了，那位老人却不见了，唯独剩下的，是他常拄的那根奇异的木制拐杖。

陶离开人类而去了，大家按照老人生前的嘱托，继续忙碌着。到了中午，雨瓢泼似的下，满地都是水，灌满了个个试烧的窑。第二天，大家用土封了窑口。

七天七夜过去了，水全部渗完，窑里没那么热腾了，大家挖开一看，满窑是坚硬结实、完好无缺、青透夺目的各种各样的储物器。于是，成功的消息传遍了整个黄河两岸。

陶死后，大家推举他的儿子缶为首领。为了纪念陶的功绩，大家把这种储物器叫陶器。他们还为老人铸了陶像，因为老人爱吃鸡，同时煅烧了两只鸡摆在陶像前，让后人供奉。

缶把这项工艺技术发扬光大，不仅制造了各种各样的生活储放器，而且还制造了伴歌伴舞的敲打乐器。从此这项工艺陶器成了华夏人的生活必需品。

几千年过去了，生活在仰韶村这块圣地的人们，不知经历了多少战争，也不知度过了多少和平岁月，谁也说不清那段沧桑的历史。人们都是从自然中来，又到自然中去，最后唯独留下了仰韶文化遗址。

仰韶文化遗址发现的新石器时代晚期器物有石器、骨器，陶器多种。石器有刀、斧、杵、镞及纺织用的石制纺轮。骨器有缝纫用的

仰韶文化遗骨

仰韶原始人生活复原场景

针。陶器有钵、鼎等形制。

仰韶陶器多数是粗陶，其中有一种彩陶，以表面红色、表里磨光并带有彩绘为特征。因此“仰韶文化”又被称为“彩陶文化”，当作同系统文化的代表名称。

仰韶文化遗址总面积近30万平方米，文化层厚约2米，最厚达4米。有4层文化层相叠压，自下而上是仰韶文化中期、仰韶文化晚期、龙山文化早期、龙山文化中期。遗址中最有价值的是数十斤5000年前的小米，说明我国农业发展具有悠久的历史。

仰韶文化是我国先民所创造的重要文化之一，仰韶文化的持续时间在公元前5000年至前3000年左右，据传说，神农氏时代完了以后，黄帝、尧、舜相继起来，这些传说在仰韶文化遗址中大致有迹可循，因之推想仰韶文化当是黄帝族的文化。

从仰韶文化遗址的遗物里，可以推测当时人们的生活状况。

仰韶时期的人们过着定居生活，拥有一定规模和布局的村落；原始农业为主要经济形式，同时兼营畜牧、渔猎和采集；主要的生产工具是磨制石器；生活用具主要是陶器；此时反映人们意识形态的埋葬制度已经初步形成。

各遗址多有石斧的发现，石斧是用来进行农业生产的一种工具。遗址多在河谷里，那里土地肥沃，便于种植。1953年，陕西西安半坡遗址的发现，有力地证明了农业在生产中的重要地位。生产工具有石斧和骨锄，农产物有粟。一陶罐粟在居室内发现，一陶钵粟是作为殉葬物放在墓葬里，足见当时人生活已经离不开农业，粟尤其是重要的食物。

畜牧业也是重要的生产部门。仰韶遗址中有许多猪、马、牛的骨骼，其中猪骨最多。猪的大量饲养，也说明当时居住地已相当安定。

鼎 我国青铜文化的代表。鼎在我国古代被视为立国重器，是国家和权力的象征。直到现在，我国人仍然有一种鼎崇拜的意识，“鼎”字也被赋予“显赫”“尊贵”“盛大”等引申意义，如一言九鼎、大名鼎鼎、鼎盛时期、鼎力相助等。我国历史博物馆收藏的“后母戊”大方鼎就是商代晚期的青铜鼎，长方、四足，高133厘米，重835千克，是现存最大的商代青铜器。

三角纹彩陶钵

玉瑗 我国从新石器时代流传下来的一种臂饰，扁圆而有大孔，即扁圆环形。瑗同援义，其孔大，便于两人抓握相援。战国玉瑗纹饰渐多，有些作纽丝纹的玉瑗，内部中央加厚，两边变薄，剖面如枣核形。纹饰以縠纹和云雷纹为多。也有变化成一条首尾相接的龙形或变化成筒形的。

弓箭是中石器时代后期或新石器时代早期出现的工具。有了弓箭，狩猎生活逐渐过渡到原始畜牧业。仰韶文化各遗址多有石镞、骨镞，可见当时已普遍使用弓箭。

在甘肃各遗址的墓葬中，发现磨制的玉片、玉瑗和海贝，据推测，玉可能是从新疆来的，贝是从沿海地区来的，想见甘肃居民与沿海地区居民已经有了交换关系。由于交换关系的继续发展，氏族内部逐渐分化了，而且开始有奴隶，也就在这种情况下，阶级开始了它的胚胎状态。

半坡遗址有公共墓地，埋葬本氏族的死者。死者一般是仰身葬，带有殉葬物，主要是陶器等日常生活所用的器皿，也有些是装饰品。还有一些死者是俯身葬，都没有带殉葬物。这是死者身份不同的表示，俯身的人是罪人，奴隶是被看作罪人的。

■鹰形陶鼎

仰韶文化遗址的陶器，一般是美观的。发展到了属于铜器时代的辛店遗址的陶器，纹饰较为复杂，纹饰间还点缀着犬羊的图形，有的还涂有人形纹。

■ 人面鱼纹彩陶盆 是用泥质红陶烧成，盆内壁画人面纹和鱼纹各两个，相间排列，题材新颖，形象生动，反映了半坡类型彩陶常以鱼纹装饰陶器的特点。关于人面鱼纹有多种说法，如图腾说、神话说、祖先形象说等，不管究竟是何种含义，作为我国原始社会先民的艺术杰作，它都展现了先民的审美智慧和艺术创造才能。

仰韶文化制陶业发达，较好地掌握了选用陶土、造型、装饰等工序。陶器种类有钵、盆、碗、细颈壶、小口尖底瓶、罐与粗陶瓮等。其彩陶器造型优美，表面用红彩或黑彩画出绚丽多彩的几何形图案和动物形花纹，其中人面形纹、鱼纹、鹿纹、蛙纹与鸟纹等形象逼真生动。

不少出土的彩陶器为艺术珍品，如水鸟啄鱼纹船形壶、人面鱼纹彩陶盆、鱼蛙纹彩陶盆、鹳衔鱼纹彩陶缸等。陶塑艺术品也很精彩，有附饰在陶器上的各种动物塑像，如隼形饰、羊头器钮、鸟形盖把、人面头像、壁虎及鹰等，皆栩栩如生。

在半坡等地的彩陶钵口沿黑宽带纹上，还发现有

■鹳鱼石斧图彩绘陶缸 1978年在河南省临汝县阎村出土，我国原始社会文化中一件罕见的珍品。夹砂红陶。敞口、圆唇、腹深且直、平底、口沿下有6个鹰嘴形突钮，腹部“鹳鱼石斧图”是原始社会绘画艺术的杰作，其画意似与原始宗教有关。

50多种刻画符号，可能具有原始文字的性质。在濮阳西水坡又发现用蚌壳摆塑的龙虎图案，是我国最完整的原始时代龙虎形象。

仰韶遗址的发现，第一次证实了我国在阶级社会之前就存在着非常发达的新石器文化，并从此开始把考古学的研究领域扩大到旧石器时代、青铜器时代和铁器时代。

仰韶遗址的考古与发掘，无可辩驳地证明了我国不但有新石器时代的遗存和文化，而且相当发达，使过去宣扬的“中华文化西来说”不攻自破。仰韶文化上下数千年，纵横几千里，在世界范围内来说也是罕见的。

阅读链接

1916年，当瑞典人安特生教授在山西勘探铜矿资源的时候，偶然发现了一批古新生代的生物化石，安特生教授以及当时地理测绘研究所所长丁文江先生随即对古新生代化石进行大规模收集整理工作。

1921年，在河南省三门峡市渑池县仰韶村曾经发现新石器时代晚期的遗址。全国有统计的仰韶文化遗址共5213处，具体分布情况是：陕西省2040处、河南省1000处、山西省1000处、甘肃省1040处、河北省50处、内蒙古自治区约50处、湖北省23处、宁夏回族自治区7处、青海省3处。

彩陶文化巅峰的马家窑文化

马家窑文化是我国新石器晚期的一种文化，出现于距今5700多年的新石器时代晚期，历经了3000多年的发展，因首先发现于甘肃省临洮县的马家窑村而得名，主要分布于黄河上游地区及甘肃、青海境内的洮河、大夏河及湟水流域一带。

马家窑文化以一种独立的文化形态向世人展示了图案精美、内涵丰富、数量众多，达到世界巅峰的彩陶文化。

锯齿纹彩陶鼓

在我国甘肃省临洮马家窑村远古文化遗址，存在着大量的上古时代代表华夏文

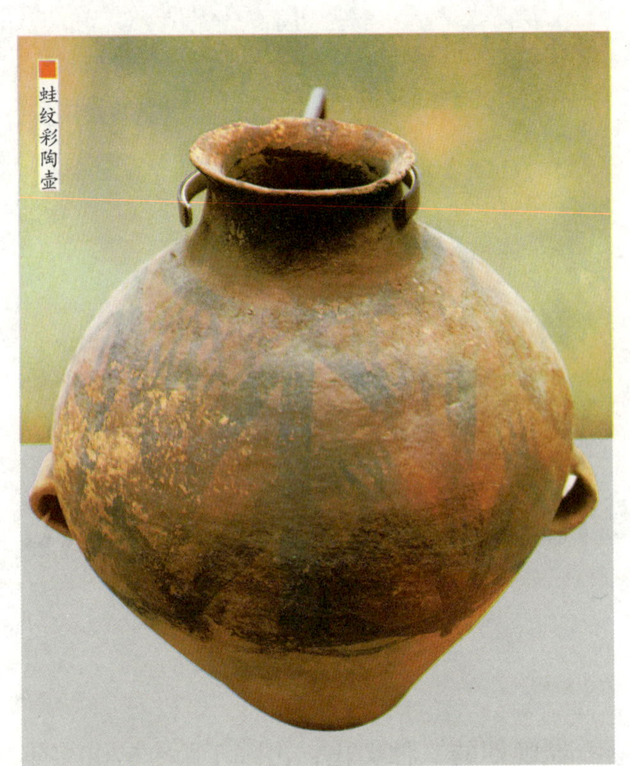
蛙纹彩陶壶

化的彩陶器皿。

马家窑文化包括马家窑、半山、马厂3个文化类型，从已经发现的有关地层叠压情况看，马家窑类型早于半山类型，半山类型又早于马厂类型。

马家窑文化的重要遗址有东乡林家、临洮马家窑、广河地巴坪，以及兰州的青岗岔、花寨子、土谷台、白道沟坪与永昌鸳鸯池和青海乐都柳湾等20多处。

马家窑文化的村落遗址一般位于黄河及其支流两岸的台地上，那里接近水源，土壤状况良好。房屋多为半地穴式建筑，也有在平地上起建的，房屋的平面形状有方形、圆形和分间三大类，以方形房屋最为普遍。

当时虽然农业经济比较进步，采集和狩猎活动仍是经济生活的重要方面。各遗址中大多发现了石镞、骨镞、石球等。发现的野生动物骨骼较多的是鹿、野猪等。

马家窑文化发现有墓葬2000多座，墓地一般和住地相邻，流行公共墓地，墓葬排列不太规则，多数为东或东南方向。盛行土坑墓，有长方形、方形和圆形等。

葬式因时期和地区不同而有变化，一般有仰身直肢、侧身屈肢和二次葬。墓葬内一般都有随葬品，主要有生产工具、生活用具和装饰品等，少数随葬粮食和猪、狗、羊等家畜。

有的墓地的随葬品，男性多石斧、石锛和石凿等工具，女性多纺轮和日用陶器，反映出男女间的分工。随葬品在数量和质量上都存在着差别，而且越到晚期差别越大，这种贫富差距的增大，标志着原始社会逐步走向解体和中华文明曙光的来临。

马家窑文化以彩陶器为代表，它的器型丰富多彩，图案极富于变化和绚丽多彩，是世界彩陶发展史上无与伦比的奇观，是人类远古先民创造的最灿烂的文化，是彩陶艺术发展的顶峰。它不仅是工业文明、农业文明的源头，同时它源远流长地孕育了我国文化艺术的起源与发展。

马家窑文化的陶器大多以泥条盘筑法成型，陶质呈橙黄色，器表打磨得非常细腻。许多马家窑文化的遗存中，还发现有窑场和陶窑、颜料以及研磨颜料的石板、调色用的陶碟等。

二次葬 我国原始社会的一种葬俗。即在人死后先放置一个地方，或是用土掩埋，待几年尸体腐烂以后，再重新起死者遗骸迁到另一个地方举行第二次埋葬。亦称为“洗骨葬”或“捡骨葬”。二次葬的历史由来已久，早在新石器时代就已出现。此葬俗在一些少数民族中流传至今，如东北鄂温克、赫哲族，南方的瑶族、畲族、壮族等。

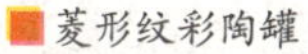
菱形纹彩陶罐

马家窑文化的彩陶，早期以纯黑彩绘花纹为主；中期使用纯黑彩和黑、红二彩相间绘制花纹；晚期多以黑、红二彩并用绘制花纹。

马家窑文化的制陶工艺已开始使用慢轮修坯。并利用转轮绘制同心圆纹、弦纹和平行线等纹

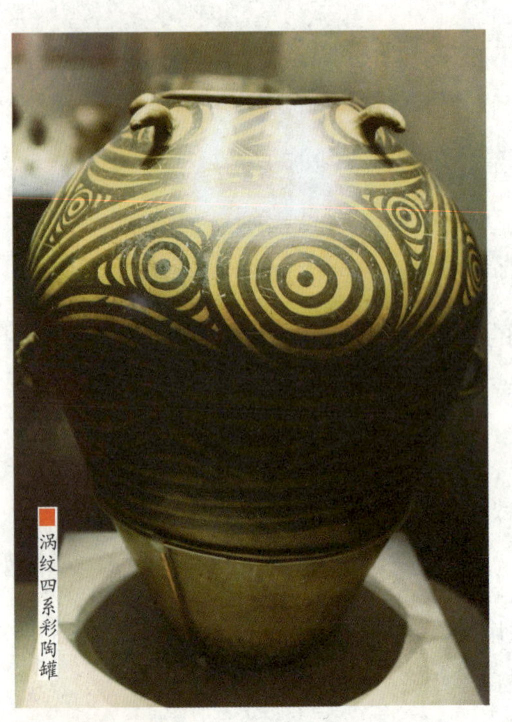
涡纹四系彩陶罐

饰，表现出了娴熟的绘画技巧。

彩陶的大量生产，说明这一时期制陶的社会分工早已专业化，出现了专门的制陶工匠师。彩陶的发达是马家窑文化显著的特点，在我国所发现的所有彩陶文化中，马家窑文化彩陶比例是最高的，而且它的内彩也特别发达，图案的时代特点十分鲜明。

彩陶是我国文化的根，绘画的源，马家窑文化创造了中国画最早的形式。马家窑文化彩陶的绘制中以毛笔作为绘画工具、以线条作为造型手段、以黑色为主要基调，奠定了中国画发展的历史基础与以线描为特征的基本形式。

马家窑蛙纹彩陶也向人们揭示了蛙纹出现、变化，最终发展成雏形龙图案的演绎过程，而整个演绎过程与先民避免和战胜水患的愿望有着直接的联系。马家窑文化彩陶画可以证明，中华龙的形成起源于蛙纹。

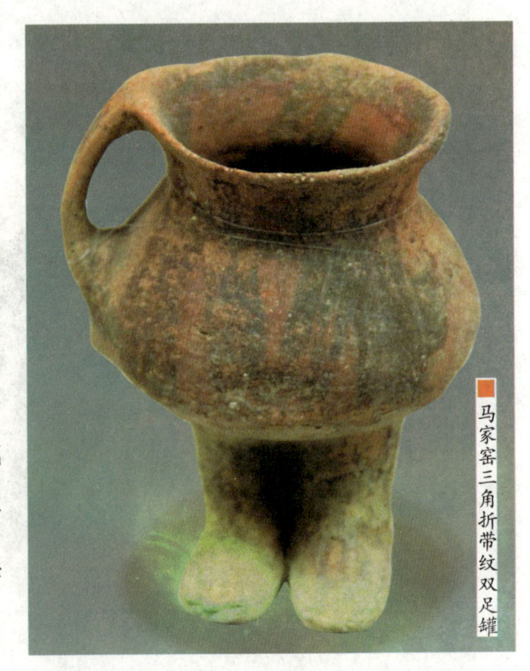
马家窑三角折带纹双足罐

还有一件彩陶盆，最上层有10个亮圆，代表了古时候天上有10个太阳，中间有9个，代表被后羿射掉了9个，最中间一个，代表了还剩一个太阳，每个太阳的中间都有一个鸟头，代表了太阳鸟也就是金乌，证明了后羿射日的传说确实很早就有了。

蛙纹双耳壶

传说中后羿和嫦娥都是尧时候的人，那时天上有10个太阳同时出现，把土地烤焦了，庄稼都枯干了，人们热得喘不过气来，经常有人倒在地上昏迷不醒。

人间的灾难惊动了天上的神，天帝命令善于射箭的后羿下到人间，协助尧解除人民的苦难。后羿带着天帝赐给他的一张红色的弓，一口袋白色的箭，还带着他的美丽的妻子嫦娥一起来到人间。

后羿从肩上拿下那红色的弓，取出白色的箭，向骄横的太阳射去。“嗖”地一箭射出，只见天空中流火乱飞，火球无声爆裂。接着，一团红亮亮的东西坠落在地面上。

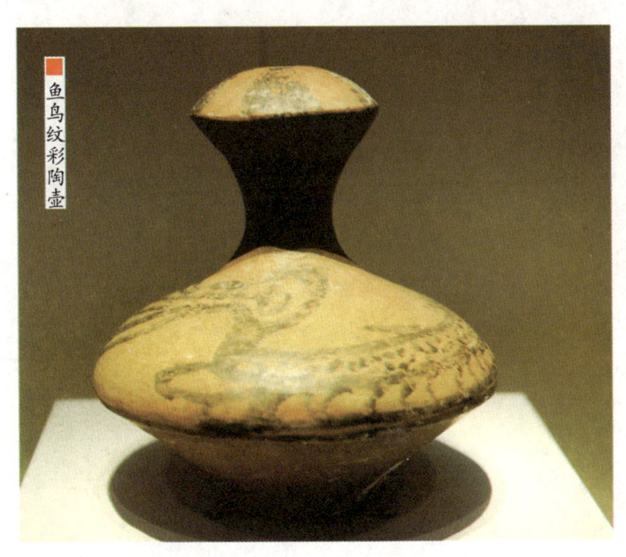
鱼鸟纹彩陶壶

人们纷纷跑到近前去看，原来是一只乌鸦，颜色金黄，硕大无比，想来就是太阳精魂的化身。再一看天上，太阳少了一个，空气也似乎凉爽了一些，人们

马家窑人头形器口彩陶瓶

不由得齐声喝彩。这使后羿受到鼓舞，他不顾别的，连连发箭，只见天空中火球一个个地破裂，满天是流火。

顷刻间，10个太阳被射去了9个，只因为尧认为留下一个太阳对人们有用处，才拦阻了后羿的继续射击。

马家窑文化将史前文化的发展推向了登峰造极的高度，创造了绘画表现的许多新的形式，马家窑文化的彩陶图画，就是神奇丰富的史前“中国画”。

阅读链接

1944年和1945年，中国考古研究所所长夏鼐先生到甘肃进行考古工作，发掘了临洮寺洼山遗址，认识到所谓甘肃仰韶文化与河南仰韶文化有颇多不同，认为应将临洮的马家窑遗址作为代表，称之为“马家窑文化”。

1988年，临洮马家窑遗址被国务院公布为第三批全国重点文物保护单位。2001年被评为“20世纪中国百项考古重大发现”之一。2006年，中央电视台《探索·发现》栏目，制作了六集电视专题片《神秘的中国彩陶》，该片由甘肃省马家窑文化研究会王志安会长担任顾问和彩陶文饰解读的主讲。播出后在全国引起对马家窑文化的很大兴趣和关注。

新石器末期代表的齐家文化

齐家文化是以甘肃省为中心地区的新石器末期文化，大约产生于距今4130年。其名称来自于其主要遗址甘肃省临夏回族自治州广河县排字坪乡园子坪齐家坪社的齐家坪遗址。另外在甘肃、青海地区的黄河及其支流沿岸阶地上共有齐家文化遗址350多处。

齐家文化反映了父系氏族社会的特点，出现了阶级分化并产生原始军事民主制。

素面大口罐

齐家文化时期，这一带的主要农作物是粟，在大何庄遗址的陶罐中曾发现了这种粮食。生产工具以石器为主，其次为骨角器。农业生产中挖土的工具主要是石铲和骨铲。有些石铲已经用硬度很高的玉石来制作，器形规整，刃口十分锋利。

骨铲系用动物的肩胛骨或下颌骨

■齐家文化出土的双肩陶杯

制成，刃宽而实用；收割谷物用的石刀、石镰多磨光穿孔；石磨盘、石磨棒、石杵等用于加工谷物。

总的来看，石斧、石铲、石锛的数量都很少，或许反映农业生产并不十分发达。

作为农业生产的重要补充，畜牧业相当发达。从遗址中的动物骨骼得知，家畜以猪为主，还有羊、狗、牛、马等。仅皇娘娘台、大何庄、秦魏家三处遗址统计，即发现猪下颌骨 800 多件，表明当时养猪业已成为经济生活的重要内容。

与饲养业同时，齐家文化的采集和渔猎经济继续存在，一些遗址中发现了氏族先民捕获的鼬、鹿、狍等骨骼。

齐家文化的手工业生产比马家窑文化有很大发展。制陶技术仍以泥条盘筑法手制为主，部分陶器经慢轮修整，有一些陶罐的口、颈尚留有清楚的轮旋痕迹。制陶工匠已掌握了氧化焰和还原焰的烧窑技术，陶系主要是泥质红陶和夹砂红褐陶，一些器物的表面施以白色陶衣。

齐家文化的大量陶器是素面的，有些罐类和三足器拍印篮纹和绳纹，也有少量彩陶，绘以菱形、网格、三角、水波和蝶形花纹，线条简化而流畅。

陶器的造型以平底器为主，三足器和圈足器较

皇娘娘台 也称尹夫人台，位于甘肃省武威市。尹夫人是东晋十六国时期西凉国王李嵩的妻子，在李嵩创建的西凉政绩中，倾注着她许多心血和智慧，为此有人把西凉政权称为“李尹政权”。尹夫人后被北凉的沮渠蒙逊掳到国都姑臧，蒙逊在西汉末年窦融所筑的台基上为她修建了房子，后人称这为“尹夫人台”。

少。典型器物有双耳罐、盘、鬲、盆、镂孔圈足豆等，其中以双大耳罐和高领双耳罐最富有特色。

> **三足鸟** 我国远古时代太阳神话传说中的十日是帝俊与羲和的儿子，它们既有人与神的特征，又是金乌的化身，是长有三足的踆乌，会飞翔的太阳神鸟。十日每天早晨轮流从东方扶桑神树上升起，化为金乌或太阳神鸟在宇宙中由东向西飞翔，到了晚上便落在西方若木神树上，表达了古代的人们对日出日落现象的观察和感受。

齐家文化的陶工还善于用黏土捏制各种人头造型和动物塑像，人头长颈圆颊，双眼仰望；动物有马、羊或狗等，形体小巧生动。还有一些陶制瓶和鼓形状响铃，铃内装有一个小球，摇时叮当响，是巧妙的工艺品。

齐家文化陶塑的题材多样，以鸟类雕塑最多，有的形状像水鸟，有着长嘴、长颈和短尾。有的形状像鸽子，体态丰满圆润。有的做展翅欲飞状，身上的锥刺纹表示羽毛。有的为三足鸟，这和传说中的太阳鸟或许有关系。

齐家文化有的陶器的顶部或内部雕塑着狗的头部，这可能与畜牧业的发展有关。齐家文化的陶器上，也有浮雕和刻画出的蜥蜴，这种神秘的爬行动物，特别受到西北的原始氏族人们的青睐，常作为造型艺术的主题形象。

齐家文化青铜镜

齐家坪出土的浮雕龙形纹红陶罐，在器腹中部，用泥条堆塑成横绕的龙形纹，头小而似蛇首，身上有鳞甲状刻画纹，身子中部有向上弯曲的爪足，展现了西北地区由蛇升华为龙的原

始形态。

齐家文化在建筑材料上有许多发明创造，灵台县桥村出土了一批陶瓦，有板瓦、半筒状瓦等样式，为橙红色陶，瓦上面有时代特点鲜明的篮纹和附加堆纹。

另外，齐家文化的纺织业的进步也比较显著。在居址中、墓葬里普遍发现大批陶、石纺轮及骨针等纺织缝纫工具。有的墓葬人骨架上、陶罐上有布纹的印痕。在大何庄一件陶罐上的布纹保存较好，布似麻织。当时人们穿的衣服主要是用这类麻布缝制的。

齐家文化冶铜业的出现，表现出西北地区这一部族先民的杰出智慧与才能，是齐家文化对中华民族早期青铜器铸造和生产力发展的一项突出贡献。

皇娘娘台、大何庄等地已发现红铜器和青铜器，还有一些铜渣。齐家坪遗址中有一件带有长方形銎的铜斧，是齐家文化最大的一件铜器。尕马台遗址中的一件铜镜，一面光平，一面饰七角星形纹饰，保存较好。

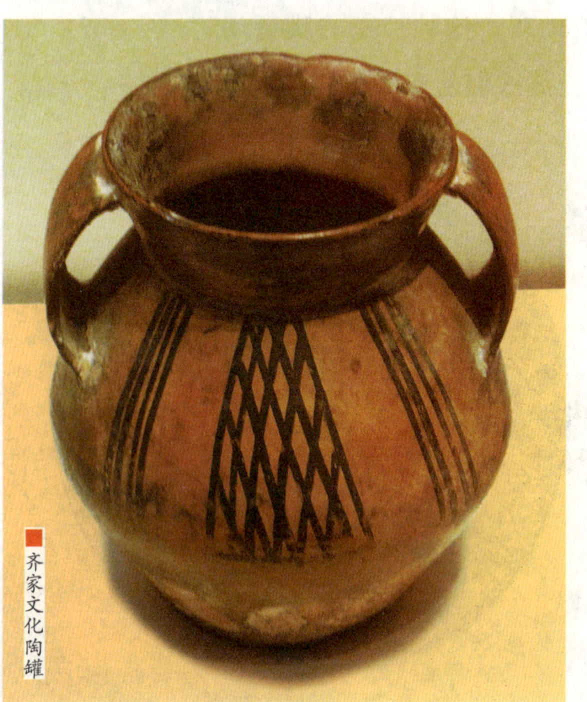
齐家文化陶罐

齐家文化的墓地与村庄在一起，大多数墓葬为单人，但亦有成年男女合葬，合葬之中男性为仰身直肢，女性则呈蜷曲姿态，墓中大多有石器与陶器作为陪葬。此外，地面上发现类似于宗教建筑的石造建筑。

齐家文化中还存在以人殉葬的习俗，殉葬者都是奴隶和部落战争中的受害者。殉葬这一恶俗反映了社会地位的差别与阶级分化。墓葬中随葬品的多与少也显示出贫富不均的社会现实。

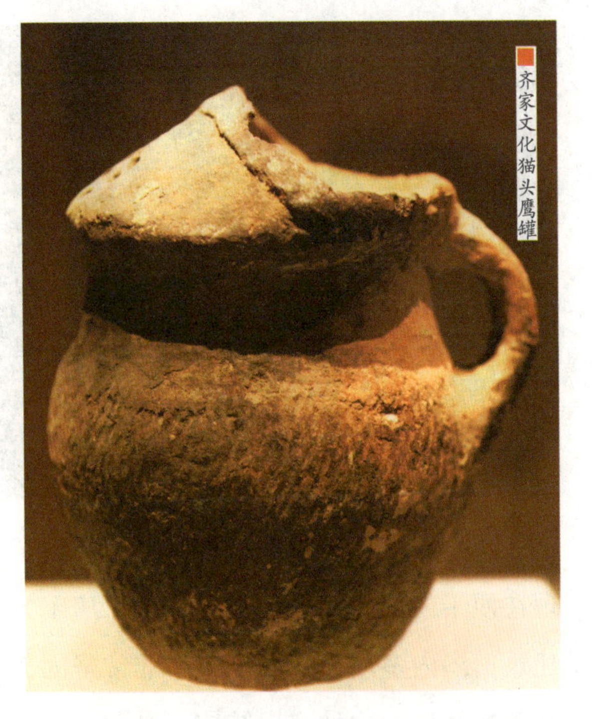
齐家文化猫头鹰罐

另外，在齐家文化分布范围内，还有数量更多、质量更精美的齐家文化玉器。其器类在30种以上。除了常见的品种之外，还发现了许多新的品种。这批独具特色的玉器，其内涵之丰富，品种之繁多，工艺之精美，无不令人折服。这些玉器当为齐家文化乃至我国西北原始文化的重要特征之一。

如礼器玉琮，除形制各异、大小不等的素面纹琮外，还有竹节纹琮、弦纹琮，更有在琮的一端、射孔之上装饰有或牛，或羊，或熊，或虎等浮雕纹饰的兽首或兽面纹琮、人面纹琮或琮形器。

兵器有戈、矛、刀、钺、戚，个别的兵器上还嵌有一枚或几枚绿松石；装饰品有各种玉佩饰、坠饰、发箍等。

尤其是齐家文化中还有数件圆雕玉人立像，性别有男有女，尺寸从十几厘米到超过半米高不等，古朴而生动，有的雕像在各器官部位嵌有多颗绿松石。这类雕像或许是作为膜拜的对象而制作的。

还有各种多孔形器，许多多孔形器雕成扁平的鸟形、兽面形或鸟兽变形图像。

齐家文化玉器使用的玉材，主要是甘肃、青海本地的玉，还有新疆和田玉。和田玉大量用来制作礼器和部分工具，当始于齐家文化。

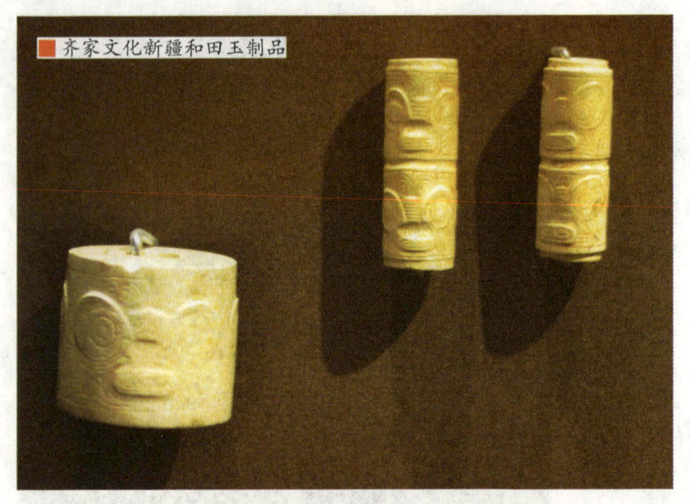
齐家文化新疆和田玉制品

新疆和田玉 是一种软玉，俗称真玉。质地致密、细腻、温润、坚韧、光洁。产于我国新疆，与陕西蓝田玉、河南南阳玉、甘肃酒泉玉、辽宁岫岩玉并称为我国五大名玉。我国是世界历史上唯一将玉与人性化相融的国家。和田玉在我国至少有7000年的悠久历史，是我国玉文化的主体，是中华民族文化宝库中的珍贵遗产和艺术瑰宝，具有极深厚的文化底蕴。

这一部族各氏族都过着比较稳定的定居生活。聚落遗址一般都发现在便于人们生活的河旁台地上，房子大多是方形或长方形半地穴式建筑，屋内多用白灰面铺成，非常坚固美观。地面中央有一个圆形或葫芦形灶址。这种房屋结构，是黄河流域龙山文化时期最普遍的一种形式。

阅读链接

1923年，瑞典考古学家安特生在黄河上游地区的甘肃广河齐家坪最先发现了铜石并用时代文化。后来在甘肃、青海地区共发现遗址350多处。齐家文化遗址在青海省境内最有名的当属喇家遗址。喇家遗址位于青海省海东地区民和回族土族自治县官亭镇境内的黄河岸边二级台地上，是2001年度“中国十大考古新发现”之一。现已被列为国家级文物保护单位，保护面积约20万平方米。

2008年，庆阳市第三次全国文物普查领导小组办公室和宁县文物普查办公室联合在宁县焦村乡西沟村徐家崖庄新发现一处齐家文化遗址。2009年在第三次全国文物普查中，定西市安定区文物普查组发现一处距今约4000年的大型齐家文化遗址。

伏羲文化之源的磁山文化

磁山文化是华北地区的早期新石器文化，因首先在河北省武安县磁山发现而得名，主要分布在冀南、豫北等地。年代距今10000年至8700年。

磁山文化的发现，填补了我国早期新石器时代文化的重要缺环。为研究和探索我国新石器时代早期文化提供了丰富、宝贵的地下实物资料。

三足陶钵

同时，磁山文化与农业起源、伏羲文化、《周易》发展演变、我国古代历法的形成、制陶业的发展、数学、美学、建筑学等有着直接关系，是邯郸十大文化脉系之首，也是中华文

磁山文化石锄

化和东方文明的发祥地之一，在我国有着非常重要的地位。磁山文化遗址位于河北南部武安市磁山村东的南洺河北岸的台地上，东北依鼓山，约14万平方米。

磁山文化遗址出土了陶器、石器、骨器、蚌器、动物骨骸、植物标本等约6000余种，为寻找我国更早的农业、畜牧业、制陶业的文明起源，提供了可贵的线索。

如果说在7000多年前地球上许多地方还是鸿蒙未开的话，而这里的人们已经种植谷物，饲养家禽，制作生产、生活用具，烧制陶器，最终进入了人类最早的文明。

通过研究分析得出，当时磁山居民经济生活以原始农业为主，农作物有粟。以石镰、石铲、石刀、石斧与柳叶形石磨盘为生产工具，石磨盘附有三足或四足，造型独特。饲养狗、猪等家畜，兼事渔猎。制陶业较原始，处于手制阶段；椭圆口盂、靴形支座、三足钵与深腹罐等为典型陶器。陶器表面多饰绳纹、篦纹及划纹等。

磁山文化时期的住房是圆形或椭圆形的，都是半地穴式建筑。储藏东西的窖穴发现较多。在房基遗址器物中，有一烧土块，沾有清晰可辨的席纹，说明在

鸿蒙 我国传说中的一个时代，传说在盘古开天辟地之前，世界是一团混沌的元气，这种自然存在的元气叫作鸿蒙，因此后人把那个时代称作鸿蒙时代，后来它也常被用来泛指远古时代。

7300年前这一带即编制苇席，由此也可想象苇席给人们生活带来的极大便利，此器物堪为全国之最。

磁山遗址共发现灰坑468个，还有189个储存粮食的“窖穴”。这些“粮仓”形似袋状，窖口直径大都为一两米，深浅不一。

磁山当地的土质极黏，可以说是“湿了泞，干了硬，不湿不干挖不动”，而7000年前的先民们硬是用打磨的石斧、石铲挖出了那么多深达数米的窖穴，其坚韧的毅力和劳动强度令人难以想象。

窖穴底部堆积有粟灰，有10个窖穴的粮食堆积厚近2米，数量之多，堆积之厚，在我国的新石器时代文化遗存中是不多见的。采用“灰象法”对标本进行了鉴定认为，当时的磁山人吃的是“小米”，这也是当今人工种植谷子历史的最早发现。

磁山是谷子的发源地。在以往的世界农业史上，粟一直被公认是从埃及、印度传播而来的。然而，随着磁山遗址的发现，这一“结论”被改写。早在7000多年前，磁山先民们就已开始种植粟这一耐旱农作物，且达到了相当高的产量。

磁山遗址还出土了一批胡桃、小叶松等植物炭化物和动物骨骼标本，胡桃的出土，打破了由汉代张骞引自西域的说法。尤其是家鸡骨的发现，是世界已知最早记录者，修正了家鸡最早出现于印度的定论。

陶釜陶支脚

中华始祖太昊伏羲生于天水，已有七八千年的

甲骨文 刻在甲、骨上的文字，早先曾称为契文，甲骨刻辞、卜辞、龟版文、殷墟文字等，现通称甲骨文。是我国的一种古代文字，是汉字的早期形式，有时候也被认为是汉字的书体之一，也是现存我国王朝时期最古老的一种成熟文字。

历史，这与“磁山文化”正好处于同一历史时期。中华始祖太昊伏羲功盖百王，德配天地。从磁山文化遗址已发掘出土的文物来看，与伏羲文化完全一致，磁山文化又具备河南淮阳、甘肃天水尚未有遗物能够鉴证的文化。

伏羲文化体系比较全面完善，磁山距我国历史文化名城、七大古都之首甲骨文的故乡、《归藏易》和《周易》发祥地安阳仅80千米，距祭祀女娲皇宫的涉县不足百里，两地不远，地域之间有着紧密联系；时间一致，文化相同，地理位置有着紧密联系。

确凿的事实说明，中华始祖太昊伏羲曾在磁山生活过，创下了世界之最——华夏伟业，因此，磁山文

■原始人生活图

化是伏羲文化的根源。

鹿角鸭嘴锄

伏羲是一个叫华胥的美丽女人生下的，他根据天地万物的变化，发明创造了八卦这一我国最早的计数文字，是我国古文字的发端，结束了“结绳记事”的历史。

他创造历法、教民渔猎、驯养家畜、婚嫁仪式、始造书契、发明陶埙、琴瑟乐器、任命官员等，成了中华民族的人文初祖。

磁山原始人民，论经济实力是黄河流域中原地区一支强大部落，在这里创造下这么多人类最早文明，又是当时储粮基地等，可谓是最原始的政治、经济、文化交流中心，磁山文化遗址有着8000年悠久历史，真正称得上是“华夏第一都城”。

阅读链接

1972年冬，磁山村群众在村东台地开挖水渠时，意外地发现了一座在地下沉睡了7000多年之久的“原始村落”，从而揭开了黄河流域早期新石器文化探索的序幕。

1976年至1978年，在这里进行了3次发掘，发掘面积共达6000平方米，文化层厚一两米，不少窖穴深达六七米。

1988年，磁山文化遗址被国务院公布为全国重点文物保护单位。

2010年，磁山文化博物馆工作人员从一处坍塌的文化层中发现部分表面附着有植物颗粒的白色块状物体，有关专家认为可能系远古时期的“面粉”。

石器和陶器的裴李岗文化

裴李岗文化是我国黄河中游地区的新石器时代文化，由于最早在我国河南省新郑的裴李岗村发现并认定而得名。分布范围以新郑为中心，东至河南东部，西至河南西部，南至大别山，北至太行山。

裴李岗文化的年代据今8000年至7000年，绝对年代早于仰韶文化1000多年。

双耳壶

裴李岗文化遗址的发现，填补了我国仰韶文化以前新石器时代早期的一段历史空白，给进一步研究中华文明历史提供了实物资料。裴李岗文化既是我国新石器时代中期的一种文化，也堪称中华民族文明起步文化。

李岗村位于新郑县城北，遗址中有一些形状奇特的石斧、石

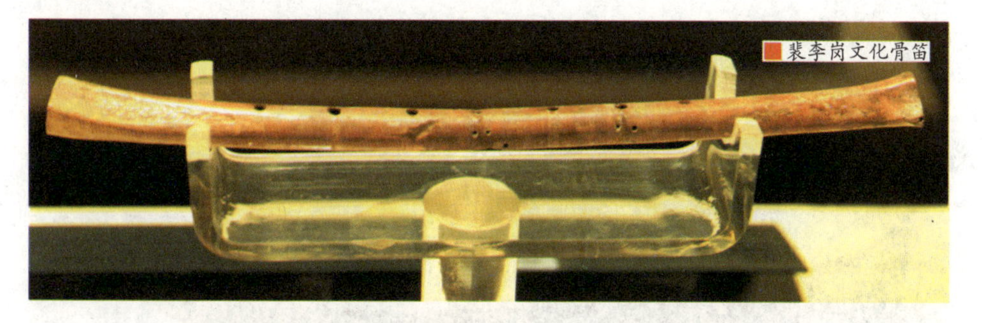
裴李岗文化骨笛

铲、石磨盘、石磨棒、陶壶等40余件。

石磨盘是原始社会晚期的遗物，是碾谷物的生产工具，形状像一块长石板，而两头呈圆弧形，像鞋底状。石磨盘是用整块的砂岩石磨制而成的，正面稍凹，可能是长期使用造成的。

大多石磨盘的底部有4个圆柱状的磨盘腿，与其配套使用的是石磨棒。7000年之前，在如此遥远的时代，人类就能够用整块的石板琢磨出可供谷物脱壳的加工工具，这的确是一种凝聚着原始人类高度智慧的生产工具。

裴李岗文化遗址有墓葬114座、陶窑1座、灰坑10多个，还有几处残破的穴居房基。出土各种器物400多件，包括石器、陶器、骨器以及陶纺轮、陶塑猪头、羊头等原始艺术品。

遗址东半部为村落遗址，文化层厚一两米，内含遗物极少。西半部为氏族墓地。墓坑呈长方形，边缘不整齐。随葬品主要是石器和陶器。石器有磨制的或琢磨兼施的，其中典型器物有锯齿石镰、两端有刃的条形石铲等。陶器均为手制，代表器物是三足陶钵、筒形罐等。

从裴李岗遗址的遗物分析，裴李岗居民已进入锄耕农业阶段，处于以原始农业、手工业为主，当地人已经懂得畜牧和耕种。他们会在田里种植小米，又会在家里养猪。而当地文明是现时我国已知的最早期陶器文明。

裴李岗文化的陶器以泥质红陶数量最多，占陶器总数的一多半，夹砂红陶次之，泥质灰陶最少。陶器均为手制，大多为泥条盘筑。有

裴李岗文化陶碗

中山寨遗址 位于河南省汝州市区东。纸坊乡中山寨村就位于遗址中心，遗址南部耕地层呈黑色，地面有不少夹砂红陶、灰陶片。断崖上暴露有很厚的灰层和互连不断的灰坑，多呈袋形。遗址的东北部，暴露不少墓葬，很浅，墓葬形式一般为两种。一种是成人墓，单身、竖穴，一种是小孩墓。

纹饰的器物较少。

而石器则以磨制为主，有石铲、石斧、石镰、石磨盘等。

裴李岗文化时期的房屋均为半地穴式建筑，以圆形为主，亦有较少的方形房屋，有阶梯式门道。

这一带第四纪黄土广泛覆盖，尤其是豫东平原，黄河冲积的次生黄土非常有利于古代农业的发展。据气象研究，在距今 8000年至2500 年的全新世中期，中原和华北地区的年平均气温比现在高得多，粟作农业的起源很可能就在这里发生。

裴李岗文化在河南省境内共有100多处遗址，其他重要遗址还包括临汝县中山寨遗址、长葛市石固遗址等。

由此可以想象出那时的情景：

在裴李岗文化时期，这里居住着一个少典氏族。他们在丘陵和台地上，用耒耜、石斧、石铲进行耕作，种植粟类作物，用石镰进行收割，用石磨盘、石磨棒加工粟粮。还种植枣树、核桃树等。在木栅栏里和洞穴中饲养猪、狗、牛、羊、鹿、鸡等。用鱼镖、骨镞从事渔猎生产。

他们建有许多陶窑，烧制钵、缸、杯、壶、罐、瓮、盆、甑、碗、勺、鼎等。他们在丘岗临河处，住着单间、双开间、三开间或四开间的茅屋。除了生产之外，他们还有简单的文化生活，在龟甲、骨器和石器上契刻符号式的原始文字，用以记事。

他们建有公共氏族墓地，成年人死了不分男女，一律头南脚北安葬，还根据他们生前的功劳、贫富和性别陪葬生产工具或生活用具等。

这是中原最古老文明裴李岗文化最真实的写照。

石固遗址 在河南长葛县老石固村东南的台地上。包括居住遗迹和墓葬。考古发掘了裴李岗和仰韶两期文化遗存，清理出房基、窖穴和灰坑等重要遗迹和遗物。一般文化层堆积一米多。底层为裴李岗文化，上层为仰韶文化。

阅读链接

20世纪50年代，新郑县城北新村乡裴李岗村一带农民在田野耕种时，不断挖出一些形状奇特的石斧、石铲、石磨盘、石磨棒、陶壶等，不知为何物，于是就把这些远古的遗物搬回家中，充当捶布石、洗衣板或者是用来垫猪圈、垒院墙……

1977年至1982年春，考古工作者先后对新郑市的裴李岗、唐户和沙窝李遗址进行发掘，其中对裴李岗和沙窝李进行了5次较大规模发掘。

1978年，开封地区文管会、新郑市文管会撰文《河南新郑裴李岗新石器时代遗址》在当年《考古》第二期上发表，提出将裴李岗遗存命名为“裴李岗文化”。

2001年，新郑市的裴李岗遗址被公布为20世纪百项考古大发现之一、河南省十大考古大发现之一以及全国重点文物保护单位。

山东文明之源的后李文化

后李文化因发现于我国山东省淄博市临淄区后李文化遗址而得名，其分布范围主要在泰沂山系北侧的山前地带，距今8500年至7500年之间，前后延续1000多年时间。

后李文化玉锥

后李文化是山东地区最早的新石器时代文化和人类遗存，其年代延续之长，内涵之丰富，实为罕见，堪称海岱地区史前文化的源头。

后李文化主要分布在济南、邹平、章丘、淄博、潍坊一带，后李遗址一期遗存位于临淄区齐陵街道办事处后李官庄西北的淄河东岸的二级台阶上，面积约15万平方米。

原始人生活图

后李文化地处沂泰山系北侧山前冲积扇和鲁北平原，由于受淄河水的冲刷，遗址的西、南两侧形成高达10余米的断崖。

后李文化遗址最突出的特点是文化层次多而丰富，由上到下共分12层，包含了新石器文化遗存、两周文化遗存和晚期文化遗存三大阶段。从新石器时代早期的遗物到清代的器皿，首尾跨越了8000年。

其中的后李文化是最古老的新石器文化，它的发现将山东文化的发源年代向前推进了1000多年。

在后李文化遗存中有灰坑、墓葬、烧灶、房址、陶窑等。灰坑为圆形、椭圆形和不规则形。墓葬有小型土坑竖穴式和土坑竖穴侧室两种形制。

房址为半地穴式，不规则圆形，面积一般30~50平方米，大者50余平方米。地面为夯土，坚实较硬。

两周 周朝是我国历史上继商朝之后的一个世袭王朝，分为“西周”与“东周”两个时期。西周由周武王姬发创建，定都镐京和丰京，成王时期营建洛邑；西周末年，周平王姬宜臼从镐京东迁洛邑后，史称东周。史书常将西周和东周合称为两周。

陶窑为竖式陶窑，分窑室、火膛和泄灰坑三部分。

居住面有的经过烧烤，多发现灶址和一些陶、石器等生活用具。墓葬流行长方形土坑竖穴，排列比较整齐，个别墓室均未见葬具。死者头向多朝东，有的向北。葬式多单人仰身直肢葬。多无随葬品，少数放置蚌壳，个别见有陶支脚。

后李文化发现的陶器以红褐陶为主，红、灰褐、黑褐、青灰褐陶次之。制作工艺为泥条盘筑，器表多素面，器形以圜底器为主，仅发现少量平底器和圈足器。器类主要有釜、罐、壶、盂、盆、钵、碗、形器、杯、盘、器盖和支脚等。纹饰有附加堆纹、指甲纹、压印纹和乳钉纹。

后李文化遗址发现的新石器时代陶窑被誉为“中华第一窑”。该窑炉不仅证明淄博地区是我国属较早开始烧制陶器的地区之一，而且证明淄博地区烧制陶器的历史已有8000多年。

该窑炉结构简单、形体较小，顶部结构已毁，仅存窑膛及炉底，但四壁烧痕明显，为使用烧结所致，说明该窑炉建造其原始性。

后李文化的骨角蚌器多为凿、匕、锥、镖、刀、镰等。有少量石器，以磨制为主。种类有锤、斧、铲、磨盘、磨棒、刮削器、尖状器等。

后李文化的陶器、骨器的碎片经C-14测定距今约8500年至8200年。

原始时期石磨石棒

遗址中的植物花粉均以草本植物花粉居优势，木本植物花粉次之。可见这一时期，后李遗址的植被具有明显的草原特征，草本植物比较茂盛。

原始时期石臼

由此证明，后李文化时期气候比较暖湿，气温可能比如今高。环境一度较优美，既有旱生植物、水草及灌丛，也有低地及水体，当时居住区域，地势比较平坦，接近河边，有不少野生动物栖息与嬉戏在这里。

另外，后李文化遗址中还有一些禾本科植物花粉，其形态酷似现在的谷子。看来当时先民可能已经学会农业栽培，食物来源主要靠种植谷物，也辅以狩猎和捕鱼。

后李文化的先民就是在这样的自然环境下从事各种生产活动并繁衍生息，从而创造出了光辉灿烂的古代文化。

阅读链接

20世纪60年代，专家们就发现了后李官村遗址的存在，进行试掘后又获得了一些别具特色的陶片。此后，考古学者在山东章丘、滨州、济南等地也发现了类似的标本，这些发现，拉开了发掘后李文化的序幕。

1988年至1990年，为配合济青高速公路的建设，山东省文化厅济青高速公路工程文物工作队，对后李文化遗址进行了4次大规模的考古发掘，清理小型墓葬189座，其中包含着春秋时期的墓葬。

1992年，山东省、淄博市文物部门在临淄齐陵镇的后李家村发掘古车马遗址时，发现了一些古代陶器的碎片，经文物专家鉴定，距今约8500年至8200年。

父系氏族社会的大汶口文化

大汶口文化是在公元前4300年至前2500年的新石器时代后期父系氏族社会的典型文化形态，以发现于山东省泰安市岱岳区南部大汶口的文化遗址为代表。

其范围以泰山地区为中心，东起黄海之滨，西到鲁西平原东部，北至渤海南岸，南及今安徽的淮北一带，河南省也有少部分大汶口文化遗存。

狗形陶鬶

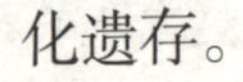

大汶口文化，使我国黄河下游原始文化的历史，由龙山文化向前推进了2000多年，为山东地区的龙山文化找到了渊源，也为研究黄淮流域及山东、江浙沿海地区

■ 大汶口文化彩陶

原始文化，提供了重要线索。与长江流域的河姆渡文化，共称中华民族的文明起源。

大汶口位于大汶河北岸，属自古有名的土质肥沃、水源充足的“汶阳田”，地下资源丰富。

大汶口文化遗址内涵丰富，有墓葬、房址、窖坑等，分为早、中、晚三期。早期以红陶为主，晚期灰、黑比例上升，并出现白陶、蛋壳陶。

大汶口文化以农业生产为主，农业以种植粟为主，兼营畜牧业，辅以狩猎和捕鱼业。在三里河遗址的一个窖穴中曾发现炭化粟。还有大量牛、羊、猪、狗等家畜骨骼。

大汶口文化遗址有许多大小不等的村落遗址，村落选择的地点有在靠近河岸的台地上，也有在平原地带的高地上。房屋多数属于地面建筑，但也有少数半地穴式房屋。

鬶 我国新石器时代陶制炊、饮两用器具，有3只空心的足，口部有槽形的“流”，也称作“喙”。主要用于炖煮羹汤镬温酒，做好后作为餐具直接端上筵席。这种器具主要流行于新石器时代。山东龙山文化的陶瓷鬶颈部加粗,有的甚至与腹部连成一体,三足有袋足和圆锥形实足,鸟嘴形流加大并朝天上扬。鋬渐粗壮，呈绞索形。龙山文化晚期的白陶鬶制作更加精美。

在呈子遗址中有一座大汶口文化近方形的房屋，房门朝南。筑法是先在地坪上挖基槽，槽内填土夯实。墙基内有密集的柱洞，室内有4个柱洞。

在大墩子的大汶口文化墓葬中有陶房模型，这些陶房模型提供了相当形象的大汶口文化房屋形状。

■尊　我国古代的一种大中型盛酒器，盛行于商代至西周时期，春秋后期已经少见。商周至战国时期，还有另外一类盛酒器牺尊。牺尊通常呈鸟兽状，有羊、虎、象、豕、牛、马、鸟、雁、凤等形象。牺尊纹饰华丽，在背部或头部有尊盖。尊器表面多饰有凸起的扉棱，雕铸着繁缛厚重的蕉叶、云雷和兽面纹，显得雄浑而又神秘。

大汶口文化的灰坑有圆形竖穴和椭圆形竖穴，原先的用途可能是储藏东西的窖穴。也有口大于底的不规则形灰坑。

大汶口文化的制陶技术较前已有很大提高。以手制为主，晚期发展为轮制陶器，烧成温度900度至1000度。器型有鼎、鬶、盉、豆、尊、单耳杯、觚形杯、高领罐、背水壶等。许多陶器表面膜光，纹饰有划纹、弦纹、篮纹、圆圈纹、三角印纹、镂孔等。彩陶较少但富有特色，彩色有红、黑、白3种，纹样有圈点、几何图案、花叶等。

大汶口文化的雕塑工艺品不仅数量多，而且有较高的艺术水平，多数是墓内的随葬品。雕塑品有象牙雕筒、象牙琮、象牙梳，雕刻骨珠、骨雕筒、骨梳，牙雕饰、嵌绿松石的骨筒、雕花骨匕、穿孔玉铲、玉珠，以及陶塑动物等。均制作精细，造型优美，是大汶口文化中颇具特色的艺术作品。

生产工具有磨制精致的石斧、石锛、石凿和磨制骨器，而骨针磨制之精细，几乎可以与今天媲美。大汶口文化时期，社会生产的劳动者性别，先后发生了很大的变化。在中期以后，随葬石铲、石斧、石锛等生产工具的主要是男性，而随葬纺轮的则主要是女性。

这说明男子已成为社会生产，特别是农业生产的主要担当者，而妇女则从事纺织等家内劳动，社会已经从母系氏族公社阶段发展到父系氏族公社阶段了。

大汶口文化晚期，随着生产的发展，私有制已经出现了。有一些大汶口墓葬里随葬有很多猪头和猪的下颌骨，这些应该是墓主人生前的私有财产。此外，随葬的私有财产还有陶器、生产工具以及各种装饰品等。

私有制的产生和发展，必然导致贫富两极分化，在氏族内部出现富有者和贫穷者。大汶口文化中、晚期的墓葬，清楚地反映了这种演变。从墓的规模看，有大墓和小墓的差别。从随葬品来看，差距更加悬殊，可见贫富分化已经十分显著。

镂雕旋纹象牙梳

黑陶和白陶是大汶口文化中晚期制陶业中出现的两个新品种，反映了当时制陶工艺的显著进步。这时的陶器已用快转陶车来制造。

白陶的出现有重大的意义，白陶上有的还有图案花纹，它为以后瓷器的制作奠定了技术基础。

大汶口文化时期，手工业经济也发展到较高的水平。制陶业、玉石制造业从农业中分离出来，成为独立的经济部门。

当时居民中盛行枕骨人工变形和青春期拔除一对侧上门齿，有的长期口含小石球或陶球，造成颌骨内缩变形。还流行在死者腰部放穿孔龟甲，死者手握獐牙或獐牙钩形器。这些习俗为我国其他史前文化所罕见。

大汶口文化中的许多刻画符号可能是古老的象形文字。在莒县陵阳河、大朱村、杭头和诸城前寨等遗址，还发现刻在陶尊上的陶文。

大汶口文化的墓葬多埋于集中的墓地。每一墓地的墓葬排列有序，死者头向一致。墓室多为长方形竖穴土坑，有的仅有棺，但也有棺椁皆备的。葬式一般为单身仰身直肢葬，也有两人合葬或多人合葬的。多人合葬，少则3人，多则达23人。

在大汶口文化的后期墓葬中，出现了夫妻合葬和夫妻带小孩的合葬，它标志母系社会的结束，开始或已经进入了父系氏族社会。

阅读链接

大汶口文化于1959年首次发现于与大汶口镇相邻的磁窑镇，后来为了方便记忆，就用了大汶口镇的名字，考古学界即将大汶口遗址及其相类同的文化遗存命名为大汶口文化。

其后，于1974年、1977年、1978年，又先后进行多次发掘研究，考古学上通常认为大汶口文化是黄帝族的一部分东迁形成的少皞族。

2009年，在江苏邳州大墩子大汶口遗址出土了一些重要器物，其中阳鸟石璧和骨雕上的阳鸟刻画，从考古遗存上对夷族的太阳崇拜和鸟图腾说提供了证据。

獐牙构形器柄上的刻符与《系辞》中八卦卦形符号相同，证明八卦起源于5000年前的大汶口文化时期，比通常认为易学萌芽于商周之际早2000余年.为研究东夷文明增添了宝贵的资料。

最早古城代表的龙山文化

龙山文化泛指我国黄河中下游地区为新石器时代晚期的铜石并用时代文化遗存，因最早发现于山东省历城区龙山镇城子崖而得名，距今约4600年至4000年。

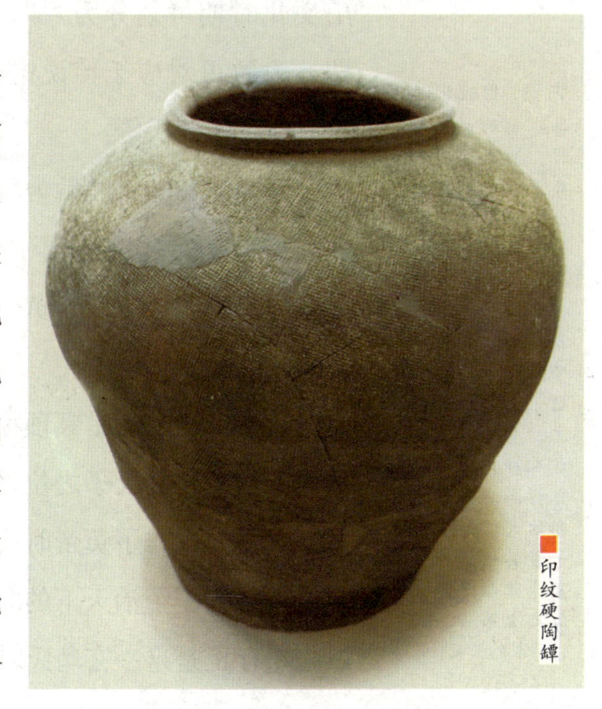

印纹硬陶罈

龙山文化广泛分布于山东、河南、山西、陕西等省。它们是继承大汶口文化的因素而发展起来的。一般将山东龙山文化称典型龙山文化；豫西地区龙山文化为庙底沟二期文化；河南龙山文化主要分布在豫西、豫北和豫东一带；陕西龙山文化或称客省庄二期文化，主要分

■兽面纹琮

布在陕西省泾河及渭河流域。

据先秦文献记载的传说与夏、商、周立都范围，汉族的远古先民大体以西起陇山、东至泰山的黄河中、下游为活动地区。而主要分布在这一地区的仰韶文化和龙山文化这两个类型的新石器文化，一般认为即汉族远古先民的文化遗存。

传说黄帝时有300年，时间上与早期龙山文化时期正相对应，即自公元前3000年至前2700年。早期龙山文化时期可划分为两期：公元前2800年之前为前期，大致可对应于传说中的黄帝轩辕氏、黄帝有熊氏、黄帝缙云氏等。

公元前2800年之后为后期，即大汶口文化晚期的前100年，大致可对应于传说中的少皞称天子时期，其中包括少皞金天氏。黄帝时代，天子之位是在各地氏族之间轮流传位的。

黄帝时代之后是颛顼称天子，颛顼源出于少皞玄鸟氏，自颛顼继天子之位之后，天子传位为玄鸟氏所垄断，这就宣告了黄帝时代的结束，从而开始进入一个尚黑的天子统治天下的时代，直至夏朝结束为止，黑陶遗存正是这一玄鸟氏时代的考古学实证。

先秦 指我国秦朝以前的历史时代，起自远古人类产生时期，至公元前221年，秦始皇统一六国为止。在长达1800多年的历史中，我国的祖先创造了灿烂的历史文明，其中甲骨文、青铜器，都是人类文明的历史标志。这一时期的大思想家孔子和其他诸子百家，开创了我国历史上第一次文化学术的繁荣。

自颛顼至舜、禹，时间上与河南龙山文化正相对应，即自公元前2700年至公元前2070年。

依据古史资料，“自黄帝至禹，为三十世”，历时约900年。而研究表明，自黄帝至禹，其年代自公元前3000年至前2070年，历时也是约900年。相当于龙山文化中的早期和河南龙山文化这两个时期。

因此，龙山文化时期，尤其是其中的早期龙山文化和河南龙山文化时期，恰好对应于传说中的自黄帝至禹的历史时期。

中原地区早期龙山文化的陶器以灰色为主，多为手制，口沿部分一般都经过慢轮修整，部分器物如罐类还采用器身、器底分别制成后再接合的“接底法”成型新工艺。灰陶的烧成温度约为840摄氏度。

早期龙山文化陶器的杯、敞口盆、折沿盆、敛口罐、尖底瓶等器形还保留、继承了仰韶文化的某些因素，而双耳盆、三耳盆、深腹盆、筒形罐则独具特色。

龙山文化陶器的纹饰以篮纹为主，有些陶器又在篮纹上面饰以数道甚至通身饰以若干道附加堆纹，主要原因用来加固器身。

龙山文化蚌镰

甑 指我国特有的蒸食用具，为甗的上半部分，与鬲通过镂空的箅相连，用来放置食物，利用鬲中的蒸汽将甑中的食物煮熟。单独的甑很少见，多为圆形，有耳或无耳。古代的甑，首先是炊具，其中的甑桶是我国古代蒸酒的器具，它是我国古代人们的伟大创举，它使远古的“低度酒”向高度酒发展，迈出了历史性的一步。

晚期龙山文化的陶器以灰陶器为主，红陶已占有一定比例，黑陶器数量有所增加。灰陶和红陶的烧成温度均达1000摄氏度。

仍以手制为主，但轮制技术革新得到了进一步发展，部分陶器已采用模制成型。主要器形有杯、盘、碗、盆、罐、鼎、甑、器盖、器座及新出现的鬲等。纹饰以绳纹、篮纹为最普遍，还见少量方格纹。

山东龙山文化的陶器在制法上有了很大的进步，普遍使用轮制技术。因而器型非常规整，器壁厚薄也十分均匀，产量和质量都有了很大提高。

山东龙山文化陶器以黑陶为主，灰陶不多，还有少量红陶、黄陶和白陶。其中，黑陶的烧成温度最高为1000摄氏度。黑陶是陶胎较薄、胎骨紧密、漆黑光亮的黑色陶器。它在龙山文化陶器中制作最为精美。

龙山文化环形饰

黑陶在烧制时采用了封窑烟熏的方法，器表呈现出深黑色光泽。黑陶表面磨光，朴素无华，纹饰仅有少数弦纹、划纹或镂孔。黑、薄、光、纽为黑陶的四大特点。

黑陶有细泥、泥质、夹砂3种。其中有一种细泥薄胎黑陶，表面光亮如漆，薄如蛋壳，称为“蛋壳黑陶”，代表着这一类型陶器的杰出成就，反映了当时高度发展的制陶业的水平，是我国制陶史上的顶峰时期。

“蛋壳黑陶”以素面或磨光的最多，纹饰较少，主要有弦纹、划纹和镂孔等几种。器形较多，主要有：碗、盆、罐、瓮、豆、单耳杯、高柄杯、鼎等。

尤其是龙山文化遗址的黑陶艺术品蛋壳黑陶高足杯，杯壁只有0.5毫米厚，重量只有50克左右，是黑陶中的极品。不要说是4000多年前的古人，就是后来想要烧制出这样成色的陶器都非常困难。

蛋壳黑陶高足杯 我国新石器时代陶器。器形分为三部分，上面是一个敞口侈沿深腹的小杯；中间是透雕中空的柄腹；下面是覆盆状底座，由一根细长管连成统一的整体。这样的器形仅见于少数大中型墓葬，它极可能是一种显示尊贵身份的礼器。

山东龙山文化鬼脸式鼎腿、圆环状鼎足最有特色，为其他文化所罕见。

另外，龙山时期文化的最显著的特征便是城址的发现。如在山东地区，除城子崖龙山城址之外，还有日照尧王城遗址、寿光边线王城址、茌平三县发现的8座城址、临淄田旺村城址等。在河南则发现有淮阳平粮台城址、鹿邑栾台遗址、登封王城岗城址、郾城郝家台城址、辉县孟庄城址等。

龙山文化处于我国新石器时代晚期，这个时期陕

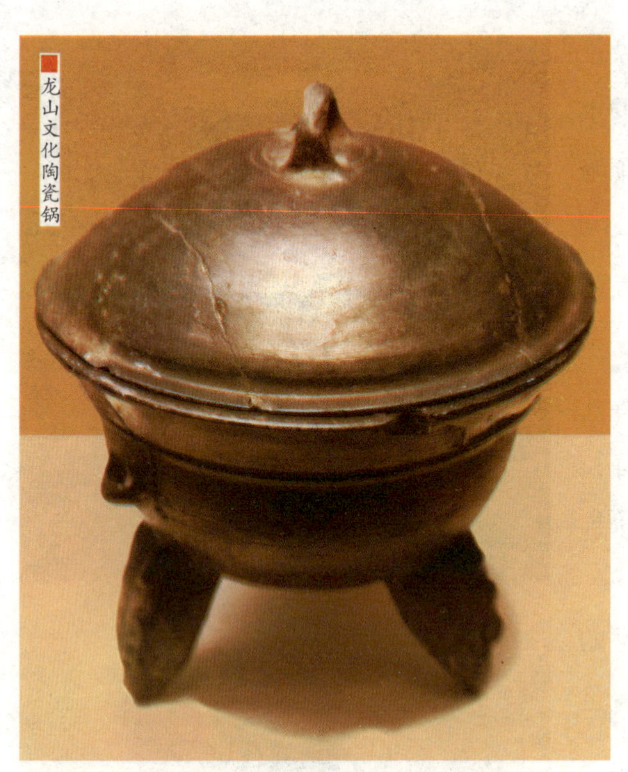
龙山文化陶瓷锅

西地区的农业和畜牧业较仰韶文化有了很大的发展，生产工具的数量及种类均大为增长，快轮制陶技术比较普遍，大大提高了生产效率。

同时，占卜等巫术活动亦较为盛行。从社会形态看，当时已经进入了父权制社会，私有财产已经出现，开始跨入了阶级社会门槛。

阅读链接

1928年，当时还在清华大学上学的吴金鼎到离山东省济南市历城县龙山镇城子崖不远的汉代平陵城遗址做假期野外考察。途经城子崖，路沟边断崖的横截面引起了他的注意，在阳光下一条延续数米的古文化地层带清晰可见。

此后，吴金鼎先后5次到城子崖实地考察，发现了大量色泽乌黑、表面光滑的陶片。吴金鼎很快就将自己的发现报告给了他的老师李济。被人称为“中国考古学奠基人”的李济是我国第一位人类学及考古学博士。

1930年，李济主持了城子崖遗址的第一次大规模发掘。至1931年，发掘最突出的代表是造型独特、工艺精美的黑陶，所以考古学家最初称其为黑陶文化。后来才被命名为龙山文化。

南北地区

我国地域辽阔，中华文明的发源地除了黄河、长江流域之外，还包括南方与北方的部分地区，如北方的东北三省，西南、东南的几个省区和我国的台湾地区。

这些地方遗存的原始文化与长江、黄河流域的古文化共同构成了我们中华民族灿烂辉煌的古代文明。

南北地区的原始文化包括新乐文化、兴隆洼文化、红山文化、甑皮岩文化、台湾凤鼻头文化、云南洱海之滨的白羊村文化等。

沈阳史前源头的新乐文化

“新乐文化”是我国北方地区的新石器文化，因辽宁省沈阳市北郊区新乐遗址的下层遗存而得名，又称新乐下层文化。

该发现把沈阳城的历史推到7200年前的新石器时期，年代为公元前5300至前4800年。这一文化已成为沈阳地区史前文化典型代表和历史源头。

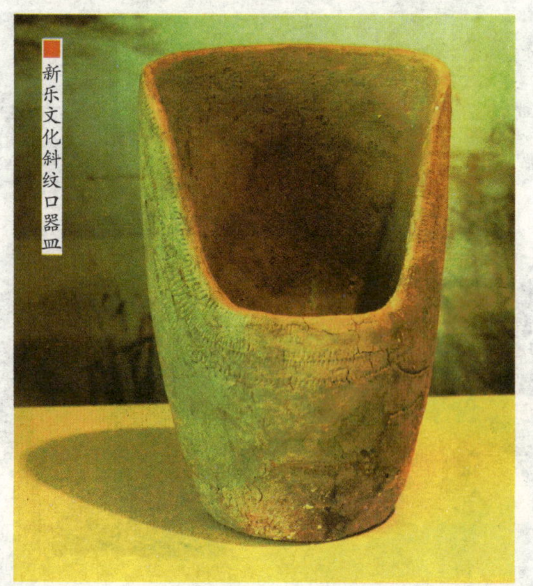
新乐文化斜纹口器皿

新乐遗址位于沈阳市皇姑区黄河北大街龙山路一号，市内北运河北岸的黄土高台地上，地处下辽河流域。

新乐遗址的分布范围，以龙山路为南线向北延伸，东以黄河北大街为起点向西至长江北街。

新乐上层文化以夹砂三足

新乐遗址复原图

陶器、磨制石器为代表，新乐下层文化以夹红褐陶压印之字纹深腹筒形罐、打制石器、磨制石器为代表，距今约7000年，遗址有半地穴式建筑多座，房址中存有石磨盘残块。

介于新乐上、下两层之间还有新乐中层文化。其中具有独特文化内涵的新乐下层文化，成为新乐遗址和新乐文化遗存的主要代表。

新乐遗址是我国原始社会新石器时代一处聚落遗址。遗址已发现多处半地穴房址，最大的面积有100平方米，中型的面积有70平方米，小型的面积有20平方米，平面呈长方形或圆角方形，中间有火膛，四周有柱子洞。

在新乐下层文化遗址中发现过炭化的谷物，在年

皇姑区 在沈阳市内，以皇姑坟得名，为简仪亲王坟。简仪亲王是努尔哈赤之弟庄亲王舒尔哈齐的第八子，亦称硕简亲王。因简亲王本名芬古，故其坟也称芬古坟。时间一久，便误传为皇姑坟。另外传说皇姑区名称由来是努尔哈赤之干女儿葬于寿泉地区，此地故名为皇姑坟。

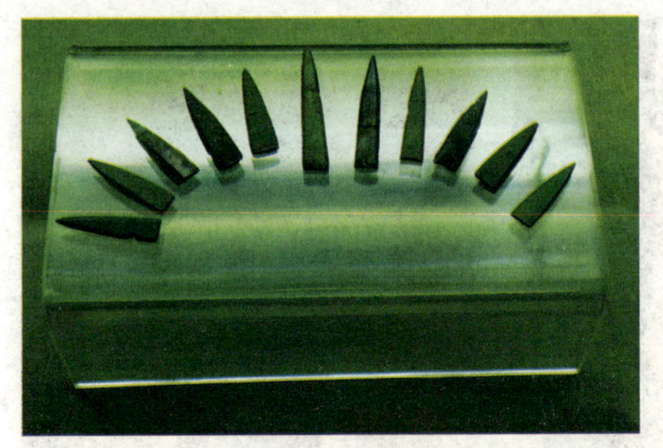

新乐遗址出土的石器

代稍晚的大连郭家村遗址上层的一个席篓内，也发现了炭化的粟。说明当时新乐先民经济生活以农业为主，渔猎是经常性的生产活动。

石制工具有打制的，也有磨制的，器形有斧、铲、凿、镞、磨盘、磨棒等；还有细石器。

新乐文化出土的陶器多夹砂红褐陶，火候较低，陶质疏松，并常饰有压印的“之”字形纹和弦纹等，种类有直口筒形深腹罐、鼓腹罐和斜口簸箕形器等。

其中的代表斜线纹高足钵，红陶衣、高足，通身饰以抹压斜线和网格纹，是新石器时代的盛食器。

新乐文化中还有少量玉器、煤精制品、木雕艺术品等。煤精雕刻艺术品有球形、耳珰形，晶莹乌亮，雕工细致，在当时条件下能制成如此精细的艺术品，使人难以置信，是我国最早的煤精工艺制品。

其中“木雕鸟”，即太阳鸟木雕，是沈阳地区年代最久的珍贵文物，也是世界上唯一保存最久远的木雕工艺品。

太阳鸟木雕从上到下都装饰了精美的花纹，木雕上的每一处纹路都刻画得十分精致，远在7000年前，人们还没有发明金属冶炼，更不可能有金属刻刀出现。那么，新乐人使用什么刀具来进行雕刻呢?

后来在遗址中发现了许多打磨精细的玉石刻刀，

镞 指我国古代兵器箭上的一个部件。镞之横截面作三角形，狭刃，十分锋利，是安装在箭杆前端的锋刃部分，用弓弦弹发可射向远处。也指我国古代最早出现的青铜兵器。青铜镞在二里头文化时期即已出现，战国时期，远射的三棱矢镞已改成铁铤。

这些石刀和玉刀刃口锋利，很像当时的雕刻工具。从玉刀的锋利程度看，很有可能远在7200年前，新乐人就是这样制作他们的工艺品的。

新乐遗址发现的太阳鸟木雕，发现时已经完全炭化。当时这个木雕不知是什么原因被火烧过，也许烧过的木雕不能再当作部落的图腾了，于是人们把它扔在角落里，被土埋上后逐渐炭化，才能保存达7000余年之久。

从各种发现看，当时的新乐人已经能够使用工具制造出火种来，这与我国古籍中钻木取火的记载十分相似。

从新乐遗址中的一些陶质斜口器中，也都有反复被火烧过的痕迹。这样的斜口器在我国同时期的文化遗址中是不多见的。

木雕鸟 我国东北新石器时代早期文化类型沈阳新乐遗址出土的木雕鸟，造型优美，形象逼真、生动活泼、做工精致、色彩鲜艳、新颖独特，刀法精致，为我国最早之木雕艺术品，弥足珍贵。所刻当为鹫鸟，应是传说中之大鹏。

原始人生活图

新乐遗址出土的器物

可能斜口器是新乐人在房穴中存放火种时所用的。也许斜口器还起到后来火炉的某些作用，如果假设成立的话，这可就是人类最早的火炉了。

新乐文化中的骨制品种类繁多。其中主要是下层房址出土的骨柄、骨锥等，它们为新石器时代骨制品。骨柄从侧面观察，很像两片骨板黏合在一起，有一道较明显的合缝，用以镶嵌细石片，作复合工具之用。骨锥体扁平，尖部弯曲锋利，是钻孔工具。

阅读链接

1972年秋，沈阳市于洪区水稻技术员、业余考古爱好者孟方平在新乐宿舍地区拆除的旧房基底部，偶然发现了几片蓖纹陶、细小石器及煤制品等并及时报告了有关部门。

沈阳市文管办根据这一线索对文物出土地点和周围地区进行了全面的考古调查，并于1973年在新乐宿舍地区进行了第一次考古试掘，确定了新乐上、下两层文化。

从1973年至1993年间，新乐遗址经过多次调查与发掘，有大量的实物资料证明在沈阳新乐地区共存在三种相互叠压的不同时期的文化遗存。

1982年，沈阳市将新乐遗址公布为市级重点文物保护单位。1984年成立新乐遗址文物管理所。同年在遗址南部建成文物陈列展厅，并正式对外开放。1986年沈阳新乐遗址博物馆正式成立。 1988年辽宁省将新乐遗址博物馆公布为省级重点文物保护单位。

我国最早真玉的兴隆洼文化

“兴隆洼文化”因首次发现于内蒙古自治区敖汉旗宝国吐乡兴隆洼村而得名，距今约8000年，是内蒙古和东北地区发现最早、保存最好的一种新石器时代文化类型。

筒形灰陶罐

兴隆洼文化是北方三大文化系统之一，它的发现表明内蒙古地区新石器时代的文化自有渊源。不但解决了红山文化的源头问题，而且进一步揭示出长城地带东段新石器时代文化极富特色的土著性和连续性，为确立西辽河文化与黄河文化平行发展，对人类起源多元一体论提供了史证。

软玉 我国是世界上崇拜玉的国家之一，而在我国古代玉制品使用的多为具有宝石价值的软玉。细小的闪石矿物晶体呈纤维状交织在一起构成致密状集合体，质地细腻，韧性好。软玉有很多种，颜色也多种多样，但都具有油脂光泽。

同时，兴隆洼文化对整个东北地区的文化起了有力的推动作用。既填补了我国北方文化空白，也将这一地区新石器时代文化向前推进了3000余年。

兴隆洼文化遗址地处努鲁儿虎山麓大凌河支流的牤牛河上游丘岗的缓坡台地上。地处平坦，视野开阔，加之附近有可饮用的泉水，故很适宜人类居住。

兴隆洼遗址除兴隆洼文化的遗存外，还保存着距今五六千年的红山文化、距今4000年左右的夏家店下层文化的居住址和城堡遗址。

兴隆洼文化是一处不可多得的原始社会聚落遗址。遗址周围有人工围沟，是这个氏族营地的界线，也是一种防御设施。这是我国大陆远古居民最早的防御设施。围沟内有成排平行排列的房屋，井然有序，每排10座左右，都是西北至东南走向。

■原始人生活图

兴隆洼文化的住房为半地穴式的方形或长方形建筑，都没有门道，可能是在房子顶部开孔，用梯子出入房间。这是我国古代建筑史上的重要发现。

房屋每间约 50~80 平方米，屋内有圆形灶坑，房址最大的140平方米。显得比黄河流域的同时期氏族居址高大宽敞。

就在这层堆积中，发现了一座墓葬，墓主人两耳处各有一件精美的玉玦，应是墓主人生前佩戴的耳饰。一件呈圆环状，另一件呈矮柱状，体侧均有一道窄缺口。

兴隆洼文化遗址中发现的玉玦、玉斧、玉锛等玉器100余件，年代为距今8200年至7400年，由此认定兴隆洼文化玉器是我国年代最早的玉器，开创了我国史前用玉之先河。

兴隆洼文化玉器皆为阳起石的软玉类，色泽多呈淡绿、黄绿、深绿、乳白或浅白色，器体偏小。

兴隆洼文化广泛分布在内蒙古西拉木伦河南岸和辽宁省辽西地区。同类文化性质的遗址还有内蒙古林

■玉玦 古玉器名，玉饰的一种。玉有缺则为玦，玦是我国最古老的玉制装饰品，为环形形状，并有一缺口。在古代它主要是被用作耳饰和佩饰。小玉玦常成双成对地出土于死者耳部，类似今日的耳环，较大体积的玦则是佩戴的装饰品和符节器。新石器时代玉玦制作朴素，造型多作椭圆形和圆形断面的带缺环形体，除红山文化猪龙形玦外，均光素无纹。

匕形玉器饰物

西县白音长汗、克什克腾旗南台子、辽宁阜新县查海遗址等。玉玦的数量最多，是兴隆洼文化最典型的玉器之一。

兴隆洼遗址发现有世界上最早的两件白玉玦，距今8200年，玉质为闪石玉，玉料来源于辽宁省岫岩县。在4号居室墓出土两件玦，在7号居室墓出土一对玦，玉料均来源于辽宁省岫岩县。

兴隆洼文化遗址的匕形器的数量仅次于玉玦，也是兴隆洼文化玉器中的典型器类之一。器体均呈长条状，一面略内凹，另一面外弧，靠近一端中部钻一小孔，多出自墓主人的颈部、胸部或腹部，应是墓主人佩戴的项饰或衣服上的缀饰。

弯条形器和玉管数量较少，均为佩戴在墓主人颈部的装饰品。斧、锛、凿等工具类玉器特征鲜明，其形制与石质同类器相仿，可形体明显偏小，多数磨制精良，没有使用痕迹，其具体功能尚待深入探讨，但不排除作为祭祀用“神器”的可能性。

在敖汉旗兴隆沟遗址采集一件锛，玉质为闪石玉的暗绿色料，玉料来源于辽宁省岫岩县。

阜新查海文化遗址，距今8200年，总计发现了50多件玉器，玉质主要是闪石玉，玉料来源于辽宁省岫岩县。

此外，在辽宁省东沟后洼遗址下层发现9件玉和大量滑石饰品，在长海小珠山下层发现斧一件，在庄河北吴屯遗址发现凿3件等，其玉质主要为闪石玉，玉料来源于岫岩县，滑石也应来自产滑石的岫岩县。

兴隆洼居室墓葬是兴隆洼文化的重要内涵之一，通过兴隆洼居室墓葬的数量及其位置看，它应与当时人类的祭祀活动有关。

还有的墓用两头整猪随葬。墓主与雌雄两头猪同穴并列埋葬，说明墓主因生前的地位和死因特殊而被埋入室内，生者为了获得某种超自然力量，便将死者作为崇拜和祭祀的对象；而人猪并穴埋葬表明，当时的祭祖活动与祭祀猎物的活动已经结合在一起，而且兴隆洼先民们对猪灵的祭祀具有图腾崇拜的意义。

在兴隆洼的房址居住面上及墓葬的陪葬品中都发现了大量的鹿、猪等动物的骨骼，因此可以确定狩猎经济在当时人们的生活中占有重要的地位。

兴隆洼先民使用的生产工具以石器为主，其中主

图腾崇拜 发生在我国古代氏族公社时期的一种宗教信仰的现象。一般表现为对某种动物的崇拜，也是祖先崇拜的一部分，图腾主要出现在旗帜、族徽、柱子、衣饰、身体等地方。而目前对于图腾崇拜的研究也是对于原始社会研究的重要组成部分，故图腾崇拜现象蕴含着重要的历史人文意义。

■原始工具玉铲

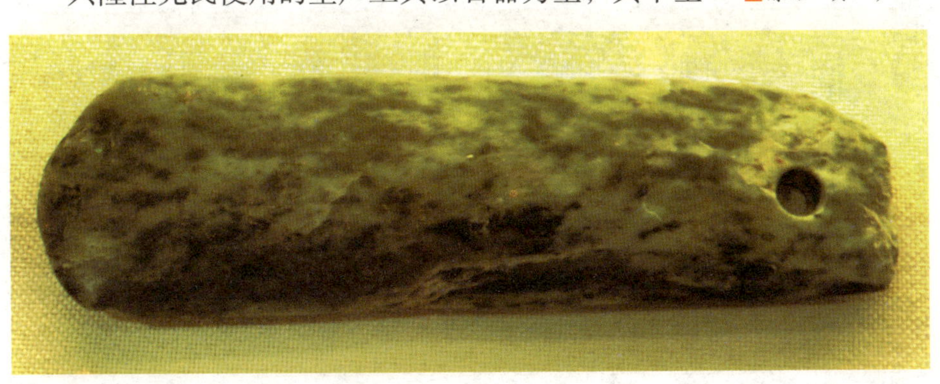

要是用于掘土的打制的有肩石锄。很多房址中都放置着这种先进的生产工具，还有石铲、石斧、石锛、石磨盘、石磨棒和圆饼形石器等。

骨器有锥、镖、针等，磨制都比较精良。在房址的居住面上，常常发现琢制的石磨盘和磨棒，有的房间里还出土了石杵。这些谷物加工工具，既可以使农作物去壳，也可以用于加工采集的植物籽实。

房址中发现较多的鹿角、狍骨和胡桃楸的果实硬壳，说明氏族营地附近广布森林，狩猎和采集经济仍占一定的比重。农业经济的发展水平与黄河流域的诸新石器时代文化大体相当。另外，兴隆洼遗址中还发现了我国最完整的蚌裙服饰，这在世界范围内同期也是罕见的。

在新查海遗址发现的一条距今8000年的兴隆洼文化石块堆塑龙，是我国最早的具有传统龙特征的龙形象。这条龙用大小均等的红褐色砾岩摆塑，呈昂首张口、弯身弓背状。

兴隆洼玉器是我国年代最早的真玉器，它标志着社会大分工的形成，使我国使用琢磨真玉器的年代追溯到了8000年前左右的新石器时代中期，为红山文化玉器群找到了直接源头。

阅读链接

1982年，中国社会科学院考古研究所、敖汉旗博物馆联合进行文物普查时，发现了兴隆洼文化遗址。从而认定这是内蒙古及东北地区时代较早、保存最好的新石器时代聚落遗址。

1996年，兴隆洼文化被国务院确定为国家级文物保护单位，并先后被列入“八五”期间我国十大考古发现、20世纪中国百项考古大发现。

龙凤呈祥之源的赵宝沟文化

赵宝沟文化是发现于我国内蒙古自治区敖汉旗赵宝沟村北的新石器时代早期文化，距今6800年左右，略晚于兴隆洼文化而早于红山文化，是继兴隆洼文化之后，在西辽河流域取得支配地位，并对红山文化发展产生过重大影响的又一支重要远古文化。

赵宝沟文化首次出现由猪首、鹿首和神鸟组合的“灵物图像”，被誉为“中国第一神图和最早的透视画”，在意识形态和绘画艺术上具有划时代意义。

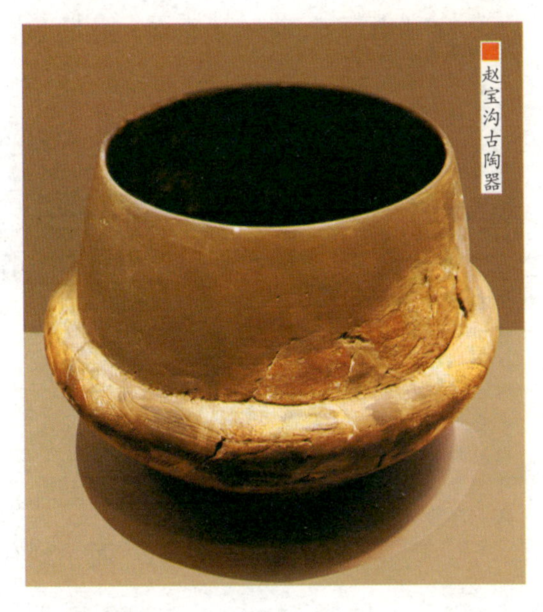
赵宝沟古陶器

赵宝沟文化的发现，明晰了内蒙古赤峰地区的文化区系，反映了7000年前这个地区先民社会结构，为探讨北方农

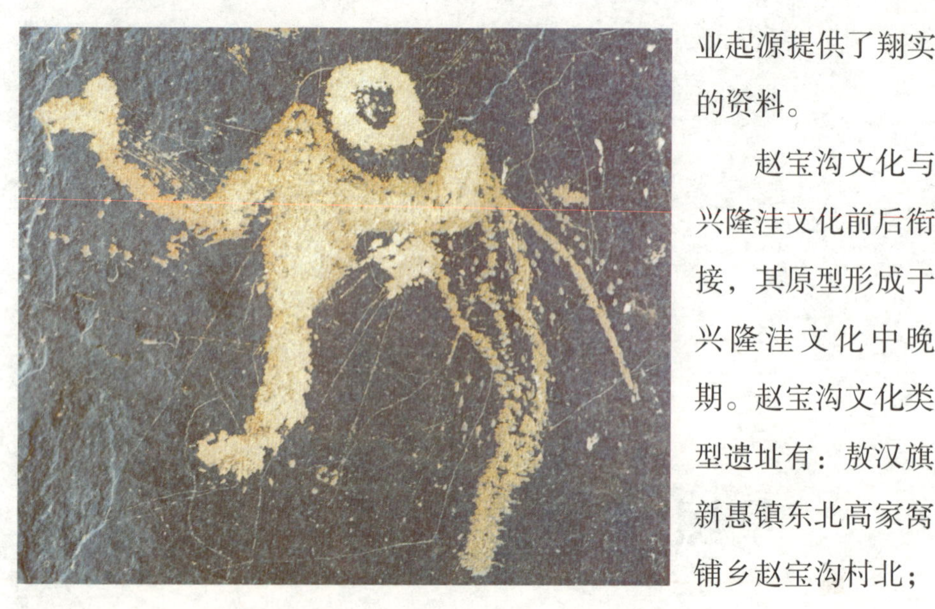

原始岩画

业起源提供了翔实的资料。

赵宝沟文化与兴隆洼文化前后衔接，其原型形成于兴隆洼文化中晚期。赵宝沟文化类型遗址有：敖汉旗新惠镇东北高家窝铺乡赵宝沟村北；兴隆洼文化遗址西南的小山遗址；敖汉旗烧锅地、南台地等。

敖汉旗 位于内蒙古自治区努鲁尔虎山脉北麓，境内有我国战国时期燕秦长城两道。敖汉还是契丹民族的发祥地之一，辽代重城武安州、降圣州均建在敖汉境内。明时，元太祖成吉思汗的十九世孙岱青杜棱偕其弟额森伟征那颜分占了原喀尔喀部所据的老哈河南北两岸之地带，号其所部为敖汉，"敖汉"汉语意思为"老大"。

赵宝沟遗址面积约9万平方米。房址平面呈方形或正方形，也有呈梯形，皆为半地穴式建筑，成排分布。

赵宝沟遗址地表遗物丰富，有陶器、石器、骨器、蚌器等，有椭圆底罐、尊形器、石刀斧等代表性器物。

赵宝沟文化石器的主要特点是磨制器与丰富的细石器共存。石质的生产工具主要有尖弧刃石耜、扁平体石斧、弧刃石刀、磨盘和磨棒等。可以看出赵宝沟文化在生产工具方面较兴隆洼文化有一定改进。

在小山遗址的房址中曾发现一件精致奇特的穿孔斧石器。此器通体磨光，表面灰色，杂以黑斑。在靠近顶端处，钻一圆孔，当为安装木柄之用。在圆孔和顶端之间的一面，刻有一人面纹，纹痕浅细，圆脸、鼻、嘴皆近三角。这件石器制作得十分精细，刃部平钝，不像是生活实用工具，似乎与宗教活动有关。

敖吉乡喇嘛板村南台地三面环山，西高东低，东望视野开阔，教来河由南向北流去，适宜于古人类的居住，也适宜于原始农业与原始畜牧业的发展。在这里发现了赵宝沟文化最著名的神兽纹陶尊。

南台地遗址上有房屋遗迹，神兽纹陶尊所在的房址在整个遗址的西部高台上。此处可能系先民们举行某些宗教活动之处，或者是崇拜祭祀的场所。

房基还有陶尊14件，其中5件刻画有神兽纹天象图案，再加上残片上的神兽纹天象图案组成“四灵”，即包含了四时天象的内容在内。主要有神兽太阳纹一件，神兽月相纹两件，神兽星辰纹一件。

“四灵”纹陶尊为中华文明和龙的起源填写了辉

神兽 我国古代最令妖邪胆战心惊并且法力无边的四大神兽就是青龙、白虎、朱雀、玄武四兽了。青龙为东方之神；白虎为西方之神；朱雀为南方之神；玄武为北方之神，龟蛇合体。故有“青龙、白虎、朱雀、玄武，天之四灵，以正四方，王者制宫阙殿阁取法焉”。

原始陶器

■龙凤呈祥　在我国传统理念里，龙和凤代表着吉祥如意，龙凤一起使用多表示喜庆之事。龙和凤合在一起，一个是众兽之君，一个是百鸟之王，一个变化多端而灵异，一个高雅美善而祥瑞，它们之间的美好的合作关系建立起来，便是“龙飞凤舞”或“龙凤呈祥”了。

煌灿烂的一笔，也为辽西古文化区玉猪龙起源提供了具体的实证。

赵宝沟文化所代表的赤峰先民主要经济形式为原始农业，狩猎经济占有一定比重。这一时期先民已存在等级高低之分，社会分工已趋明显，当时社会上已经出现了较为高级的神灵崇拜观念。

赵宝沟文化的房址和灰坑有140余处。遗物有陶器、石器、骨器和蚌器。

赵宝沟文化最著名的代表是陶器，陶器中以筒形罐、椭圆形底罐、尊形器、钵和碗为多。陶质多夹砂褐陶，手工制作。主要纹饰有拟像动物形纹、抽象几何形纹和“之”字形纹。

其中，在小山遗址的一件尊形器上，发现了非常珍贵的猪首龙、鹿首龙和高冠神鸟图绘。该尊形器直领圆唇，腹部扁鼓，下接假圈足，器表打磨光亮平滑，饰有极其精美的飞鹿、猪龙和神鸟等多种灵物图案。

器中飞鹿肢体腾空，背上生翼，长角潞目，神态端庄安详；猪龙为猪首蛇身，尖吻上翘，巨牙上指，眼睛细长，周身有鳞，神鸟奋翼冲天，巨头圆眼，顶上生冠，长嘴似钩，这三种灵物都引颈昂首，首尾相接，凌空翻飞。

另外，在南台地遗址的一件陶器，腹部饰有两只鹿纹，也是首尾相衔，做凌空腾飞之状，后部好像鱼尾，尾上三角处，有一半图形图案，外围有一圈向心射线，有如一轮金光四射的太阳。在躯干和四肢部位，有精心刻画的细网格纹，两格之间仅距1毫米，完全等距，十分准确精致，令人叹为观止。

赵宝沟文化遗址中有一件带神鸟纹的陶尊，被誉为“陶凤杯”。陶凤杯上的凤头冠、翅、尾的造型与中华传统的“凤”极为接近，已经将凤的特征完全显现，这在史前文物中还是首次发现，被誉为“中华第一凤”。

如此说来，赵宝沟文化磨光陶尊上的动物灵物图案，在某种意义上又可以视为我国最早的龙凤呈祥图案。猪首蛇身尊形器是我国发现最早的中华龙崇拜的实证之一，说明内蒙古地区也是探求中华龙起源的重要发祥地。

2006年，赵宝沟文化遗址被列为第六批我国重点文物保护单位。

阅读链接

1971年“红山玉龙”在赤峰发现后，被考古学界公认为“中华第一龙”，史学界和考古界为之震惊。可以认为，中华民族龙崇拜的起源，与赤峰地区关系极大。

2003年，在翁牛特旗解放营子乡北山村一户农民家中，当地青年企业家张军发现了陶凤杯并收藏，2004年，张军将他多年来收藏的2894件文物捐赠给赤峰市政府，陶凤杯是捐赠文物之一。

这是赵宝沟文化时期首现“神鸟”的灵物图像，经内蒙古自治区文物鉴定委员会专家鉴定，陶凤杯被初步认定为国家一级文物。自治区文物专家称：属于赵宝沟文化的陶凤杯堪称国宝级文物，它是出现在我国有关“凤”的最早的实物资料。

产生“中国龙”的红山文化

红山文化是距今五六千年间一种在燕山以北，大凌河与西辽河上游流域活动的部落集团创造的农业文化，因发现于我国内蒙古自治区赤峰市郊的红山遗址而得名。

红山文化中“中华第一龙”红山玉龙的发现，不仅找到了“中国龙”的源头，也充分印证了我国玉文化的源远流长。

中华民族向以“龙的传人”自居，龙的起源同我们民族历史文化的形成和文明

红山玉龙　我国新石器时代玉器，被誉为“中华第一龙”。红山出土的这件C形玉雕龙无足、无爪、无角、无鳞、无鳍，它代表了早期中国龙的形象。龙是中华民族精神的象征，龙的形象来源于我国先民对于“图腾”的崇拜。古代人多把对自然界的畏惧和对美好生活的希冀用一种徽号或保护神来代表，黄帝的后裔就用龙作为标记。

红山文化先民村

时代的开端紧密相关。红山玉龙对于研究我国远古的原始宗教和总结龙形发展的序列都有重要意义。

红山位于内蒙古自治区赤峰市东北郊的英金河畔，蒙古族人叫它为乌兰哈达，汉语意为“红色的山峰”，原名叫“九女山”。

传说远古时，有9个仙女犯了天规，西王母大怒，九仙女惊慌失措，不小心打翻了胭脂盒，胭脂洒在了山上，因而出现了9个红色的山峰。所以，后来都叫它“红山”。

红山文化遗址的这条玉龙墨绿色，高26厘米，完整无缺，体蜷曲，呈C字形。吻部前伸，略向上弯曲，嘴紧闭，有对称的双鼻孔，双眼突起呈棱形，有鬣。玉龙的背正中有一小穿孔，经试验，若穿绳悬起，龙骨尾恰在同一水平线上，显然，孔的位置是经过精密计算的。

胭脂 亦作“臙脂”，亦泛指鲜艳的红色。胭脂是面脂和口脂的统称，是和妆粉配套的主要化妆品。古时胭脂又称作燕脂、焉支或燕支，关于胭脂的起源，有两种不同的说法：一说胭脂源自商纣时期为燕国所产得名。另一说为原产于我国西北匈奴地区的焉支山，匈奴贵族妇女常以其妆饰脸面。

图腾 是原始人群体的亲属、祖先、保护神的标志和象征，是人类历史上最早的一种文化现象。运用图腾解释神话、古典记载及民俗民风，往往可获得举一反三之功。图腾就是原始人迷信某种动物或自然物同氏族有血缘关系，因而用来做本氏族的徽号或标志。

红山玉龙造型独特，工艺精湛，圆润流利，生气勃勃。玉龙身上负载的神秘意味，更为它平添一层美感。由于玉龙形体硕大，且造型特殊，因而它不只是一般的饰件，而很可能是同我国原始宗教崇拜密切相关的礼制用具。

玉龙以一整块玉料圆雕而成，细部还运用了浮雕、浅浮雕等手法，通体琢磨，较为光洁，这都表明了当时琢玉工艺的发展水平。

另外，在内蒙古敖汉轱辘板壕、克什克腾旗好鲁库石板山、阜新胡头沟等地红山文化遗存中也发现了数批玉雕龙、大型勾云佩等红山文化玉器。

我国古文献记载的熊、龙、龟、云、鸟等黄帝图腾，均有红山文化玉器与之对应。这些图腾性玉器反映了5500年前红山先祖的生产、生活、生育和生灵情况，而玉龙玉凤则是红山最尊崇的玉器。

红山文化先民村

在辽宁省朝阳市凌源、建平两县市交界处的牛河梁村的红山文化遗址中，人们还发现了一座女神庙，并在庙中有一尊完整的与真人一样大的泥塑女神头像，女神头像旁边还有6个大小不同的残体泥塑女性裸体群像。

红山文化泥塑女神头像

尤其是女神上臂塑件空腔内带有肢骨，因遭火焚多成灰渣，但很有可能是人骨。这就不单单是艺术造型了，女神头像可以作为研究古代中华人种学和民族史的典型标本，它使亿万中华子孙第一次看到用黄土模拟真人塑造的5000年前祖先的形象。

古籍记载中，女娲的第一大功劳就是“抟黄土做人”。而牛河梁女神带有肢骨的塑件，与古籍记载有惊人的相似。辽河流域牛河梁女神庙可能就是当时的原始古国对女娲的一种回忆、崇拜。

在距离牛河梁女神庙1000米的地方，有一座全部是人工夯筑起来的小土山，夯土层次分明，形状为圆锥形、小抹顶。上面是用三圈石头围砌起来的，每一层石头伸进去10米，高度为1米，山下面也用三圈石头围砌起来。

围绕小土山周围的山头上，还发现有30多座积石冢群址，整个积石冢群都是圆锥形、大抹顶，和古埃

女娲补天 我国古代的神话传说，水神共工造反，与火神祝融交战，共工被祝融打败了，他气得用头去撞西方的世界支柱不周山，导致天塌陷，天河之水注入人间。女娲不忍人类受灾，于是炼出五色石补好天空，折神鳌之足撑四极，平洪水杀猛兽，人类才得以安居。

红山文化玉镯

及的金字塔相比，布局都是一样的，称为“中国的金字塔”。

从“金字塔”顶向四周望去，女神庙遗址与“金字塔”在一条南北线上，而东西两侧的积石冢群址与“金字塔”等距离地排列在一条线上，这种布局使人明显地感受到“金字塔”的中心地位。

“金字塔”山上到处散布着带有红山文化特征的“之”字形纹彩陶片以及冶铜坩埚片。而“金字塔”顶部是炼铜遗址，这些与“女娲补天”神话传说中女娲炼五色石的情节十分吻合。

大金字塔周围的小金字塔群中有大批玉器。一座积石冢的中心大墓里有一具完整的男性骨架，头部两侧有两个大玉环，胸前佩戴着双龙相交的勾云形班次

回字纹 因为其形状像汉字中的“回”字，所以称之为回字纹。这里指的是装饰柱头的一种花纹。由单体回纹以间断排列的形式组成边饰，有的回纹呈规矩的方形，有的为减笔式回纹，有的回纹以变形手法绘制。

佩，头的上部有玉箍，腕部有玉镯。

同时，死者双手各握一玉龟，一雌一雄，相配成对。这对玉龟可能是当时的氏族部落集团的图腾崇拜物或保护神。

在另一座积石冢里，有20余件玉器，死者的胸部也佩置一碧绿色玉龟。但这两座积石冢中出土的玉龟均无头无尾无足，浑然一体。这个无头无尾无足的玉龟也与神话传说中女娲补天时“断鳌立极”相契合。

老哈河东岸的敖汉旗白斯朗营子村南，四棱山前起伏不平的沙丘上，有一处红山文化的窑场，共有 6 座窑址。从这些结构各有差异的陶窑及出土的陶器来看，制陶业已经有相当大的规模了。

红山文化的陶器有泥制红陶、夹砂灰陶、泥制灰陶和泥制黑陶四类。饰细绳纹、刻画纹和附加堆纹，由细绳纹组成的菱形回字纹已初具雷纹特征。器物为夹砂灰陶直筒罐类、钵盆和镂空豆类、壶类以及器座、盂、尊、双耳大口罐形器。晚期出现大平底盆，大敞口折腹浅盘细柄豆，并出现有彩绘陶。

红山文化的磨制石器和细石器共存，有打制石器，有四边起棱，

断鳌立极 华夏龙族古老的神话传说。女娲补天时，天下苍生遭受了天崩地裂的特大灾难，许多爬行动物纷纷灭绝了。唯有鳌龟几经考验，顽强地生存了下来。因为鳌龟身有甲壳保护，它们行动时可以伸展四足，遇到危险时只要缩回头足，就可以安然无恙，于是女娲斩下了一只大龟的四脚，把它们当作四根柱子把倒塌的半边天支起来了。

■ 红山文化彩陶盖罐

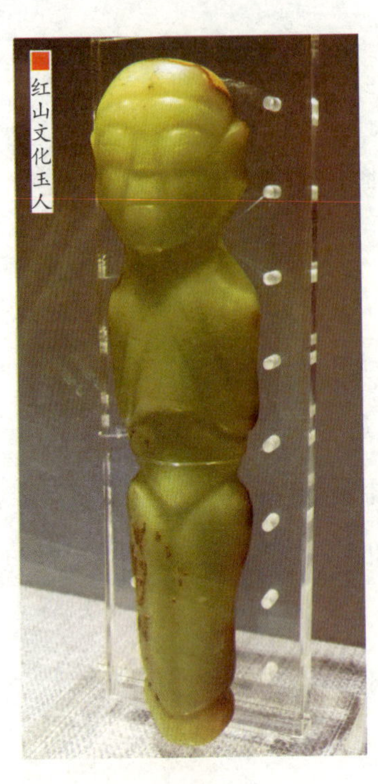
红山文化玉人

横截面呈长方形的磨制石斧、石耜、出现磨光石铲，细石器有石镞和骨柄刀的石刃。石刃加工精致。联系陶器上出现的猪首陶塑，反映其经济生活为农牧结合兼营狩猎。

朝阳田家沟红山文化墓地群有4个墓地地点，墓葬中的一件蛇头形耳坠在红山文化的玉器当中是第一例，这和《山海经》的耳双蛇的记载相关。

红山文化出土的猪龙玦形器，在辽宁、内蒙古和河北等地均有发现，它可能是由猪的形象再度被神格化所衍生而来的，或者是“龙”在早期神话传说阶段的形象。

红山文化遗址还出土了鸟、龟、虎形佩和鱼形石坠等小型的动物形象作品，它们主要是用玉或绿松石雕刻而成的。另外，猫头鹰是红山文化主要图腾崇拜物，玉猫头鹰在红山文化出土数量最多。

红山文化时期，人们恐惧黑暗，希望在黑暗中看清一切；希望能

红山文化玉佩

够像鸟儿一样飞起来避免受到伤害；又希望像雄鹰一样轻易地捕捉到猎物。而猫头鹰具备这一切优势，猫头鹰是辽西地区普遍存在的猛禽，又给人以通达天地阴阳的神秘感。所以，红山文化时期先民们寄希望于猫头鹰能够给予自身与自然界抗争的神奇力量。

红山文化白玉猪龙

红山文化代表了已知的我国北方地区史前文化的最高水平，对中华文明起源史、中华古国史从4000年前提早到5000年前。红山文化的发现，也使西辽河流域与黄河流域、长江流域并列成为中华文明的三大源头，被称为“东方文明的新曙光”。

阅读链接

20世纪初，赤峰当地喀喇沁蒙古王公聘请了一位叫鸟居龙藏的日本学者来讲学，他在红山附近地面上发现了一些陶片。

1930年冬，梁启超的儿子梁思永从美国留学归国后，开始研究考古学，他收集了一些鸟居龙藏的资料后，参加了中国科学院考古组，到过林西、沙拉海、锅撑子山一带，发现了一些陶片。新中国成立后，梁思永任中国考古所副所长，为我国考古学家尹达出版《中国新石器文化》一书作序。两位学者论述了东北这一文化现象，属于长城南北接触产生的一种新文化现象，并提出定名为“红山文化”。

1971年，内蒙古赤峰翁牛特旗三星他拉村在植树时，意外挖掘出一件大型碧玉雕龙。这条玉龙被考古界誉为红山文化象征的“中华第一龙”，赤峰也因此被誉为“中华玉龙之乡”。

桂林历史之根的甑皮岩文化

甑皮岩文化是发现于广西壮族自治区桂林独山西南麓洞穴的新石器时代早期文化，距今10 000年至7450年。甑皮岩文化确定了生活在甑皮岩原始人的具体年代。

原始社会生活浮雕

甑皮岩文化是华南地区新石器时代早期非常有代表性的文化，不仅出现的时间早，而且存续时间长，达5000年之久，它甚至比河姆渡文化和半坡文化延续时间都长，而且它本身在原地不断进化。因此被称为“华南及东南亚史前最重要的标尺和资料库之一”。

甑皮岩位于独山西南山脚，这里地势开阔，山林茂密，水池荡漾，远古时代的甑皮岩一带蕴藏十

原始人类生活复原图

分丰富的动植物资源，为先民们提供了充足的食物来源，加上适宜的宽敞洞穴和温暖的气候，甑皮岩先民得以在此生生不息。昔日的甑皮岩，不愧为远古先民的乐园。

甑皮岩遗址是新石器时代桂林先民的一处居址和墓地，在这里，人们一共发现了29座人类墓葬，有人类骨骼30具。

据对洞穴内发现的30具古人类遗体测定，这些古人的死亡年龄一般在四五十岁，个别甚至超过60岁。其中确定6例为成年男性，5例为成年女性，3例为幼童，其中中年或老年10例，壮年1例。至少有4例头骨可看出比较明显的人工伤痕。

墓葬中有一处石器加工点及火塘、灰坑等生活遗迹，还有打制和磨制石器、穿孔石器、骨器、角器、蚌器等数百件。

半坡文化 属于黄河中游的仰韶文化，显示出北方地理环境的特色，可以说是北方农耕文化的典型代表。半坡遗址是我国唯一保存完好的原始社会遗址，也是黄河流域规模最大、保存最完整的母系氏族公社村落遗址。

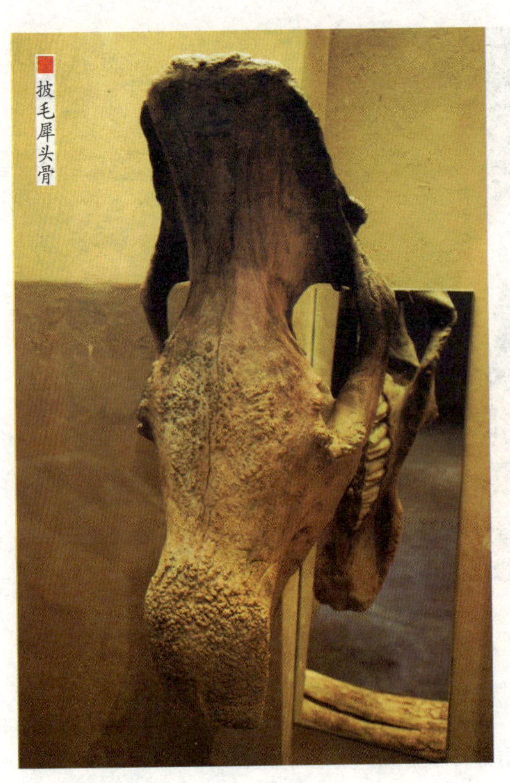
披毛犀头骨

蚌壳的年代为距今11 000年上下，说明这是一处位于岭南的新石器时代文化遗址，年代竟然超过万年。

另外墓葬中还有捏制和泥片贴筑的夹砂质和泥质陶器残片上万件，以及人类食后遗弃的哺乳类、鸟类、鱼类、龟鳖类、腹足类和瓣鳃类动物骨骼113种。兽骨分别为虎、棕熊、爪哇豺、水獭、麝、獐、黄牛、羊以及犀牛等。

甑皮岩遗址的猪不是野猪，而是人工饲养的家猪，是我国境内年代最早的。但是，尚处在驯化的初级阶段，可见甑皮岩人的饲养业并不兴旺。

甑皮岩遗址的动物群非常丰富，因此被特殊命名为“甑皮岩遗址动物群”。其中的哺乳类动物均属于喜暖动物，由此可见，那时桂林地区的气温比如今桂林要高些，而与现在云南西双版纳的气温近似。在桂林鹿科中，发现一种新属种，已定名为“秀丽漓江鹿”。

由此可见，甑皮岩居民的经济方式是以狩猎、采集和捕捞为主的综合经济，但逐渐掌握了家畜饲养技术，开始驯化猪，并可能在距今7000年前有了原始的农业生产。

这些遗迹、遗物依地层和文化特征可划分为五期，由此可勾勒出公元前10 000年至前5000年间桂林原始文化的发展轨迹。

在第一期发现一件破碎的捏制夹粗砂陶容器，是我国发现的最原始的陶容器实物之一，年代在公元前10 000年至前9000年。

在第二至第四期的陶器大部分用泥片贴筑法制坯，露天堆烧法烧制，显示出公元前9000年至前6000年间桂林陶器制造技术的发展。

第五期进一步出现用慢轮技术修坯的泥质陶器，纹饰除传统的绳纹、篮纹等编织纹外新出现式样繁多的刻画纹、戳印纹、捺压纹，如干栏纹、水波纹、曲折纹、网格文、弦纹、乳钉纹、篦点纹、附加堆纹等，器型富于变化，有罐、釜、盆、钵、圈足盘、豆、支脚等器类。

第五期的磨光石斧、石锛、石矛、石刀、骨镖、骨镞、骨锥、骨针制作精良，蚌匙全国仅见。第五期文化代表了公元前6000年至前5000年间桂林史前文化的最高水平。

墓葬发掘于第四、五期，墓坑形状均为不太规则

屈肢蹲葬 我国南方母系氏族公社时期的一种丧葬习俗。古人以为，人死后是一种不醒的长眠，生前日常休息是蹲坐姿势，死后也应按其生前的休息姿势去安葬，使死者得到安息。广东连山的瑶族、四川木里的普米族、云南永宁的纳西族，1949年之前都流行过类似的屈肢蹲葬葬俗。

原始狩猎浮雕

的圆形竖穴土坑墓，葬式为其他地方少见的屈肢蹲葬，人骨架多数保存较好，一些头骨上有人工穿孔。

编年史 是对纪年的统一的体裁，是一种形象化的历史记录方式。特点是以时间为经、以事件为纬来记载历史事件。有利于读者按照事件发展的先后顺序了解历史事件，便于了解历史事件间的互相联系；但是不便于集中描写人物、事件，一个人物、事件分散在不同的年代，读者不易了解其全貌。

研究表明，“甑皮岩人”属于南亚蒙古人种，并且具有非洲赤道人种的一些特征，是现代部分华南人和东南亚人的祖先，也有可能古代桂林人是东非走出来的晚期智人的一支。

甑皮岩洞穴遗址出土的大量遗物，给人们展现了一幅桂林原始居民的生活图景。他们集体劳动，过着以渔猎和采集为主的生活，后来则过渡到农业和驯养开始萌芽的阶段。由于当时的人类使用的工具主要还是石器，生产力十分低下。

那时，青壮年的男人成群结队，手持木棒、石矛等，每天出没于山野密林和湖沼河旁，围捕野兽，打捞鱼虾，而妇女主要从事采集、制造陶器、养老抚幼

■原始箭杆矫正器

等活动。

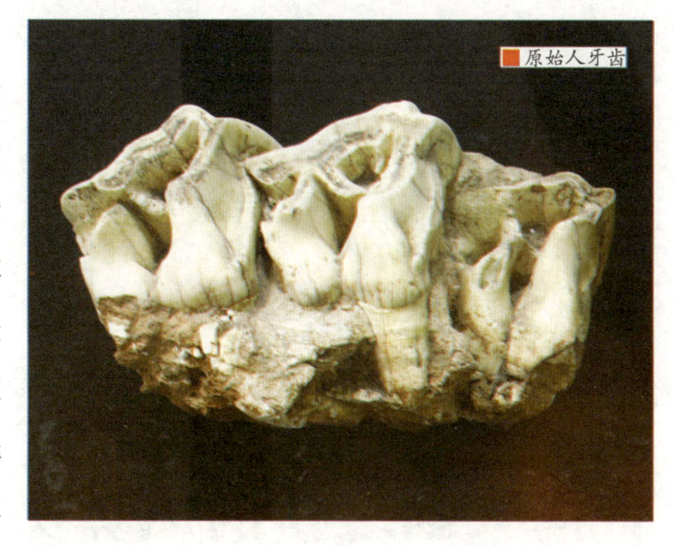
原始人牙齿

在甑皮岩先民的葬俗中有妇婴合葬的现象，一个中年妇女葬后，又将先葬于其他地方的一个婴儿迁到妇女身边合葬，这种情况表明甑皮岩先民尚处于母系氏族社会阶段。

另有两座墓葬中成年女性遗骸上撒赤铁矿粉末的现象，这和旧石器时代的北京山顶洞人的遗风一样，是一种隆重的葬礼，更说明妇女在当时享有崇高的社会地位。

甑皮岩不同地层的堆积反映了不同时期远古先民的文化面貌和生产力状况。因此，从某种意义上来说，甑皮岩遗址就是一本史前文化的编年史。

阅读链接

1965年，桂林南郊的大风山小学，人们想利用附近独山下一个叫甑皮岩的天然洞穴构筑防空洞，为此组织了一次爆破。几声爆炸过后，人们惊奇地发现，碎土中暴露出许多人骨、人牙、兽骨和陶片。

1973年至1975年，由广西壮族自治区文物工作队和桂林市文物管理委员会进行抢救性发掘并定名为“甑皮岩文化”。

2001年，桂林市甑皮岩遗址为全国重点文物保护单位；2002年，获得国家文物局颁发的国家田野考古二等奖。

台湾大陆之桥的凤鼻头文化

凤鼻头文化分布于我国台湾省中南部海岸与河谷地区，跨越分布在台湾岛西海岸的中南部，自大肚山起向南到台湾岛南端及澎湖列岛。其年代在公元前2500年至公元1600年左右。其典型代表是高雄林园区凤鼻头遗址。

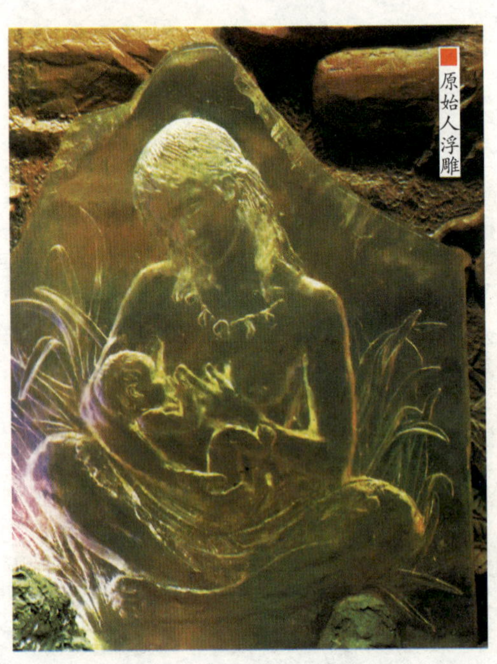
原始人浮雕

凤鼻头文化呈现了台湾西南部史前文化的发展。就类型而言，这一文化在时间上可分三期：自公元前2500年至前1500年左右为第一期，自公元前1500年左右至公元初年为第二期，自公元初年至十六七世纪汉文化大量传入为第三期。三个时期的文化遗存，都呈现着鲜明的大陆风格。

远古人类捕鱼场景

凤鼻头也称“中坑门”，位于高雄林园区中门里中坑门聚落北侧，凤山丘陵南端前缘缓坡处，为一处海升后冲积平原所形成的台地，至今约有3500年至2000年的历史。

凤鼻头遗址有新石器时代早期至晚期之大坌坑文化、绳纹红陶文化、夹砂红灰陶文化及凤鼻头文化等不同文化，遗址面积也非常广泛，是台湾地区重要的史前遗址之一。

第一期以细质红陶为主要特征，分布于大肚山至鹅銮鼻台湾西海岸的中南部。代表性的遗址有台中牛骂头遗址下层、南投草鞋墩遗址、高雄凤鼻头遗址的中层、屏东的垦丁和鹅銮鼻遗址。

在遗址的居住区，发现一处房子的遗迹，长方形，东西向，看上去是干栏式建筑。在台南的一个遗址里，还发现了粟粒遗迹。

从农具和粟粒看，那时台中、台南的远古居民的生活，已经从以采集渔猎为主，发展到以农耕为主，兼营渔猎。墓葬中已有石板棺，还有精致的陶器作为殉葬品。一些齿骨上有了拔牙的痕迹。

这一带红陶质地细腻，不含粗砂，色泽橙红或深粉红。橙红的多磨光，深粉红的多未经研磨。从制作工艺看，多以泥条或泥环盘结叠筑，外面抹平。

■原始古陶器

陶器纹饰有绳纹、席纹、刻画纹和附加堆纹，个别陶片上还绘有深红色的勾连形图案或平行线。

陶器的器形主要有碗、壶、瓶、罐、鼎等。这些红陶酷似祖国大陆东部沿海原始文化遗存。

如果将凤鼻头文化与我国青莲岗文化，特别是较早期的青莲岗和马家浜文化中的红陶陈列在一起，人们会惊异地发现：海峡两岸，原来竟是一群“同胞姐妹”。所不同的，只是来自凤鼻头的一群更“年轻”一些。

第二期以素面和刻纹黑陶为主要特征，广泛分布于台湾省中南部各地。代表性的遗址有台中营脯、南投大马璘、台南牛稠子贝丘、高雄大湖贝丘、桃仔园贝丘以及凤鼻头贝丘的第三、四层等。

从遗址的分布与遗存看，这种黑陶文化所使用的自然资源要比红陶文化为广：

其一，黑陶文化的遗址不仅分布于海岸和河口的台地，而且伸入了河流的中游地区与高地。

其二，黑陶文化遗址处有很多贝丘，说明这个时代的住民对自然资源利用的规模，比上一时期显著扩大了。

其三，黑陶文化在岛内各地的变异较大。尽管名之为黑陶，在同一风格之下，却还有红陶、橙黄陶、

贝丘 又称贝冢，我国古代人类居住遗址的一种，以包含大量古代人类食剩余抛弃的贝壳为特征。大都属于新石器时代，有的则延续到青铜时代或稍晚。根据贝丘的地理位置和贝壳种类的变化，可以了解古代海岸线和海水温差的变迁，对于复原当时自然条件和生活环境也有很大帮助。

彩陶、棕陶等各种形制。

这种变异应视为各遗址住民对本区域特殊资源的充分开发和利用所致。黑陶文化的标志性器物是各遗址均有发现的黑皮磨光陶。该陶通体打磨、光泽黑亮、质硬胎薄。最薄的仅两三毫米。显示了较高的制作水平。黑皮磨光陶以轻便和单位容量大而著称。

另外，在制作技术方面，黑陶文化中首次显示了使用慢轮修整的痕迹，这对于台湾地区来说是一个不小的进步。

凤鼻头文化第三期以印纹和刻画纹灰黑陶为主要特征，它们所代表的年代大约在公元初年至十六七世纪之间，由于年代的晚近和汉文化的大量涌入，台湾这一期的原始文化遗存大都被近现代文化的潮水淹没了。

古越族 我国的一个古老民族，主要分布在北起江苏省，南至越南的近海地带。后来的广西壮族，是典型的岭南古越族后裔，他们的远祖，是西瓯越和骆越这两个部落。越族或百越族都只是一种泛称。实际上越人并没有形成统一的民族，但他们有着共同的族称，在中华民族的形成中有重要的历史地位。

从出土的陶器看，其特征为灰、黑几何印纹陶，以方格纹为主。这种陶器不仅与华东青莲岗、福建昙石山出土的几何印纹陶属于同一类型，而且在我国江南地区分布极为广阔。

几何印纹陶的创造者是古越族，越族第三次大举赴台是公元前110年以后的事情，这一时间与凤

■ 原始时期陶罐

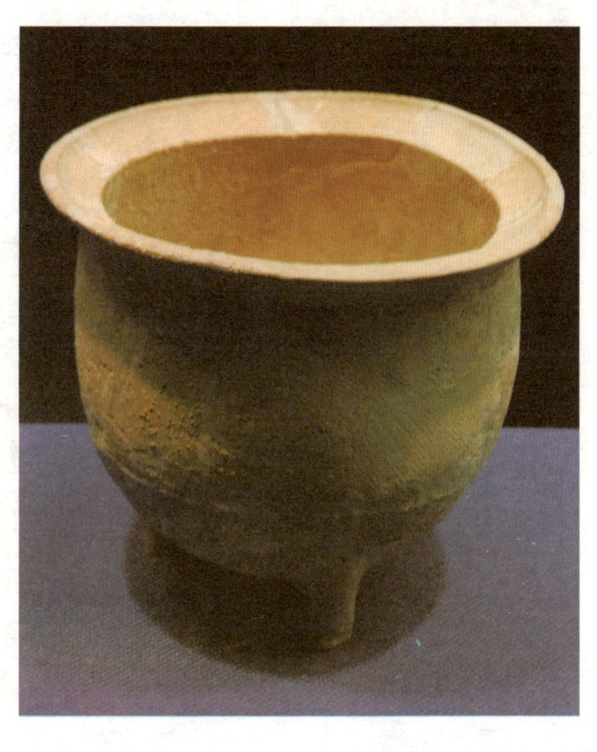

原始黑陶

鼻头第三期文化的考古年代大致相合。而且很有可能，渡台之后的越人与大陆越人始终保持着经常的联系，这种民族交流必然促进文化的交流。

凤鼻头文化第三期陶器遗存有限，但在上述各遗址中却普遍伴存着铁器和玻璃珠。这说明台湾平埔人与汉人颇有渊源，受汉文化影响深重。其铸铁技术是由大陆传入无疑。

从凤鼻头文化的发展不难看出，台湾的古文明和祖国大陆东南、华南地区的古文明属于同一文化系统，是光辉灿烂的中华文化中的一部分。

阅读链接

很早，于凤鼻头挖掘壕沟时，最先发现古代文物。

1965年，考古学者张光直曾有计划发掘得知，凤鼻头遗址有大坌坑文化、绳纹红陶文化、夹砂红、灰陶文化等不同文化，遗址面积亦广，为台湾地区重要的史前遗址之一。

1991年，黄士强与刘益昌两位教授针对遗址范围与文化做研究，其所出土的遗物为台湾南部地区较早发现的，并含有新石器时代早期至晚期之大坌坑文化、牛稠子文化凤鼻头型及凤鼻头文化三个文化层，呈现台湾西南部史前文化之发展。

云南文明起点的白羊村文化

白羊村文化位于云南宾川城东北的金牛镇桑园河东岸白羊村，属于我国西南洱海地区公元前2200至前2100年的新石器时代文化，是我国云贵高原地区所知年代较早的以稻作农业为主的文化遗存。

白羊村文化遗址是滇西洱海地区内涵比较丰富、文化特征鲜明的一处典型遗址，也是云贵高原地区年代较早的以稻作农业为主的文化遗存。它是宾川文明的起点，也是云南文明的起点之一。

宾川盆地位于洱海之东、金沙江之南的宾居河沿岸，四周高山环抱，宾居河由南向北注入金沙江。气候炎热，无霜期长，土质肥沃，

原始人使用的石器

祖先头颅崇拜
祖先崇拜是指一种我国原始宗教习惯，基于死去的祖先的灵魂仍然存在，仍然会影响到现世，并且对子孙的生存状态有影响的信仰。祖先头颅崇拜是其中一种比较特殊的形式，认为头颅是祖先生命、灵魂和地位的象征。

宜于农耕。

白羊村遗址位于宾川县城东北的宾居河东岸，系一河旁台地。遗址面积约3000平方米。1973年发掘了290平方米。文化层厚达4.35米，分为早晚两期。

在发掘区内，发现房址、火塘、窖穴、墓葬等遗迹现象。遗址出土的遗物有陶、石、骨、角、牙、蚌器共516件。石器以磨制为主。

遗址共发现房址11座，均为长方形地面建筑，一般面积10多平方米。四周立木柱，柱间编缀荆条，两面涂草拌泥构成墙壁。

这些房址早期墙基多开沟槽，沟底挖柱洞。晚期墙基无沟槽，直接在地面上挖柱洞，或是在四周地面上铺垫石础，再立木柱。

还发现有残存灰白色粮食粉末和稻壳、稻秆痕迹的窖穴，多分布在房址附近。另外遗址多处发现猪、狗、牛、羊等家畜的遗骨。

原始社会器物

白羊村文化有墓葬34座，均属晚期，都无随葬器物。葬式复杂多样。24座竖穴土坑墓中，除二次葬和完整骨架的单人、双人仰身直肢葬外，以仰身直肢或屈肢的10座无头葬最为特殊。

无头葬这种现象是祖先头颅崇拜把死者头

取下供奉所致，或者是猎头习俗或战争频繁造成的。无头葬主要是成年男性，也有成年女性和小孩儿；多数为单人，有的则是2人、3人以至多人的合葬。

白羊村文化遗址墓葬中还有瓮棺葬10座，绝大多数为幼童，个别的是成人瓮棺二次葬。

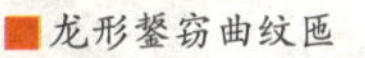
龙形鋬窃曲纹匜

白羊村遗址发现生产工具中，石刀数量众多且独具特色。其中收割用的新月形穿孔石刀最具特色，它以新月形凸刃双孔或单孔石刀为主，少数为穿孔圆角长条形。

陶器处在手工制作阶段，陶器均夹砂，褐陶最多。绳纹、划纹较普遍，还有富于特点的点线纹和篦齿纹，器形有罐、圜底钵、圜底匜、敞口缸等。

白羊村遗址文化特征主要有四点：一是以石斧、锛、刀、镰和制作精细的各式石镞为主要代表。二是陶器以夹砂陶为主，手制，仅晚期个别器物口沿有慢轮修整痕迹。器形以各式陶罐、大陶缸、浅腹大平底陶皿、圜底钵、陶匜为典型器物，亦有少许圈足与三足器。三是房址系长方形的地面木构建筑，早、晚期均有排列密集的木柱，再编缀荆条，于两面涂草拌泥而成木胎泥墙。晚期出现铺垫石础的房址。四是成人墓的葬式多样，其中无头葬式尤为独特，幼童并行土坑葬与瓮棺葬，均无随葬品。

石斧 是远古时代用于砍伐等多种用途的石质工具。斧体较厚重，一般呈梯形或近似长方形，两面刃，磨制而成。多斜刃或斜弧刃，亦有正弧刃或平刃。古代石器在经过长时期的劳动实践之后，产生了“美”的形式。

原始人收割稻谷场景

白羊村遗址中的古稻谷是云南出土较早的古稻谷之一，它填补了多项空白，在亚洲栽培稻起源研究中占有十分重要的地位，再次充分证明了我国稻作栽培的悠久历史。

阅读链接

1972年春，白羊村农民发现白羊村遗址。1973年和1974年，考古工作者开始发掘。

2006年，白羊村遗址作为新石器时代古遗址，被国务院批准为第六批全国重点文物保护单位。

为了更好地保护好这一珍贵的文化遗产，2010年，宾川县编制了《全国重点文物保护单位宾川县白羊村遗址文物保护规划》。提出在原址上建白羊村文物管理中心，金沙江及洱海地区史前文化的重要展示地，并将其建成宾川仅次于鸡足山的重要旅游目的地、云南省爱国主义教育基地及文物保护和旅游为一体的文物展示基地。

人文始祖崇拜与信仰

伏羲

伏羲又作宓羲、庖牺、包牺、伏戏，亦称牺皇、皇羲、太昊，《史记》中称伏牺，姓风氏，所处时代约为旧石器时代中晚期。

相传伏羲人首蛇身，与其妹女娲成婚，生儿育女，成为人类的始祖。由于人首蛇身是原始图腾形象的反映，“蛇身”寓意“龙身”，故华夏民族有“龙的传人”之说。

伏羲是华夏民族敬仰的人文始祖，他根据天地万物的变化，发明创造了八卦，并教会了人们渔猎的方法，同时他还是中医学的创始人，在中华民族追求文明和进步的进程中，具有奠基和启蒙之功，被誉为“百王先”“三皇之首”“上上圣人”等。

雷神感应而诞生伏羲

传说盘古开天辟地多少年之后，天下仍然十分荒凉，人间都处于蒙昧时代。于是，玉皇大帝便派圣母带着仙犬下凡管理人间，让人类不断开化。在人间，后来叫陕西蓝田的这个地方有一个风兖部落，女首领叫华胥氏。她年轻有为，与族叔风偌率族人们逐水草而居，过着游牧的生活。

盘古画像

风兖部落的名称源于对自然的崇拜，因为当时的人们对自然的强大力量感到非常神奇，于是对风、雨、雷、云等自然现象充满了崇拜，并赋予了神话般的说法。他们崇拜风，就把自己的部落取名叫“风兖”。

圣母便投胎到华胥部落女首领之家，成了部落女首领的女儿，人称华胥姑娘。随着华胥姑娘的长大，她出落得越来越美丽。

在离华胥部落很远的地方，有个大湖叫雷泽，即后来的甘肃，雷神就居住在里面。当雷神不顺心时，雷泽就浊浪滚滚，汹涌起伏。要是雷神震怒时，水灾就更加厉害了。

美丽的华胥姑娘就要求前往雷泽国，她想说服雷公不要随意发怒，危害人间。在一次雷泽发大水时，华胥姑娘找到了雷神，她的胆大和直率感动了雷神，但雷神让华胥姑娘嫁给他。华胥姑娘为了人们的安危，便嫁给了雷神。

盘古开天辟地雕塑

有一天，华胥姑娘到雷泽去游玩，偶尔看到了雷神的一个巨大脚印，便好奇地踩了一下。雷神透过脚印感应到华胥姑娘也在此，便让天上的彩虹飞下来绕住了华胥姑娘。雷神领着华胥姑娘进到了华池，在华池，华胥姑娘与雷神交合后怀孕了，而这一怀孕就怀了12年。

华胥姑娘在农历三月十八日生下一个人首蛇身的男孩，原来雷神的真身就是龙身人头的。雷神看到自己儿子继承了自己的模样便非常高兴，脾气也越来越好了。华胥姑娘的妈妈听说有了外孙，就十分想念，

盘古 我国民间神话传说人物，是开天辟地的巨人，最早见于三国时期吴国徐整的著作《三五历纪》。传说天地还没有开辟以前，宇宙就像是一个大鸡蛋一样混沌一团。有一个名叫盘古的巨人张开巨大的手掌向黑暗劈去，轻的变成了天，重的沉到下面变成了地。

远古伏羲氏画像

华胥姑娘与雷神就把儿子放在葫芦上，顺水而下，让儿子到了华胥部落。

华胥部落女首领看见外孙乘着葫芦而来，就给这个孩子取名叫葫芦。当时华胥部落的方言“葫芦”与“伏羲”谐音，人们就叫这个孩子为“伏羲”。

伏羲在姥姥身边，后来他想念母亲了，就搭天梯到天庭去看望母亲。雷神禀告了玉帝，玉帝为伏羲的孝心所感动，就封伏羲为华胥部落的帝，也就是人间之王。

伏羲在人间长大后非常聪明，他经常帮助部落里的人，因此他在人们心目中的威信很高。那时，人们对大自然一无所知，天气会变化，日月会运转，人会生老病死，所有这些现象，谁也不知道是怎么回事。

人们遇到无法解答的问题，都问伏羲，伏羲解答不了时，感到很茫然，人们为此每天提心吊胆地过日子。伏羲经常环顾四方，揣摩着日月经天，斗转星移，猜想着大地寒暑、花开花落的变化规律。他看到中原一带蓍草茂密，开始用蓍草为人们卜筮。

有一天，伏羲带领人们打猎归来，抬着猎物走到山坡，本来朗朗晴天，突然乌云四合，雷声大作。顿时暴雨倾盆。不多时，山洪暴发，猎物被冲走了，还冲走了许多人。这件事让伏羲十分难受。他怨恨自己无力保护人们，横遭如此灾难。他心烦意乱，在困乏

雷神 是九天应元雷声普化天尊，是雷部的最高神。雷神信仰起源于我国古代先民对于雷电的自然崇拜，因为在远古时代，气候变化很是异常，晴朗的天空突然会乌云密布，雷声隆隆，电光闪闪，使人们认为天上有神在发怒，进而产生恐惧之感，对之加以膜拜。

蒙眬中睡着了。

在蒙蒙胧胧里，伏羲恍恍惚惚看到一条大河，只见湖水滔滔，浊浪滚滚，突然之间，巨浪中冲出一匹赤马，赤如火，疾如风，马背上有三道白纹，呈三连画形。赤马飞奔上岸，绕着伏羲三圈以后，又直奔河中不见了。

伏羲一惊，醒来发现原来是一场梦。伏羲遇到妹妹女娲，便将此事告知了她。女娲说："听人说，大河里有龙马，马色赤红，行走如飞，阳性之状，马背有三纹，形如'三'，阳性之象；如今龙马绕哥哥三圈而复入水中，是要哥哥三思吧！"

伏羲听罢，觉得女娲说得有理，他思来想去，又困又乏，蒙眬中又睡着了。恍惚里，他又南行到了洛水，抬头一看，洛水清清，流水潺潺，其声如咽，其流婉转。伏羲说："天下有如此凄凉情景，与大河咆哮恰恰相反，可见世上万物的千变万化难以估量，简

卜筮 指用龟甲、蓍草等工具预测某些事项，不同的时代使用的方法有不同，历代也有创新，是利用一些无生命的自然物呈现出来的形状来预卜吉凶。古人认为，经过神圣的求卜过程，那些自然物也就获得了神圣的象征意义，它们呈现出来的形状不是人为的结果，而是神灵和上苍的赋予，是神灵的启示或告诫。

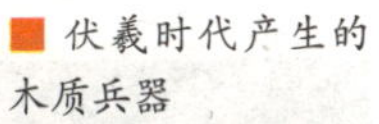
伏羲时代产生的木质兵器

直不可预见啊！”

恰在这时，忽见洛水上游漂来一物，形如一个大磨，墨黑墨黑的，行如蜗牛，背上有三道青纹，青纹条条中间断裂，呈三断画。伏羲仔细一看，原来是一只大龟。大龟缓缓爬上岸，绕伏羲三圈以后，又慢慢爬回了洛水。伏羲吃了一惊，忽然醒来，原来还是一场梦！

伏羲又将此事告诉了女娲妹妹。女娲说：“哥哥，传说洛水里有神龟，其大如磨，其色如墨，行如蜗牛，阴性之状；龟负三道断纹，其形三断画，阴性之象。神龟绕哥三圈，还是叫哥哥三思啊！”

伏羲觉得妹妹说得有理，他一思、二思、三思以后，他蒙蒙眬眬睡着了。恍惚里，一阵清风，伏羲如在云里雾里。他睁眼一看，只见绿水青山，苍松翠柏，云雾缭绕，鹤鸣鹿应，山岩间怪石林立，水帘之

洛水 洛河流域，是华夏文明的发源地之一，黄河、洛河交汇处的广大地区，被称为河洛地区，而孕育、发展、繁荣、传承于河洛地区的地域文化被称为河洛文化。伏羲长期在河洛一带活动，受“河图”启发画了八卦。伏羲的女儿溺死于洛水，化为洛神。

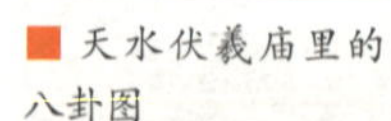
天水伏羲庙里的八卦图

天水伏羲庙先天殿

外嫩竹舒展。

在竹林间有一茅庵，缓缓走出一位老人，老人鹤发童颜，赤面嫩手，右手握一根拐杖，左手握一把蓍草，他见了伏羲说：“伏羲，我正要找你。”

伏羲打量着老人，暗自奇怪。老人说道：“这是自然。”

伏羲恭恭敬敬地问：“请问老人知道我想什么吗？”

老人说：“知道，知道。”

伏羲心里说：“老人好厉害，我不信他知道！”

老人说：“应自然之变，顺自然之化，人类本应脱离蒙昧，文明开化。大河龙马现河图，洛水神龟现洛书，这是启迪人类的蒙昧，开发人类智慧的呀！”

伏羲听到这里十分高兴，连忙说道：“愿老人家指点迷津。”

伏羲说罢，忙叩头拜谢。老人含笑要伏羲落座，把拐杖放于一侧，举起左手蓍草，他说：“宇宙之内，变易之数为五十，与我手中的蓍草数相同。要预测举事成败，必须向蓍草求问，这叫作‘卜’。”

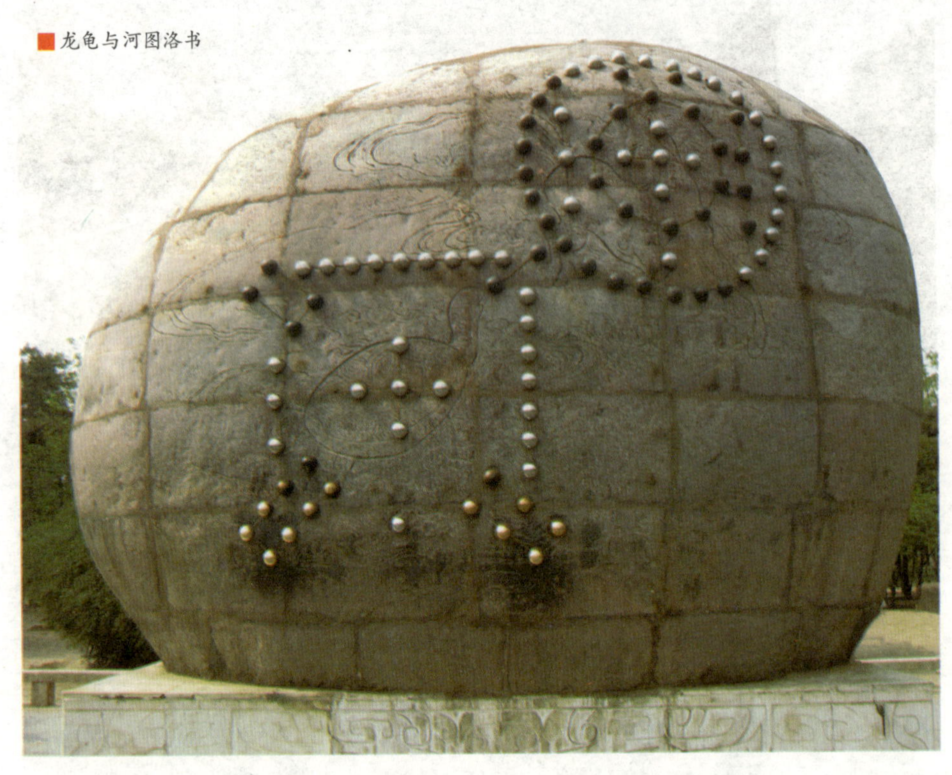

伏羲点点头。老人又说道："占卜之前一定要沐浴静心，祭天祭地，心诚意切。这样才能让精神气与天地宇宙合为一体。之后，抽出一根蓍草藏而不用，以喻混元一角，无形无象。余下49根蓍草，一分为二，一束横置于上，以喻天；一束横置于下，以喻地。"

伏羲洗耳恭听，目不转睛。老人一边说，一边演示。老人说道："之后，从上束中抽出一束置于上下两束之间。以喻人立于天地之间。以四根为一份，分数上束蓍草，以喻四时。"

伏羲不解，他问道："为什么叫四时呢？"

老人说道："说四时，指的是春、夏、秋、冬。由寒冷渐渐温暖，草木更生的时候，为春天；由温暖逐转盛暑，草木成长的时候，为夏天；由盛暑逐渐转凉爽，草木结果的时候，为秋天；由凉爽逐转为寒冷，草木枯衰的时候，为冬天。历四时而为一周，周而复始，又为寒冷而温暖，这就是四时变化，天地的常规，宇宙的大道哟！"

伏羲听后如拨云见日，心中豁然开朗，心里暗暗说道，原来寒暖暑凉和天地宇宙息息相关。老人又说道：“末份不论足不足四，竖置于上束之侧，以喻闰月。”

老人又说道：“日有出入，月有圆缺。日一出一入为一日，月一圆一缺为一月，大月30日，小月29日，春夏秋冬各三月，一周经历12个月，称为一年。年末应为春天的开始，实际上春在年末后，所末春始欲相接，三年左右闰一月。闰月，说的是一年之中增加一个月。”

伏羲头一次听说历法，他十分惊奇，一一记在心里。接着，老人给伏羲阐述了变易之道、阴阳之道、八卦之象。伏羲问：“什么是八卦之象？”

伏羲画八卦图

老人告诉伏羲："三连画像，叫作'乾卦'，刚健之象，象天；三断画像叫作'坤卦'，柔弱之象，象地；下连画，中上断画像，叫作'震卦'，威力之象，象雷；下断画，上中连画像，叫作'巽卦'，吹动之象，象风；下断画、中连画、上断画像，叫作'坎卦'，湿润之象，象水；下连画、中断画、上连画像，叫作'离卦'，燥热之象，象火；下中断画、上连画像，叫作'艮卦'，崇高之象，象山；下中连画、上断画像，叫作'兑卦'，卑下之象，象泽。这八卦之象，是宇宙里变易的大道，两象重叠，可以预测天地万物的变化。"

伏羲虽然聪慧，但初识八卦，难以一一弄通弄懂。老人怕他记错，就让伏羲重复一遍，伏羲连背三遍牢牢记住了。老人很高兴，对伏羲说："大道一授，你要牢牢记住，细细琢磨，自测自用，两象重叠，万事皆兆。"

老人说罢，举手向伏羲头上敲击，伏羲一惊，顿时醒来，原来又是一梦。伏羲蒙昽消失，心清如水。他怕将所学八卦之象忘掉，忙用木炭画于兽皮之上，嘴里还喃喃念道："两象重叠，万事皆兆……两象重叠，万事皆兆。"

于是，一幅完整的最早的八卦图就这样诞生了。

阅读链接

有一天，人们正在河边打鱼，有人一抬头，猛地看见从很远黄河波涛里钻出一匹马，马抖了抖身上的水，就沿黄河岸向南飞奔而来。离人们近了些，人们才看清这马不是一般的马，它身上一豁子红，一豁子黄。大家明白了，这是一匹龙马！人们欢呼着，最后捉住了这匹马。然后，人们请来了伏羲。伏羲端详了一会这匹五颜六色的马，好像悟出了什么，他高兴地说："这是上天赐给我们的龙马呀！"

后来，伏羲根据马身上各种颜色的不同位置，画出了八卦，这就是后来书上说的"河出图"的故事。

开创畜牧业与渔业

伏羲处于狩猎采集的时代，人们只知道通过打猎和采摘果实获取食物，吃的是猎物的肉，喝的是猎物的血。当打的猎物少时，就少吃一些；当打的猎物多时，人们就多吃一些。但是，当时的人们进行狩猎的工具，除了一双手、一双脚、一身蛮劲外，充其量还有一些木棍

伏羲庙牌匾

伏羲氏之陵

与石块。再加上猎物毛丰皮厚、爪牙锋利，会对企图捕杀它的人类造成致命的伤害。

在这样的情况下，尽管当时的野兽很多，但人们要想成功地捕杀，还是非常不容易的。看到人们捕猎野兽的艰辛，而且当时捕猎野兽的人们还经常遭到野兽的反击，弄得或死或伤，善于动脑筋的伏羲，陷入了苦苦的沉思。

有一天，伏羲正在为如何猎获动物思考，突然，他无意中看见身边一棵枯树，树枝上一只蜘蛛在织网，蜘蛛结出的网，将飞来的昆虫粘住。昆虫挣扎着，很快就将蜘蛛网折腾破了，眼看就要逃出蜘蛛网的控制。

正在这时，蜘蛛迅速爬过来，将蜘蛛网上的其他丝线，狠命地一把把抓过来，死死地一圈圈缠住昆

六畜 是六种家畜的合称，即：马、牛、羊、猪、狗、鸡。我们祖先早在远古时期，根据自身生活的需要和对动物的认识程度，先后选择了马、牛、羊、鸡、狗和猪进行饲养驯化，经过漫长的岁月，逐渐成了家畜。六畜各有所长，在遥远的农业社会里，为人们的生活提供了基本保障。

虫，昆虫逐渐无法动弹。这个自投罗网的昆虫，最终就成了蜘蛛的美餐。伏羲受到蜘蛛利用“网络”巧捕昆虫的启发，就上山割来葛藤，编起了像蜘蛛网一样的网。

伏羲在野兽的必经之地布置好网，然后预先埋伏在近旁，一旦发现有野兽自投罗网，钻入网中，就拿起木棍、石块，将自投罗网的野兽打伤打死，甚至是生擒活捉。

伏羲还有另一种捕兽办法，就是先在野兽的必经之地，预先布置起一个个网，一部分人埋伏在网的近旁，另一部分人负责驱逐野兽，将野兽诱逼到预先布置的网中。

伏羲将织网技术教给了人们，让人们利用网来捕猎野兽。遇到大兽，就执锐器群起而攻之。他教的办法和发明的武器打猎收获很多。

就这样，人们猎获的动物越来越多。当人们吃不完时，他又教人们将那些受轻伤的小兽豢养起来，从而揭开了人类饲养猪、马、牛、羊、鸡、狗的序幕。这就是古书上说的“六畜”。

此后，人们圈养动物生育繁殖，以补充淡季食物的不足，这些举

天水伏羲庙

措，改变了人们饥饱不均的局面，为人们的稳定生活打下了可靠的物质基础，把历史由狩猎时代逐渐推向了畜牧时代。

伏羲制网捕兽，结束了我国远古的狩猎采集时代，开辟了我国远古的畜牧时代，而且其晚期已经出现了原始农业。

伏羲驯化牛、马、羊、鸡、犬、豕六畜，结束了我国远古的游牧不定居时代，开辟了远古定居时代，出现了部落。

伏羲发明以网捕兽的方法后，受到人们的敬仰。但伏羲依然时常注意观察，勤于思考，积极寻找新的食物来源，想让人们的生活质量再提高一些。

有一天，伏羲在河边散步，走着走着，突然看见河里一条又大又肥的鲤鱼，从水面上跳起来，蹦起好高。一会儿，又是一条鲤鱼跳起来；再隔一会儿，又是一条。

伏羲看到这些鲤鱼又大又肥，弄来吃肯定会不错！他打定主意，就下河去捉鱼，没费多大工夫，就捉到一条又肥又大的鲤鱼。伏羲很高兴，就把鲤鱼拿回家去了。

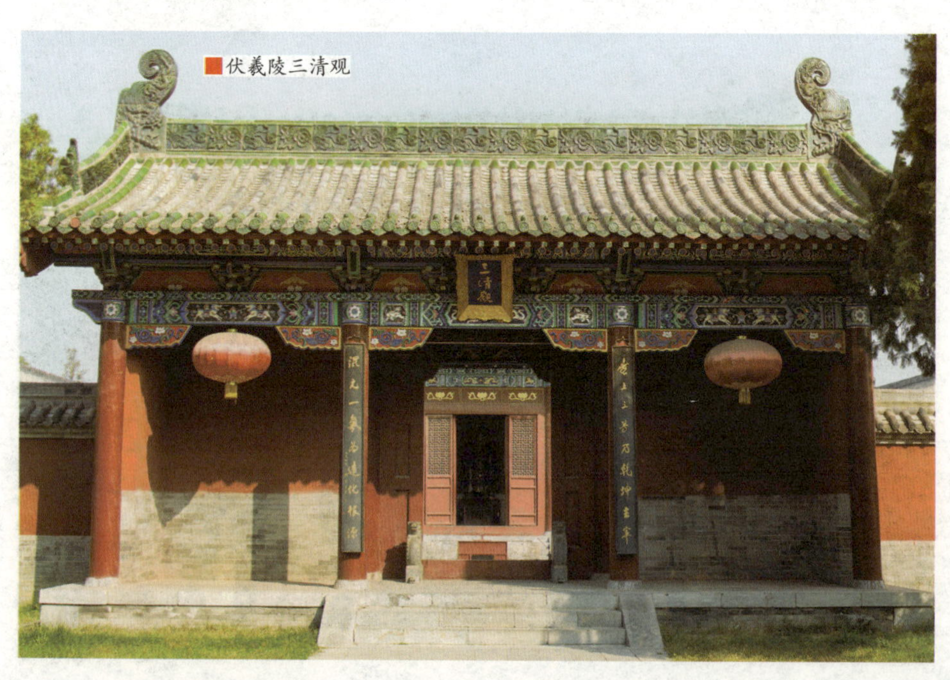
伏羲陵三清观

伏羲的儿孙们看见伏羲捉来了鱼，也都欢欢喜喜跑来问长问短。伏羲把鱼撕给他们吃，大家吃了，都觉得味道不错。

伏羲八卦图

伏羲对他们说："既然鱼好吃，以后我们就动手捉鱼，好让我们有更多好吃的食物。"

儿孙们当然赞成，当下都跑到河里去捉鱼。就这样，伏羲的子孙们捉了一个下午，差不多每人都捉到了一条，还有捉到几条的。这下大家都欢喜得了不得，把鱼拿回去美美地吃了一顿。

就这样，没到三天，伏羲的儿孙们都学会捉鱼了。伏羲又打发人给住在别的地方的人们送信，喊他们都来捉鱼吃。

有一天，龙王带着龟丞相忽然跑来对伏羲说："你们这么多人跑来捉鱼，这不是要把我的龙子龙孙们都捉完吗？你们应该停止捉鱼！"

伏羲反问龙王："你不准我们捉鱼，那我们吃什么？"

龙王说："你们吃什么，应该由你们自己解决，但你们不应该捉我的龙子龙孙。"

伏羲说："河里的鱼是上天安排的自然动物，也是我们人类的食物来源之一。你不让我们捉鱼吃，难道要违背上天的旨意吗？"

丞相 也称宰相，是古代我国最高行政长官的通称，辅佐皇帝治理国政，负责管理军事大计或其他要务，无所不统。丞相具体职权是：任用官吏，或是向皇帝荐举人才；对于地方官有考课和黜陟、诛赏的权力；主管律、令及有关刑狱事务；地方上若有异动等，丞相派属官前往处理；在军事或边防方面也承担一定的责任；全国的计籍和各种图籍等档案都归丞相府保存。

太极殿内伏羲圣像

龙王听伏羲这么一说，心想，真要违背上天的旨意，恐怕自己的命就难保了。

正在龙王进退两难之际，龟丞相凑到龙王耳朵边上，悄悄对龙王说：“你看这些人都是用手捉鱼，你就和他们定个规矩：只要他们不用手捉，就捉不到鱼，这样既保下了您的龙子龙孙，又不违背上天的旨意，让他们看着河里的鱼干着急，这该多好啊！”

龙王一听这话，高兴得哈哈大笑，转过脸来向伏羲说：“那好吧，你们可以吃鱼，但我有个条件，就是不许你们用手捉。你们若是答应，就算是说定了，以后双方都不准反悔！”

伏羲想了想，最后自信地说：“好吧！”

龙王带着龟丞相高高兴兴地回去了。伏羲也带着儿孙们回去了。

伏羲回去以后，就想不用手捉鱼的办法。想了一个通宵，第二天又想了一个上午，还是没有把办法想出来。到了下午，他躺在树荫底下，眼望着天，还是在想。

这时候，他突然看到以前自己编织的用来捕猎动物的网。他觉得这网能捕猎动物，肯定也能捕鱼。于是，他把网拿到河边，把网散开放进河里，然后手握长棍在岸边静静地等候着。

隔了一会儿，伏羲拽着网刚把网拉出水面，惊喜地发现网里有好多欢蹦乱跳的鱼！这个办法真好，不但比用手捉鱼捉得多，人还不用下水了。

伏羲带着网和捕到的鱼凯旋，并赶紧把这个方法教给了人们。从此以后，人们就都学会用网打鱼了，吃的食物也就更多了。

当捕的鱼越来越多，人们吃不了时，便将鱼养起来，如同人们将吃不完的动物圈养起来一样，就这样，逐步地便诞生了渔业。

正是由于伏羲开启了我国上古时期畜牧业与渔业的先河，因此后人将伏羲称为“畜牧业与渔业的鼻祖”。

阅读链接

中华姓氏起源于伏羲。在伏羲之前，人们无名无姓，过着群居杂居的生活，人伦不分，婚配无序，后代成活率很低。

伏羲经过长期思考，开始定姓氏，明伦理。他认为风的威力最大，自姓为风，其他或以动物、植物为姓，或以居所、官职为姓，中华姓氏自此起源。

现在中华姓氏3000多个，直接起源于淮阳的大姓李、陈、王、孙、胡就有100多个。所以说，万姓同根，源于伏羲，根在淮阳。淮阳是姓氏文化的发源地。

雄伟壮观的太昊陵

伏羲去世后，人们将他埋葬于淮阳。后来，人们为了纪念伏羲，在淮阳给他修建了一座陵墓，称为太昊陵，并将他列为三皇之一。在我国历史上有明确记载的祭祀太昊陵的时代可以追溯到春秋时期。

太昊陵的太极门

■太昊陵鼓楼

唐太宗李世民于630年颁诏保护太昊陵，实行“禁民刍牧”。954年禁民樵采耕犁。宋太祖赵匡胤于960年置守陵户，诏示三年一祭，牲用太牢，造祭器。966年诏立陵庙，置守陵户五，春秋祀以太牢，御书祝版。971年又增守陵户二，以朱襄、昊英配祀。

此后，陵庙祭祀日见崇隆并有御祭。到了元代，祀事不修，庙貌渐毁，至元末陵庙建筑已荡然无存。

到了明代，朱元璋访求帝王陵寝，太昊陵首列第一。1448年，知州张志道奏立寝殿、廊庑、戟门、厨库、宰牲等房。1462年，对太昊陵复加修葺，立后殿、钟鼓楼、斋宿房，又作三清观。1470年增高钟鼓楼、彩绘殿宇。1745年清政府又将太昊陵大为修葺。至此，内外城垣，规模宏大，殿宇巍峨，金碧辉煌，渐成格局。

太昊陵庙以伏羲先天八卦数理兴建，是我国帝王陵庙中大规模宫殿式古建筑群的特例，分外城、内城、紫禁城三道皇城，有三殿、两楼、两廊、两坊、一台、一坛、一亭、一祠、一堂、一园、七观、十六门。

主体包括中轴线上的一系列建筑，即午朝门、道仪门、先天门、太极门、统天殿、显仁殿、太始门、八卦坛、太昊伏羲陵墓、蓍草园等。

祠 为纪念伟人名士而修建的供舍，相当于纪念堂，与庙有些相似，因此也常常把同族子孙祭祀祖先的处所叫“祠堂”。祠堂最早出现于东汉末，后来社会上兴起建祠抬高家族门第之风，甚至活人也为自己修建“生祠”。由此，祠堂日渐增多。

太昊陵先天门

太昊陵南临碧波荡漾的万亩龙湖。沿湖滨北行70米，是一道宽约25米的蔡河，即太昊陵的南部边界。鸟瞰全景，首先映入眼帘的是横跨蔡河的11米宽的石桥，名曰“渡善桥”，俗称“面桥”，意思是朝祖进香的善男信女和游客，来到这里已和“人祖爷”见面了，应万心归善。桥全长25米，属敞肩式青石桥，桥头4石狮护卫。

匾额 中华民族独特的民俗文化精品，我国古建筑的必然组成部分，相当于古建筑的眼睛。它把我国古老文化流传中的辞赋诗文、书法篆刻、建筑艺术融为一体，集字、印、雕、色的大成，并且雕饰各种龙凤、花卉、图案花纹，有的镶嵌珠玉，极尽华丽之能事，是中华文化园地中的一朵奇葩。

过桥30米，便是太昊陵的第一道大门午朝门。此门建于明代。通高10.35米，单檐歇山顶，面阔三间，红门金钉，中门为九排九路，两侧均为七排九路，属帝王规制。前有台，台前有三连体五级垂带式踏跺，两侧有硬山式“八”字墙，门上方悬有“太昊陵”“午朝门”“开天立极”匾额。它的东西两侧相距24米左右，有馒头式卷棚顶东天门和西天门。

过了午朝门，是中轴线上主甬道青石铺墁，两旁古柏参天，庄严肃穆。距离午朝门约30米，有一条小河，叫玉带河，河上有3座敞肩式石拱桥。分别与午朝门、东天门、西天门对应。玉带河穿过东西两侧陵墙，通往蔡河，在陵墙外侧河岸，各有一口井，名叫“玉带扣”。

过玉带桥前行不远，是穿堂式的“道仪门”，旧称通德门，人们称之为“三门”，通高8米，与午朝门相距126米，单檐硬山式，面阔三间，内有券门三，是太昊陵的第二道大门。

穿过道仪门约106米，迎面是一座高台建筑，上悬一石匾，名为“先天门”，通高11.35米，是清代建筑，与道仪门一样，都是为歌颂伏羲功德而命名。台上建有飞翠高阁三间，灰筒瓦覆顶，周匝回廊，台正中有一砖砌拱门。此门原无登临阶梯，在两旁建了旋梯，游人可凭阁远眺。

过先天门为太极门广场。广场南北长73米，东西宽66米。中间有玉带路横贯东西，东通内城的“三才门”和外城的“东华门”，西通内城的“五行门”和外城的“西华门”。广场北面与先天门相对为

太昊陵陈州伏羲碑林

八卦 源于我国古代对宇宙的生成、日月和地球的自转关系，以及农业社会和人生哲学互相结合的观念。最原始的资料来源于西周的《易经》，内容有六十四卦。八卦相传是伏羲所造，后来用于占卜。八卦代表了我国早期的哲学思想，除了占卜、风水之外，影响涉及中医、武术、音乐等方面。

“太极门”，又称太极坊或戟门。它是太昊陵东西南北的中心，与“两仪门”“四象门”“三才门”“五行门”等都是以伏羲先天八卦之数理而定名的。

太极门在古建筑中属三间三楼柱不出头式木牌楼，通高7.6米，筑于高台之上，台高五级。东有角门名“仰观”，西有角门名“俯察”，以示太昊伏羲氏仰观于天，俯察于地，中观万物，创先天八卦，肇始华夏文明。

过太极门为太昊陵的中心大院。大院东南角有钟楼，西南角有鼓楼。二楼通高11.2米，东西对峙，均面阔五间，进深三间，周匝回廊，重檐歇山式建筑，下部为直壁式台基，上部为灰色筒瓦覆盖，楼内有木梯可达上层。

在钟楼之上悬有明代铸造巨钟一口，撞击其声悠扬。鼓楼内挂有大鼓一面，敲击之，其音悦耳。钟鼓二楼，层檐凌空，昭穆对峙。晨钟暮鼓，响彻陵区。

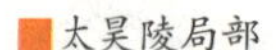

■太昊陵局部

■太昊陵女娲观

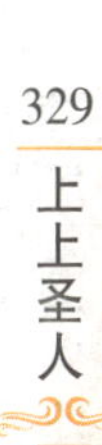

与太极门相对应，迎面为“统天殿”，俗称“大殿”，建于明代，通高15.7米，是陵庙内体量最大、等级最高的重点建筑，面阔五间，进深三间，龙凤大脊，屋面覆以黄色琉璃瓦，脊上装饰考究。中为3节彩釉吉星陶楼，楼下有一龛，龛内书有“太昊伏羲殿”五字，左右配以28宿以代表天上的28个星座，殿四周挑角有吻兽。

吻兽 即螭吻，龙生九子之一，平生好吞，即殿脊的兽头之形。这个装饰现在一直沿用下来，在古建中，“五脊六兽”只有官家才能拥有。泥土烧制而成的小兽，被请到皇宫、庙宇和达官贵族的屋顶上，俯视人间，真有点“平步青云”和“一人得道，鸡犬升天”的意味。

殿内有“丈八木龛”，雕工精细，造型庄重。龛内塑有伏羲像，头生双角，腰着虎皮，肩披树叶，手托八卦，赤脚袒腹。左右配享朱襄、昊英。朱襄为飞龙氏，造书契；昊英为潜龙氏，造甲历。

殿内墙壁上嵌有高1.2米、长36米的青石浮雕《伏羲圣迹图》，分别为履巨人迹、伏羲出世、都于宛丘、结网罟、养牺牲、兴庖厨、定姓氏、制嫁娶、画八卦、刻书契、作甲历、兴礼乐、造干戈、诸夷归

八卦图

服、以龙纪官、崩葬于陈等伏羲生前事迹。

环统天殿、钟鼓二楼，为东西廊房，共42间，呈曲尺状，前有回廊、棂子门窗、花砖大脊、吻兽装饰、彩绘檐椽、红柱绿窗。东廊房北段有通外城的“两仪门”，西廊房北段有通外城的“四象门”，两门东西相对。

过了统天殿后门，便是等级仅次于统天殿的“显仁殿”，俗称“二殿”。该殿通高16.4米，面阔七间，进深五间，重檐歇山式，灰筒瓦顶，高台走廊，周围廊柱环立，结构朴实、端庄、严谨。

与显仁殿相距不远的是太始门，又称“寝殿”，为重檐歇山式高台建筑，通高16.66米，面阔三间，进深三间，周匝回廊，灰筒瓦覆顶。该殿下为古城门式券门，券门上方嵌有阴刻楷书“太始门”3字，右悬“继天立极”，左悬“赞神明”铁匾。上筑寝殿，

仪门 古代称为桓门，汉代府县治所两旁各筑一桓，后二桓之间加木为门，曰桓门。宋避钦讳，改为仪门，即礼仪之门。明清衙署第二重门通称仪门。取“有仪可象”之意。是主事官员迎送宾客的地方。

两厢有台阶、角门，可以绕殿循游，因此又称“转厢楼”。整座建筑始建于明代，分3次垒砌而成。

楼内立有御碑一通，故又称“御碑亭”。它是太昊陵古碑中年款最早的碑刻。碑文开头有“洪武四年”字样，故有传说太昊陵格局是明朝洪武四年，即1371年仿照南京皇宫建造的。

民间传说，在元朝末年，朱元璋领兵起义初期打了个败仗，只剩他孤身一人，又后有追兵，在走投无路之时，跑到了太昊伏羲庙内，祈祷说：“人祖爷若能保我平安无事，今后一旦得天下，一定替你重修庙宇，再塑金身！”

说也奇怪，他话音刚落，一只蜘蛛立即在庙门口飞快地结起了蛛网。元兵追到庙前，见蛛网封门，便追向别处。后来，朱元璋得天下建立明朝，便于洪武四年派他的大臣徐达重修了太昊陵。

太昊陵内古碑200余通，碑文大多为伏羲歌功颂德的，还有一部分是记述陵内建筑重修或增修经过，最多的是各地民众来“朝祖进香”的纪念碑刻。而皇帝派大臣来祭祀时的碑刻，则名曰“御祭碑”。

太昊陵伏羲氏塑像

太昊陵

寝殿后面是“先天八卦坛”。该坛青砖垒砌，为直壁式等边八角形，径4.45米，高0.74米，周有青石压条。坛面以青砖砌先天八卦图，卦序为乾、兑、离、震、巽、坎、艮、坤。中为一八角形凹槽，上塑一尊“龙马负图”，俗称“四不像”。

据传，这“四不像”为古代一个精通八卦的道士所立。他看到世人对先天八卦各执一词，争讼不已，没有一个能说到底蕴之处，把先天八卦弄成了“四不像”，便出资铸造了一只“四不像”立于此坛中，用以警示后来人。

过先天八卦坛之后便是紫禁城，城内是伏羲氏的巨型陵墓，“陵高十寻”。方座边长182米，上圆下方，取天圆地方之意。陵墓前竖有一块巨型墓碑，高3.46米，宽0.8米，字大径尺，既无题跋又无年款。

陵墓的后面是蓍草园。《淮阳县志》记载：

太昊陵后有蓍草园，墙高九尺，方广八十步。

此为淮阳的八景之一“蓍草春荣”。传说伏羲就是根据白龟龟背图案，采来蓍草"揲蓍画卦"，创下了先天八卦，所以被称为"神蓍"。据说全国只三处生长此草，一为山东曲阜，一为山西晋祠，再就是太昊陵了。因为此草稀有，历代帝王每当春秋二季派大员前往朝拜人祖，返京复命时都必须带回一束蓍草作为到了太昊陵的信物。

太昊陵除中轴线上的主体建筑外，在统天殿和显仁殿之间的外侧，东有三观，即岳飞观、老君观、元都观。另有火神台。西有四观，即女娲观、玉皇观、天仙观、三清观。在太昊陵，不要说传说中的各神，就连玉皇大帝也只能配享香火。

另外，三才门外有更衣亭五间，外城东有东华门，西有西华门。午门西侧的东天门前有石牌坊，曰开物成务，西天门前有石牌坊，曰继天立极。

太昊陵以其独树一帜的建筑风格，气势恢宏的建筑群体，博大精深的文化内涵，令人肃然起敬，叹为观止。清人雷方晓在一首诗里写道："宛上龙蟠面碧湖，岿然岳峙一陵孤；功开天地规模大，道冠皇王气象殊。"

阅读链接

关于太昊陵内伏羲的墓碑是谁书写的有很多种说法，其中苏东坡女弟苏小妹巾书传说较广。说是宋神宗年间，重修陵庙，工将竣，欲于陵墓前建一丰碑，以壮观瞻。知苏东坡在其弟汝州署里住着，便派人前往，请他书写"太昊伏羲氏之陵"七个大字。

纸墨字条送到汝州署里，适值东坡出城游玩未归，其女弟苏小妹偕女仆同到书室，见桌上墨纸齐全，书兴大发，因无大笔，就用她的汗巾，一气把"太昊伏羲氏之陵"七个大字写完。东坡回来见了，喜出望外，认为苍老古劲，可传千古。求书者来取，东坡即付之。

丰富多彩的庙会祭祀

伏羲创立八卦，制定嫁娶，奠定了我国早期文明，因此在民间祭祀伏羲的仪式也有很多，在淮阳太昊陵的太昊陵庙会声势之大、会期之长为中原地区庙会所独有。太昊陵庙会在每年自农历二月初二始，至三月初三止，会期一个月。庙会期间各种各样的民间娱乐活动，更引人入胜。其中以杂耍、表演为最多，舞狮、龙灯、竹马、旱船等应有尽有。太昊陵祭祖庙会同时又是一个民间游艺的展示会，与其他庙会相比，太昊陵庙会习俗中有两个十分独特的地方。

一是有“担经挑”，也称“担花篮”的比较原始的祭祖悦神的舞蹈。庙会期间，每天都可以看到来太昊陵进香祭祖悦神求福的“经挑班子”。这些“经挑班子”在太昊陵前载歌载舞，吸引许多前来进香的善男信女驻足观看。

经挑舞每班4人，3人担花篮，一人打竹板、以歌唱形式伴舞，3副经挑，6种花篮，边舞边唱。舞者皆穿黑衣，黑大腰裤，扎裹腿，黑绣花鞋，头上裹长近1米的黑纱包头，包头的下边缘留有长6厘米的穗

伏羲庙

子，舞者大多是老年妇女。

担花篮舞源于何时不详，据说是从万古龙花会流传下来的原始祭祀舞蹈。万古龙花会也无确解。传说伏羲为大龙，女娲为小龙。这个花会可能与人祖有关。花篮舞传女不传男，主要是娱悦人祖女娲。

“担花篮”舞到兴处，舞者走到中间背靠背而过，两身相碰，象征伏羲女娲相交之状。其唱词也多与伏羲女娲有关。这个舞蹈的一些动作，与汉代画像石中人首龙身的伏羲女娲下部交尾的图像基本吻合，是原始生殖崇拜的一种古老习俗。

第二个独特的地方是庙会上有随处可见的“泥泥狗”。泥泥狗也称“太昊陵狗”“陵狗”，是庙会上出售的一种泥玩具，吹之有声。每年的太昊陵庙会上，都布满了琳琅满目的泥泥狗摊点。

这些泥捏的玩具造型多样，有斑鸠、蛇、蛙、独

舞狮 又称“狮子彝”“狮灯”和“舞狮子”，多在年节和喜庆活动中表演。狮子在我国人心目中为瑞兽，象征着吉祥如意，从而在舞狮活动中寄托着民众消灾除害、求吉纳福的美好意愿。舞狮历史久远，《汉书·礼乐志》中记载的“象人”便是舞狮的前身，唐宋诗文中多有对舞狮的生动描写。

伏羲庙戏楼

角兽、双头狗、人面猴、抱桃猴、草帽老虎、龟、燕等几十种之多。其形象夸张，神态各异，于古拙中见寓意。

据考，这些泥玩具是流传至今的原始社会后期的活文物。也有人认为这些泥玩具是伏羲女娲结婚以后“捏泥人”留下来的习俗。

太昊陵庙会的文化现象带有许多原始文化的色彩，有许多值得研究的东西和待解之谜。

如今的太昊陵庙会，规模更加宏大，朝圣者已遍及全国各地。人数较多的地区西至京汉路，东至皖西，北至鲁西南，南至湖广。由于人潮汹涌，会期又长达一个月，人们在朝祖进香的同时，利用各种形式进行物资、文化交流。

不少国际学者、友人也都在此期间来太昊陵寻古探幽，研究古老华夏的东方文明，港、澳、台同胞以及侨居国外的华夏子孙，每年都组团来太昊陵寻根问祖，并以到伏羲陵前谒祖朝拜为荣，以示不忘祖先，不忘自己是龙的传人。

除了伏羲定都的淮阳祭祀其风俗很多，在伏羲的故乡甘肃天水也有关于伏羲的庙宇和祭祀。

在天水的西郊，有一座庄重典雅的伏羲庙，巍峨壮观的明代仿宫殿式建筑，院内古柏参天，旗幡林立；殿前香雾缭绕，烛光摇曳，不时有人点香燃烛，跪拜叩首。

在伏羲庙内，正殿天花板上刻绘着伏羲八卦中的六十四卦爻，伏羲庙院内有很多的古柏树，这些古柏树最早是64棵，就是取六十四卦方位图之意来栽的。

伏羲庙风景秀美吸引了数以百万计的国内外游客前来旅游观光、寻根祭祖。伏羲文化节由此应运而生。天水的伏羲文化节在每年农历五月十三举行，相传这一天是华夏始祖伏羲的诞辰，而天水就是伏羲的故乡。

每年的祭祀活动已经成为天水人生活中一个隆重的节日。天刚放亮，天水市就已经鼓乐喧天，人头攒动，一派喜庆气氛。8时整，穿红戴绿的民间民俗文艺表演队伍便一路展演着缓缓向伏羲庙行进。

走在这支队伍最前列的，是一幅巨大的由众人簇拥着的伏羲的画像，其身后是身穿黑衣黑裤，按8行8列排着的一个64人的方阵，他们

伏羲庙风景

手举高高的旗幡，幡上分别是伏羲八卦中的64卦爻。

这支长达1000多米的表演队伍中，有朝拜玉皇的古乐朝山队；有过去用以祈天降雨的夹板鼓队；也有敦煌舞乐队；有衣着秦朝兵士服饰的队伍；有模仿原始人动作组成的远古先民队；有我国传统节日中不可少的雄狮队及舞龙队；而其中最具地方特色的就是武山旋鼓队和秦城夹板鼓队的表演。

武山旋鼓大约由三四十人组成，大家都身穿黄绸衣裤，说是龙的传人、黄皮肤的象征。他们一手握鼓槌，一手持一把扇形羊皮鼓，虽然鼓身娇小，但那激昂奔放的旋律，那快速回旋着跳跃的舞姿，将西北人的豪迈及对先祖的崇敬之情表达得淋漓尽致，也使每一个观者随之激动和振奋。

据说这种旋鼓出现的年代久远，它原本是牧羊人遭遇狼群时发出求救信号用的，后来他们也用这昂扬的鼓声，尽情地倾吐着对先祖伏羲的敬仰、崇拜和赞颂。

阅读链接

在伏羲故乡天水有这样一个民风习俗，相传伏羲的生日这一天，伏羲会驾临伏羲庙，而且伏羲还会派喜神来为大家治病，于是在这一天人们就会举行规模宏大的庙会。

庙会这天，当地百姓来到伏羲庙以后，就把用红纸剪的纸人贴在树的身上，如果身体哪个部位有病，就用艾草放在红纸人的身上。头痛，就放在头的部位，胃痛，就放在胃的部位，然后用香火点着以后烧，传说烧完以后病也就好了。

也正是因为这个传说，使得每年参加天水伏羲庙会的人络绎不绝。

大地之母

女娲

女娲，风姓，又称娲皇、女娲娘娘，《史记》中称女娲氏。生于甘肃天水，所处时代约为旧石器时代中晚期。

女娲是古代传说中中华民族人文始祖，是神话中的创世女神。女娲人首蛇身，为伏羲之妹，与伏羲兄妹相婚，以泥土造人，创造人类社会并建立婚姻制度。并且，因世间天塌地陷，于是熔彩石以补天，斩龟足以撑天，留下了女娲补天的美丽神话传说。

女娲造人和婚姻制度

传说，由于洪水暴发，除了伏羲和女娲，大部分人都灭绝了，伏羲和女娲为了使人类能够繁衍下去，便决定结为夫妻。据神话传说《山海经》记载，女娲和伏羲兄妹商议结为夫妻，又觉得羞耻，于是把自己的命运托付给上天，决定用占卜的方式来决定，他们各自点起了篝火，发下大愿心，说："上天如果不让人类绝迹，要让我兄妹二人结为夫妻，就让两堆火的烟合为一股吧！若不同意我们结为夫妻，

古书《山海经》

就让两堆火的烟分开吧！”

两股浓烟纠缠在一起的时候，两人为了繁衍人类便开始了交合，他们都非常怕羞，伏羲便用草编织的扇子遮住彼此交合时候的表情。

女娲伏羲画像

伏羲和女娲成婚后，一心想让人类成为万物的主宰，可光凭女娲一个人能生多少孩子呢？两人陷入了深深的忧愁之中。忽然有一天夜里，女娲做了一个梦，梦见老天爷对她说：“你不用发愁，你可以挖些黄土，用云阳河水和成泥，抟土造人。”

第二天，女娲就叫伏羲在山前弄了一块平地，挖了些黄土，舀些云阳河水和成泥，动手捏泥人。女娲照着伏羲的样子捏了许多泥人，又按照自己的模样捏了许多泥人，她把捏好的泥人放到伏羲弄好的平地上晾晒。

过了七七四十九天，所有的泥人居然全都变活了，但是世界毕竟太大了，女娲工作了很久，双手都捏得麻木了，捏出的小人分布在大地上仍然显得十分稀少。

女娲想这样下去不行，就顺手从附近折下一条藤蔓，伸入泥潭，沾上泥浆向地上挥洒。结果点点泥浆都变成了一个个小人，与用手捏成的模样相似，这一来速度就快多了。女娲见新方法奏了效，越干越起劲，大地就到处有了人！

于是，女娲就将男女分开，还看各自的模样，俏丽配英俊，高个合高个，为他们配双结对。老天爷得知女娲将人按俊丑配双，急派风雨雷电诸神下凡找女娲论理，没想到他们把“论理”错听成“淋

女娲造人雕塑

灵符 我国宗教文化中的一种除魔降妖、祈愿祝福工具，在我国现在的很多地方，仍可以见到。灵符一般由有道行的法师，按照其法门的方法程序书写和运作，写的时候要全神贯注，心神合一，一边心念密咒，一边手执毛笔书写在纸上，写完后将神印盖在符纸之上，然后在神案前焚香向神明禀告，随之手执符纸念诵祝语经文等，这样才能显写出真正的灵验神符。

雨”，就一路电闪雷鸣，带着狂风暴雨一路奔来。

女娲见天气骤然变坏，就赶紧往洞里收泥人，慌刮之中把俊丑、高矮、胖瘦不一的泥人混到了一起，还有的泥人被碰断了胳膊，跌坏了腿，弄歪了鼻子，自此世上便有了先天残疾之人，世上的婚姻也从此改变了以相貌结缘的习惯。

相传女娲每造一人，取一粒沙作计，终而成一块硕石，女娲将其立于西天灵河畔。此石因其始于天地初开，受日月精华，灵性渐通。不知过了几载春秋，只听天际一声巨响，一石直插云霄，顶于天洞，似有破天而出之意。

女娲放眼望去，不禁大惊失色，只见此石吸收日月精华以后，头重脚轻，直立不倒，大可顶天，长相奇幻，竟生出两条神纹，将石隔成三段，纵有吞噬天、地、人三界之意。

女娲急施灵符，将石封住，心想自造人后，独缺姻缘轮回神位，便封它为三生石，赐它法力三生诀，将其三段命名为前世、今生、来世，并在其身添上一笔姻缘线，从今生一直延续到来世。

为更好约束其魔性，女娲思虑再三，最终将其放于鬼门关忘川河边，掌管三世姻缘轮回。当此石直立后，神力大照天下，跪求姻缘轮回者更是络绎不绝。

女娲造人的神话传说，蕴含着中华民族对自己创世纪历史的深邃认识和浅近质朴的表述。女娲用“黄土”孕育了中华民族，既浪漫而生动地揭示了女娲始祖孕育中华民族的历史，也科学反映了中华民族的发源地来自黄土地，它是古代劳动人民对自然现象和人类起源的一种朴素的解释和美丽向往。

忘川河 我国的神话传说中，人死之后要过鬼门关，经黄泉路，在黄泉路和冥府之间，由忘川河划之为分界。忘川河水呈血黄色，里面尽是不得投胎的孤魂野鬼，虫蛇满布，腥风扑面。要过忘川河，必过奈何桥，要过奈何桥，就要喝孟婆汤，不喝孟婆汤，就过不得奈何桥，过不得奈何桥，就不得投生转世。

女娲是中华民族共同人文始祖，是中华民族伟大的母亲。女娲文化博大精深，内容丰富，是史前文明和中华民族优秀的传统文化，它所承载的“造化自然、造福人民、博爱仁慈、自强不息”的思想内涵，已经内化为了中华民族伟大的民族品性，支撑着中华民族数千年来源远流长和传承不衰的古老历史。

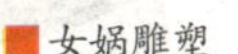

女娲雕塑

关于女娲造人后确立婚姻制度的传说有很多，相传女娲造人后，男女之间是随意匹配的。女子遇到男子，无一个不可使他为

香樟木雕女娲补天

我之夫。男子遇到女子，亦无一个不可使她为我之妻。

所以后来生出的子女，他的父亲究竟是谁，连他的母亲自己亦莫名其妙。女娲看到这种情形，觉得不妥，就和伏羲商量，要想定一个方法来改正它。

伏羲问道："你想定什么方法呢？"

女娲道："我想男女配做一对夫妻，必定使他们有一定的住所，然后可以永远不离开。不离开，才可以不乱。现在假定男子得到女子，叫作有室，女子得到男子，叫作有家，这家室两个字，就是一对夫妻永远的住所了。"

伏羲问："是男子住到女子那边呢？还是女子住到男子这边？"

女娲答道："我以为应该女子住到男子这边来。因为将男子和女子的体力比较起来，男子身强，女子体弱。那么男子去供给女子，保护女子，会比较容易。而女子以生理上不同的缘故，有时不但不能够供给男子、保护男子，相反必须受男子的供给与保护。既然如此，那么女子应该服从男子，住到男子那边去。所以我定了一个名字，男子得到女子叫作娶，是娶过来；女子得到男子叫作嫁，须嫁过去。大哥，你看这个方法怎样？"

伏羲听后觉得男女成了夫妻，就是家室之根本，尽可以公共合意，脱离他们现在的住所，另外创设一个家庭，岂不是好？何必要女的嫁过去，男的娶过来，使女子受一种依靠男子的嫌疑呢？就建议让他们自成一家。

但是女娲却想到，夫妻两个都有双方的父母，父母将子女辛辛苦苦养大，等到有了家室，儿子、女儿寻了一个匹配，双双的都到外边另组家庭，抛撇了一对老夫妻在老家里，寂寞伶仃，万一老夫妻之中再死去一个，只剩得一个孤家寡人，形影相吊，怎样过日子呢？

况且人年纪大了，难免耳聋眼瞎、行动艰难等情形，或者有些疾病，全靠有他的子女在身边，可以服侍他，奉养他。假使做子女的都各管各去了，这老病的父母交付何人？

讲到报酬的道理，子女幼时不能自生自养，全靠父母抚育，那么父母老了，不能自生自养，当然应该由做子女的去服侍奉养，这是天经地义的事，岂可另外居住，抛撇父母不管呢！

伏羲听后觉得很有道理，于是伏羲又问道："你所说男子必定要娶，女子必定要嫁，这个道理，我明白了。但是在那嫁娶的时候，另外有没有条件呢？"

女娲道："我想还有三个条件。第一个是正姓氏，第二个是通媒妁，第三个是要男子先行聘礼。"

伏羲听后觉得不解，姓氏这个东西，为什么要进行管理呢？于是女娲解释说，夫妻的配合是要他生儿育女，传宗接代的，但是同一个祖宗的男女却配不得夫妻，因为配了夫妻之后，生出来的子女不是聋就

秦砖上的女娲图案

是哑，或者带残疾。就是一时不聋不哑，不带残疾，到了一两代之后终究要发现的，所以要管理姓氏，是同姓的人不要配合。

伏羲听后觉得有理，又问通媒妁是什么意思？女娲再次解释起来，原来通媒妁是让郑重嫁娶的意思。当时男女配合全是由于情欲的冲动，而没有另外的心思。所以那种自由配合的夫妻，后来分开的亦是很多。夫妻配合，原想组织一个永远的家庭，享受永远之幸福的。

所以想通过媒妁的方法来使两个人拥有固定的关系。男女两个，果然要嫁要娶了，打听到或者看见某处某家有一个可嫁或可娶之人，那么就请自己的亲眷朋友或者邻里，总要年高德劭，靠得住的人，出来做个媒妁。

先商量这两个人到底配不配，年纪如何，相貌如何，性情如何，才干如何，平日行为如何，一切都斟酌定后再到那一方面去说。

那一方面，亦如此请了媒妁，商量斟酌定了，大家同意，然后再定日期，行个嫁娶之礼，一切都是由两方媒妁跑来跑去说的，所以叫作通媒妁。女娲见伏羲还有疑惑，接着解释，告诉了伏羲照这个方法

有很多好处。

女娲像

一则，可以避免男女情欲的刺激。因为男女自己直接商量，虽则各个都有慎重选择的意思，但是见了面之后，选择慎重的意思往往敌不过那个情欲的冲动，急于求成，无暇细细考虑也是有的。

现在既然有媒妁在中间说话，那媒妁又是亲眷、朋友、邻里中年高德劭靠得住的人，

那么对于男女两个的可配不可配，当然仔细慎重，不致错误。

伏羲女娲雕塑

二则，可以避免奸诈行为。男女自己配合，两个果然都是出于诚心那也罢了，最可怕的其中有一个并不诚心，或是贪她的色，或是贪他的财，或竟是贪图一时之快乐。于是用尽心机，百般引诱，以求那一方面的允许。

青年男女见识有限，不知不觉就陷入了其中。即或觉得这个事情有点不妙，但是观而之下情不可却，勉强应允也是有的。到得后来，那个不诚心的人目的既已达到，自然立刻抛弃。那被抛弃的人当初是自己答应的，自己情愿的，旁无证人，连冤枉也没有处叫。假使经过媒妁的商量斟酌，就可以避免这种事情的发生。

三则，可以减少夫妻离异。男子出妻，女子下堂求去，夫妻两个万万不能同居的时候出此下策，亦是无可奈何之事。但是，如果可以委曲求全，终以不离异为是。因为夫妻离异，究竟是个不祥之事呀！

不过人的心理都是喜新厌旧的，虽则嫁了娶了，隔了一晌，看见一个漂亮的人，难免不再发生恋爱，既然发生恋爱，当然要舍去旧人，再去嫁他娶她了。如果嫁娶的时候，限定他必须要通媒妁，那么就有点约束了。

已经请媒妁的，何以忽然又要请媒妁？他自己一时亦开不出这个口。况且媒妁跑来跑去，何等麻烦。嫁娶的时候又不知道要多少保媒费用，那么他们自然就不敢轻易离异，希图再嫁或再娶了。

女娲造人石刻

伏羲听后，觉得很有道理。他便接着问第三个条件行聘礼是怎么一回事？

女娲回答道："这些条件是我专对男子而设的。我主张女子住到男子那边去，我又主张女子服从男子，这是我斟酌其中的道理而说的，并非是重男轻女。我所以定出这个行聘的方法来，凡嫁娶之时，已经媒妁说明白了，男子必先要拿点贵重物件送到女家去，表明诚心恳求的意思，又表明尊敬礼貌的意思，这个婚姻才可以算确定。让那些男子知道，夫妻的妻字是齐字的意思，那么他们便会相敬如宾，不容易反目了。大哥，你说是不是？"

伏羲道："道理是很充足的，不过那行聘的贵重东西究竟是什么东西呢？索性也给他们决定了，免得那些不明事理的人又要争多嫌少，反而弄出意见来。"

女娲道："不错。我想现在最通行的是兽皮，最重要的亦是兽皮，就决定用兽皮吧。"

伏羲道："用几张呢？"

女娲道："用两张皮，取一个成双的意思，不多不少，贫富咸宜。大哥你看如何？"

伏羲笑道：“好好，都依你，都依你。只是你几个方法定得太凶了，剥夺人家的自由，制止人家的恋爱，只怕几千年以后的青年男女要大大的不依，骂你是罪魁祸首呢！”

女娲笑道：“这个不要紧，随便什么方法，断没有历久而不变的。果然到那个时候，另一个还要好的方法改变我的方法，我也情愿。况且一个方法能够行到几千年，还有什么说，难道还不知足吗？”

当下兄妹二人商议定了，到了第二日，就告诉百姓，以后男女婚姻必须按照女娲所定的办法去做，并且由女娲专管这件事。

女娲吩咐一个名叫蹇修的臣子，办理这媒妁通词的事情。自此以后，风俗一变，男女的配合不会同那些禽兽一样杂乱无章了。于是百姓给女娲取一个别号叫作“神媒”。

关于女娲有很多生动的神话故事，浓墨重彩描绘了女娲这位上古时期带领华夏先民治理洪水、孕育人类、建章立制、制作丝竹、创造文明、推进历史进程的始祖形象，高度赞扬了女娲战天斗地、征服自然、不屈不挠、仁慈博爱的始祖精神。

阅读链接

传说女娲能化生万物，女娲在造人之前，于正月初一造出鸡，初二造出狗，初三造羊，初四造猪，初五造牛，初六又造出马。到了初七这天，女娲用黄土和水，仿照自己的模样造出了一个个小人。

女娲造了一批又一批，感到速度太慢，于是扯下一根藤条，蘸满泥浆，挥舞起来，星星点点的泥浆洒在地上，都变成了人。可是怎样让人类永远生存下去呢？要是死了一批再重造一批，那太麻烦了。

于是女娲就创建了婚姻制度，自己充当人类的第一个媒人，把男子和女子配合起来，依靠自己的力量传宗接代，繁衍下去。

女娲补天的动人故事

女娲跟着哥哥伏羲一起管理华胥部落，百姓们生活过得非常安心。突然有一天，人们正在劳动，突然间听到一声巨响，紧接着人们感到脚下的大地开始抖动，就连对面两座山也左右摇晃着撞在了一起。

女娲补天雕塑

霎时间，两座山由内而外喷出火焰和泥浆，从山顶滚滚而下，环抱群山，还发出“轰轰隆隆”的怪声，飞沙走石，一条山谷很快就被泥浆掩埋了。山顶喷发出的黑色烟雾瞬间淹没了整片山林，变成了漆黑一团。

天昏地暗，日月无光，暴雨伴着泥石流从山上奔腾而来，洪峰铺天盖地，高达几十米甚至上百米，那种摧枯拉朽的狂潮，瞬间将人们的生命财

女娲像

产毁于一旦。焦急的女娲跑到山顶上一看，原来是水神共工和火神祝融打起仗来。他们从天上一直打到地下，闹得天地不宁，生灵涂炭，结果祝融打胜了，但失败了的共工不服，一怒之下，把头撞向不周山。

不周山崩裂了，支撑天地之间的大柱断折了，天倒下了半边，出现了一个大窟窿，地也陷成一道道大裂纹，山林烧起了大火，洪水从地底下喷涌出来，龙蛇猛兽也出来吞食人民。

女娲看百姓颠沛流离，十分心痛，立誓要把天上缺口补起来。她离开所住的崖洞，爬过无数高山，蹚过许多大河，到处寻求补天的办法，可是都无结果。

女娲疲倦极了，坐下来歇息，不知不觉睡着了，做了一个很奇怪的梦，梦中有一位神仙告诉她，昆仑山顶堆满了许多五色宝石，用大火将宝石炼过，就可以拿来补天。

共工 又称共工氏，是我国古代神话传说中的水神，掌控洪水。事实上，共工是黄帝时期的一个比较强大的部族首领。在当时，人们把共工与驩兜、三苗、鲧列入“四凶”。据说共工氏姓姜，是炎帝的后代，他发明了筑堤蓄水的办法。

女娲补天雕塑

女娲醒来后，就直奔昆仑山。昆仑山高耸陡峭，更有狮虎等恶兽无数，普通人上不了山。但她一心一意想早日找到补天的宝石替天下百姓消灾，道路崎岖险恶，全不加理会，日夜兼程，来到昆仑山下。

在昆仑山下，女娲举头一望，到处是锯齿似的荆棘、犬齿般的乱石，不但上山无路，山顶更高不可攀。然而她不怕险阻，拨开荆棘，攀过乱石，手脚伤痕累累，仍不分日夜往上爬。正当爬得疲惫不堪时，荆棘丛中突然扑出一只老虎，对她张牙舞爪。

女娲正要躲避，老虎抢先一步一把抓住了她，张开血盆大口，要咬她的头。她镇定地说："老虎，你先别性急，我这个头可以给你吃，可要等我去山顶找到宝石，补好天上缺口，你再来吃好不好?"

老虎似知人意，就放她走了。女娲再往上走，山越来越陡，雾也越来越浓，累得走不动了。她跌跌撞撞，爬爬滚滚，始终不停步。突然一阵狂风吹来，一只金毛雄狮从林中跃出，一口咬住女娲的头发。老虎从后面赶上来，对着狮子咆吼说："这人是我先抓到的，说好她补完天后让我吃，你竟敢抢先？"

狮子听了放下女娲，和老虎厮斗起来。结果狮子不敌，被老虎赶跑了。但老虎生怕女娲再让狮子抢去，就尾随女娲，一直跟到山顶。

女娲在昆仑山的山顶上终于找到五色宝石。她捡了许多，堆在山顶上，烧起一把大火，炼了九九八十一天，把宝石炼成熔浆。眼看熔浆炼成，女娲高兴极了，一次又一次用双手捧起熔浆拿去补天，直至天上缺口滴水不漏，她才舒了口气。

这时，地上的百姓见天河水不再漏下来了，便纷纷重整家园，再过平安的日子。女娲知道大功告成，完成了心愿，于是履行诺言，满心欢喜地对老虎说："你现在可以吃我了！"

女娲塑像

说完，女娲伸长颈项，等老虎来吃。说也奇怪，老虎并不来吃，反而和气地说："像你这样一个为民造福、舍己为人的姑娘，我怎么能吃？况且，你将天补得完整无缺，我看了也开心。只是你还有剩余熔浆，多补一些，不是更牢靠吗？"

女娲听了后，觉得老虎的话有道理，于是把剩下的熔浆全捧起来，高举双手，预备将缺口再加填补。眼看就要到天顶了，哪知突然从南海刮来一股狂风，吹得地动山摇，女娲手中捧着的熔浆也吹掉了。

女娲一急，竟哭了起来。老虎见她这样，就对她说：“姑娘先不要哭，快骑到我背上，我们去把熔浆追回来。”

女娲止住泪，立即骑到老虎背上。老虎飞身跳下山崖，脚踏彩云，向光彩夺目的熔浆追去。

老虎背着女娲飞过了三山五岳，又飞过黄河长江，因为风太急了，始终没有追上。其后风渐渐平息了，他们加快脚步，哪知色彩斑斓的熔浆又慢慢向茫茫的大地落下去，他们唯有加一把劲儿向下追去。追到洞庭湖上空，眼看就要追上了，老虎一时高兴，吼叫数声，慢了脚步。

就在这电光石火的一刹那，女娲来不及接回熔浆，眼看着熔浆直泻洞庭湖。熔浆一落到湖里，霎时间五彩缤纷，霞光万道，照得湖水通明透亮，不久熔浆就变成了72座形态不同的山峰，在水中半沉半浮，为那白玉盘似的洞庭湖添上了迷人的景致。

女娲补天

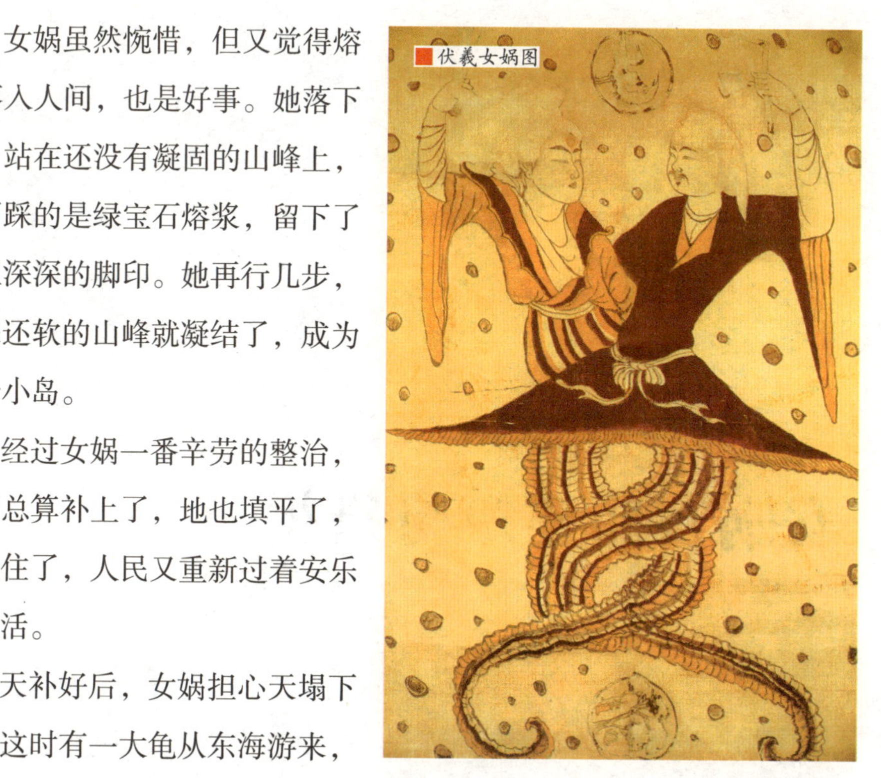
伏羲女娲图

女娲虽然惋惜，但又觉得熔浆落入人间，也是好事。她落下来，站在还没有凝固的山峰上，脚下踩的是绿宝石熔浆，留下了一双深深的脚印。她再行几步，原来还软的山峰就凝结了，成为一个小岛。

经过女娲一番辛劳的整治，苍天总算补上了，地也填平了，水止住了，人民又重新过着安乐的生活。

天补好后，女娲担心天塌下来。这时有一大龟从东海游来，献出了自己的腿。女娲过意不去，将自己的衣服扯下来送与它，从此龟游水不用腿而用鳍了。

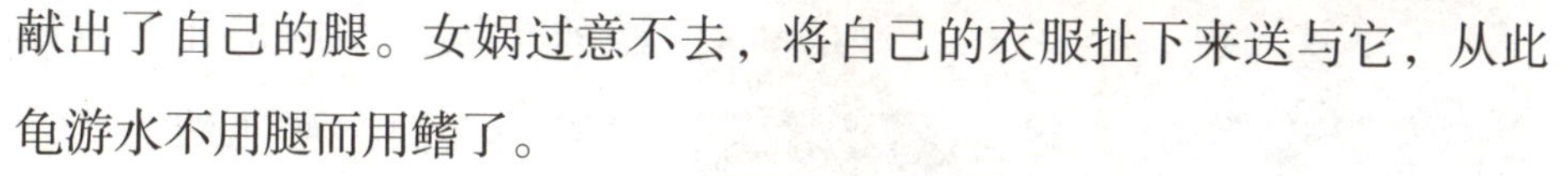

女娲用龟的四腿做擎天柱，因西、北两面的短些，故有“天倾西北”的说法，也因此太阳、月亮和众星辰都很自然地归向西方，又因为大地向东南倾斜，所以一切江河都东流入海了。

阅读链接

还有传说，女娲是在天台山上炼石补天的。传说女娲在天台山顶上堆巨石为炉，取五色土为料，又借来太阳神火，历时九天九夜，炼就了五色巨石36501块。然后又历时九天九夜，用36500块五彩石将天补好，剩下的一块便遗留在天台山中汤谷的山顶上了。天是补好了，可是却找不到支撑四方的柱子。要是没有柱子支撑，天就还会塌下来的。情急之下，女娲想到把背负天台山的神鳌四只足砍下来支撑四方。

女娲宫庙建筑与祭祀

娲皇宫女娲雕像

传说女娲去世后人们将她葬于风茔，后来在北齐的时候，人们在河北涉县为女娲建造了娲皇宫。娲皇宫是我国存留下来最大、最早的奉祀女娲的古代建筑群，自古就有“蓬壶仙境”之美誉。

娲皇宫旁边的北齐摩崖刻经群是娲皇古迹之精髓，共有6部，刻经面积165平方米，分5处刻于崖壁之上，共刻经文13.7万多字，“银钩铁划，天下绝奇”，是我国现有摩崖刻经中时代最早、字数最多的一处。

女娲宫

娲皇宫最早规模不大，只有三间石室和一些神像，后经过历代修建，规模不断扩大。存留下来的娲皇宫有建筑房屋135间，占地面积76万平方米，分为山上、山下两个建筑群。山下有朝元宫、停骖宫、广生宫和牌坊等。娲皇宫修建在山势陡峭、地势险峻的山腰上，在一处平台上面修建有娲皇阁、梳妆楼、迎爽楼、钟鼓楼、六角亭、木牌坊、水池房及山门等建筑。

娲皇阁坐北朝南，背靠断壁，是娲皇宫的主体建筑，它高达23米，是四层楼式结构，有琉璃瓦顶，依山势而建，结构非常奇妙。它第二至四层的三面有走廊，背靠山崖处有8根铁索，将楼阁缚在绝壁峭崖之上。阁外的山崖之上，还有过去的摩崖石刻《法华经》《神密解脱经》《盂兰盆经》《十地经》等10部佛教经典。

每年农历三月初一至三月十八，是祭祀女娲诞辰的日子。是时，不仅山西、河南、山东、河北等地的人前来朝拜，广东、福建也有人前来寻根，娲皇宫下汇聚了上万宾客，使祭祀活动成为一大盛景。

女娲是我国古代神话传说中华夏民族的共同始祖

法华经 《妙法莲华经》简称。“妙法”指的是一乘法、不二法；“莲华”是做比喻，形象地讲“妙”在什么地方，它的殊胜处，第一是花果同时，第二是出淤泥而不染，第三是内敛不露。《法华经》是佛陀释迦牟尼晚年所说教法，因经中宣讲内容至高无上，明示不分贫富贵贱，人人皆可成佛，所以《法华经》也誉为“经中之王”。

董仲舒 是汉代著名的思想家、哲学家、政治家、教育家。董仲舒认为，“道之大原出于天”，自然、人事都受制于天命，因此反映天命的政治秩序和政治思想都应该是统一的。董仲舒的儒家思想维护了汉武帝的集权统治，为当时社会政治和经济的稳定做出了贡献。

神，被列入“三皇”之中。汉代哲学家董仲舒的《春秋繁露》中载“雨不霁，祭女娲”，将女娲当作全能之神。女娲作为始祖母神、高媒之神历来都享受着国家和民间的祭祀和供奉。

女娲的神话流传甚广，并演变成一系列的社会风俗：民间祭祀、祈禳还愿、进香朝拜、人生礼俗、岁时节庆等。明代人杨慎在《同品》中记有：

> 宋以正月二十三日为天穿日，言女娲氏以是日补天，俗以煎饼置屋上，名曰补天穿。

人们称这天为“天穿节”。

女娲文化历史悠久，内涵极为丰富，她是人类

娲皇宫

■女娲观

始祖文化的杰出代表。主要包括民众和政府对人类始祖女娲抟土造人、炼石补天、断鳌足、立四极、治洪水、通婚姻和做笙簧等功德的朝拜祭祀，主要形式为传统娲皇宫三月庙会期间的民祭，九月十五的公祭，神话传说、女娲传说与村名地名的关系和婚嫁、生育、人生礼俗、岁时节庆等。

传统三月庙会的民间祭祀。相传农历三月十八为女娲生日，所以从农历三月初一开始，到三月十八，为娲皇宫庙会。

庙会期间，民间祭祀以摆社为主要形式。周边地区摆社以福建漳州、泉州，山西长治、榆次为主，每年农历三月十八，组织百余人，带着全套祭祀器具设备，到涉县娲皇宫寻根祭祖，谒拜女娲。

本地几乎村村有社，甚至一村多社，自清康熙年间以后，上顶朝拜的有七道社，分别为曲峧社、石门社、七原社、温村社、索堡社、桃城社和唐王峧社。

庙会 又称“庙市”或“节场”。是指在寺庙附近聚会，进行祭神、娱乐和购物等活动。庙会是我国民间广为流传的一种传统民俗活动，是一个国家或民族中被广大民众所创造、享用和传承的生活文化。

娲皇宫

农历三月初一，各社组织人员，多则上千人，少则几百人，全副古装穿戴。祭品有三牲太牢、时果三珍、馒首干果等，祭器设备有金瓜、钺斧、朝天镫、祭旗、功德旗、黄龙旗、五彩旗等。

祭祀队伍一字长龙，浩浩荡荡，甚是壮观。在这些民间活动中，还融入了音乐、舞蹈、服装、道具等极为丰富的文化内涵。

除集中民间祭祀摆社外，从三月初一开始，各地零散香客云集娲皇宫，祈禳还愿，整月川流不息。祈禳内容包括求福、求寿、求财、求前程、求子、求平安、求康健、问前程等；形式有坐夜、打扇鼓、撒米、结索开索、披红、垒石子、结红布、绑娃娃、开锁等，内容丰富多彩。

还愿即祈禳时所许之愿，在达到目的后的兑现之举，带上祭品、香纸、鞭炮等，到娲皇宫拜谒娲皇圣母。这种民族认同感和文化认同感，形成了丰厚的民俗文化氛围。

娲皇宫的进香朝拜时间是不太固定的，一般多在农历每月的初一或十五，平时也可。香客为社会各界人士，官民同祭。形式多为烧香叩首，进香朝拜，目的不外乎祈求国泰民安，物阜民丰，风调雨顺，五谷丰登，万事如愿，全家安康等。

除了民间祭祀外，历代帝王也会派人到娲皇宫进行公祭。据清嘉庆《涉县志》载：

> 我朝顺治、康熙、雍正间历经修理，每年以三月十八为神诞日，有司致祭，自月初一讫二十启庙门，远近士女坌集。

表明从清朝就已有公祭。至清末由于战乱而中断，基本形式、内容、范围已濒临失传。

为了恢复公祭，2003年9月和2004年9月，涉县人民政府组织在娲皇宫举行规格较高的公祭女娲大典。

女娲文化历史悠久，内涵极为丰富。女娲文化中还有很多内容与生活中的礼俗、习俗有联系。比如，相传伏羲、女娲兄妹成亲，由于害羞，女娲用草帘遮住脸，伏羲则用土把脸涂黑，两人才入了洞房。涉县的婚礼习俗中，新娘要蒙红盖头，新郎则用锅底灰把脸抹黑，这一习俗的起源就与女娲兄妹成亲的传说有关。

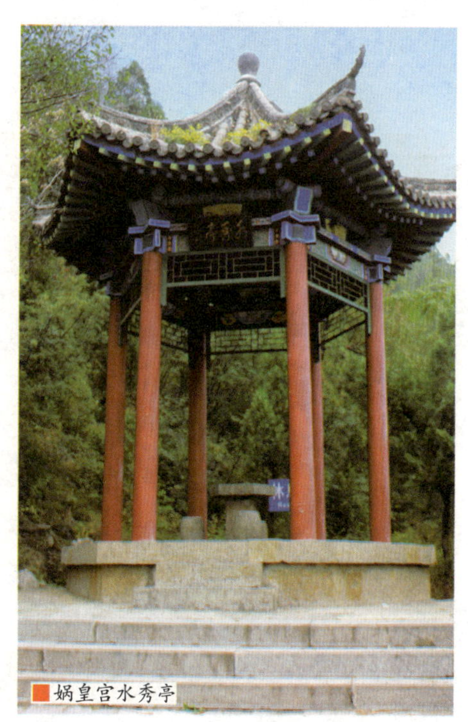

娲皇宫水秀亭

由于女娲创造了华夏先民，所以在涉县人民心中她不仅担当起了送子的重任，还要保佑孩子平安长大。远近的青年男女结婚后，如不生育，婆婆大都要带媳妇到娲皇宫求子，娲皇奶奶“送子”后还要把小孩儿的"真魂"锁在娲皇宫里照看，不被邪魔外道夺去，直到13岁成人时父母再带孩子来娲皇宫开锁，把孩子的"真魂"领回家去。

开锁时要由3个不同姓氏的人边唱开锁歌，边用荆条拍打孩子，每人反复开锁3次。唱词多是保佑孩子健康、聪明等内容，比如：天门开、地门开，奶奶面前开锁来。头上打打，精明伶俐，脚下打打，长命百岁。随着时代的变迁开锁歌的内容也在变化，比如现在比较流行的开锁歌歌中唱道："开开锁，心眼灵，来年考个博士生。"

开锁仪式也是一种较早期的成人礼。据涉县地名办考证，涉县的村名、地名很多与女娲文化有关，如弹音村与女娲造笙簧有关，磨盘山与女娲造人有关，桃城村与女娲教民种植有关等。

在我国古代传说中，女娲创造了人类，是人类最伟大的母亲，每当正月初一、正月十五、端午节、七夕节、中秋节等重要岁时节庆日，人们都要到娲皇宫拜谒女娲，并把这些节庆当作女娲赐给他们的幸福和节庆欢乐。

阅读链接

据相关文献记载，娲皇宫为北齐文宣皇帝高洋在位时所建的途中憩息之行宫。据这里碑文记载，此处古迹最早创建于汉文帝时，但当初规模很小，仅有"神庙三楹"。

另据《涉县志》记载，北齐文宣帝高洋，以邺为都城，以晋阳为陪都，高洋自邺至晋阳，往来于山下，遂起离宫，以备巡幸。他信释氏，喜刻经像，在这里较大规模地修建了娲皇宫，并在山麓开凿石室，内刻佛像，以后又将佛经刻于岩壁。

到了明代，娲皇宫又陆续修建了不少宫宇，清代又曾大规模重修。累经历代迭次修建，逐渐成为占地1.5万多平方米的一组建筑群。

神农

华夏始祖之一，我国远古时期部落首领神农炎帝教会了人们种植五谷，他奠定了农业基础。神农又制作了耒耜，用于播种五谷，解决了先民吃饭的大事，促进了农业生产的发展，为人类由原始游牧生活向农耕文明转化创造了条件，后被尊崇为中华民族的人文初祖。

炎帝神农氏为“宣药疗疾”，为人们治病，使百姓减少了病痛的折磨。他跋山涉水，行遍华夏大地，尝遍百草，了解百草之平毒寒温之药性，发现了具有攻毒祛病、养生保健作用的中药。

炎帝教百姓种植五谷

在远古的华夏大地上，生活着一支部落叫作有娇氏。其首领女儿名叫女登，嫁给了有熊氏部落首领少典为妻。

传说有一天，女登去华阳游玩时，她因感应神龙之气，在姜水河畔生下了一个孩子。这个孩子在生下来时牛首人身，第三天就会讲话，第五天就能行走，第七天牙齿长全。

远古炎帝彩像

女登给孩子取名叫石年，石年因为在姜水一带长大，也就是后来的宝鸡一带，所以有“姜”姓之称。小石年长大后，他继任了有娇氏部落的首领。他以火德称氏，因此被称为炎帝。据司马贞《三皇本纪》载：

神农氏，姜姓以火德王。母曰女登，女娲氏之女，忎神龙而生，长于姜水，号历山，又曰烈山氏。

炎帝祠

有一天，有一只周身通红的鸟儿，衔着一颗五彩九穗的谷粒飞在天空，当鸟儿掠过炎帝的头顶时，九穗谷掉在了地上。

炎帝看见了，就把穗谷捡起来埋在了土壤里，后来就长出了一棵苗，不久苗又结了穗。炎帝就把谷穗放在手里揉搓后放在嘴里，他感到很好吃。

炎帝从中受到了启发，他想要是把谷粒埋到土里，年年种植，年年收获，这样人们的食物就会源源不断了，人们的食物不就解决了吗？

但是在那时，五谷和杂草长在一起，哪些可以

火德 是金德、木德、水德、火德、土德的五德之一，五德也就是金、木、水、火、土的五行。以五行中的火来附会王朝历运的称为火德。

吃，哪些不可以吃呢？谁也分不清。炎帝就一样一样地尝，一样一样地试种，最后，他从中筛选出了菽、麦、稷、稻等五谷。

锄 我国西周时期发明的一种长柄农具，其刀身平薄而横装，专用于中耕、培土、松土、间苗、除草、疏松植株周围的土壤。有大锄、小锄之分，也有叉形和铲形之分。

炎帝为了教人们种庄稼，他就用石片在地里敲着、走着、喊着："草死，苗长。"

草听见炎帝的声音，就死去了。后来，人们变懒了，在天热时，大家就用绳子把石片吊在树上，便坐在树下敲着，喊着。但是草也不死了。

耒耜 我国古代的一种翻土农具，形如木叉，上有曲柄，下面是犁头，用以松土。耒耜的发明开创了我国的农耕文化。有了耒耜，才有了真正意义上的"耕"和耕播农业。

为了让禾苗长好，炎帝就用石片铲除苗地里的草，但是草一铲去，地又被晒干了，而且铲草很费力气。有时铲草劲使猛了，石片铲子也就断了。

炎帝就用断了的石片翻土割草根，这样一试，没想到比铲还省劲。据说锄就是这样产生的。

有一天，忽然刮起大风下起大雨了。炎帝发现吹断的树枝跌落在地上，就把地砸成一个又一个的大坑，有的还把泥土翻了出来。

炎帝看到这种现象，就开始琢磨。他把木料砍削

炎帝大殿

成一种翻土耒耜，先在屋旁翻土，后试着在种谷的地里翻土。

他回头看看翻过的土地，发现每棵苗的根部都培上了隆起的土包，杂草都被压在了下面。一沟一垄，很有规矩，禾苗生长在垄上，在微风中摇曳，像是很享受沙土的培护。

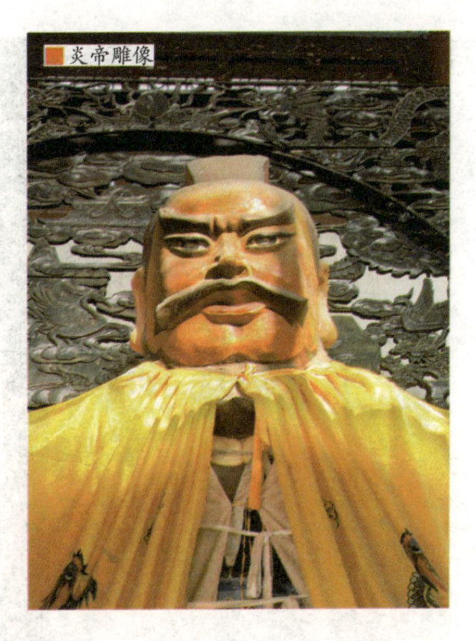
炎帝雕像

炎帝觉得这样很好。炎帝这种忘我劳动的精神，感动了众神，天上的玉皇大帝派太阳神、雨神和土地神一起来帮助炎帝种植。

在众神的帮助下，经过炎帝的精心侍弄，地里的禾苗茁壮成长。炎帝马上教会了人们种植五谷和除草的方法。还带领大家制作耒耜，耕翻土地，不断地扩大种植面积。随后，他又教人们打井汲水，对农作物进行灌溉。

春去秋来，收获的季节到了。地里的禾苗已经结出了黄澄澄的果实，在阳光的照射下闪着金灿灿的光。人们欢声雀跃，庆祝丰收。

炎帝心里格外高兴，他把收获的谷物分给人们吃。大家捧着这些香喷喷的食物，吃在口里，乐在心里，笑在脸上，你一言，我一语，赞叹不已。特别是老年人吃了，身体显得更加硬朗，红光满面，好像年轻了许多。

炎帝试种五谷成功后，收成就越来越多了。从此，人们就吃上了经过自己辛勤劳动和用自己汗水浇灌出来的五谷，满足了吃食的需要，使得生活大大得到了改善。

炎帝因为教人种植五谷，并发明了农具，以木制耒，教民稼穑饲养等，逐渐被人们称为“神农氏”，他对中华民族的生存繁衍和发展

炎帝神农氏之墓

做出了重要贡献。

随着五谷的大量种植，人们的食物逐渐有了剩余。于是，炎帝又把野生的猪、狗、羊、鸟、牛、鸡等进行人工饲养，既作为人们的肉食，又驯其畜力服务于人，由此又出现了畜牧农耕。

神农还教人们用麻织布，让人们穿上了衣服。那时，人们本无衣裳，仅以树叶、兽皮遮身，直到神农教人们用布做衣服后，人们才开始穿衣，这使得人类由蒙昧社会向文明社会迈出了重大一步。

神农还发明了五弦琴，用来给人们娱乐。他削桐为琴，结丝为弦，这种琴后来叫神农琴。据记载，神农琴长约1.14米，上有五弦，分别为宫、商、角、徵、羽。这种琴发出的声音，能道天地之德，能表神农之和，能使人们心情十分舒畅。

神农还削木为弓，以威天下。他发明了弓箭，能够有效防止野兽的袭击，能够有力打击外来部落的侵犯，能够保卫人们的生命安全和劳动成果。

神农又制作了陶器，他发明的陶器都是人们日常生活中需要的器皿，比如陶盆和陶罐，用来改善人们生活条件，解决人们的生活用具问题。

在陶器发明前，人们加工处理食物只能用火烧烤，有了陶器后，人们就可以对食物进行蒸煮加工

五弦琴 古琴的一种，历史悠久比较稀有。七弦琴比较广泛，五弦琴具有民族特点，发音柔和，音色圆润，音量不大。可用于独奏或为民歌、民间舞蹈伴奏。

了，还可以贮存物品和酿酒了。陶器的使用，改善了人们的生活条件。

在原始农业出现之前的采集渔猎时代早期，收获储备与食用是两个完全独立的过程，人们采集而储备的东西不一定都是食用的，人们食用的东西也经常是现采现吃，并不一定是先前储备的东西，而且人们储备的食物也往往不是植物种子。

伴随着陶器出现，人们也具备了安全有效的贮藏手段，因而能够长期储备食物和饮水，从而把采集储备和食用两个独立过程紧密结合一起。只有在这种情况下，人们才会形成大量获得植物种子的需求。

人们最早种植的是葫芦，在种植葫芦的过程中，人们积累了比较丰富的种植技术。其实人们开始种植葫芦时，也不是因为需求而想到种植葫芦，而是偶然出于爱好和玩耍开始了葫芦的种植。

我国许多地方民间存在着禁食葫芦籽的风俗，大人们会用“吃葫芦籽会长龅牙”之类的话吓唬小孩子，说明人们对葫芦籽的重视和保护，也暗示了葫芦栽培历史的悠久。

当我们的祖先把种植葫芦转向种植粮食作物并获取种子时，原始农业就诞生了。

阅读链接

相传，神农有一次梦见天堂栽着一种称为“稻”和籽叫“谷”的植物，这种植物可吃、可藏、可种，这正是神农要找的。但是，他不知怎样才能把谷种取回来。

有一天，神农问他身边的狮子狗说：“你知道该怎样去天堂找谷种吗？”

狮子狗点了点头。神农大喜，就请求狮子狗到天堂去取回谷种。狮子狗不停地奔跑，终于到了天堂见到了稻谷。但是，稻谷有天神把守着。狮子狗就悄悄地洗了个澡，然后跑到谷堆上打了个滚，把稻谷沾在身上，回到了人间。

神农尝百草治病救人

后来，神农还逐渐发现，人们在采集活动中经常误食某些有毒的植物，结果发生呕吐、腹疼、昏迷甚至死亡等现象。

神农同时发现，人们吃了某些植物，能消除或者减轻身体的一些病痛，或解除因其他食物而引起的中毒现象。在渔猎生活中，神农又

炎帝陵

炎帝神农雕像

发现，吃了某些动物的肢体、内脏，能产生特殊的反应。

那时候，五谷和杂草长在一起，药物和百花混在一起，哪些植物可以吃，哪些植物可以治病，谁也分不清，人们只能靠打猎生活，但是天上的飞禽越打越少，地下的走兽也越打越稀，人们只好饿肚子了。同时，人们苦于无医无药，生疮害病时只能忍受病痛的煎熬。

有一回，神农的女儿花蕊病了。水不思，饭不想，浑身难受，腹胀如鼓，怎么调治也不见好，神农帝很为难，他想了想，抓了一些草根、树皮、野果和石头，数了数，共12味，招呼花蕊吃下，自己因地里的活儿忙，就走了。

花蕊吃了那药以后，肚子疼得像刀绞一样。没多大一会儿，竟生下一只小鸟儿，然后她的病也就好了。这可把周围的人们给吓坏了，都说："这只鸟儿是个妖怪，赶紧把它弄出去扔了。"

谁知这小鸟通人性，见人们都讨厌它，就飞到地里寻神农。神农正在树下打瞌睡，忽然听到从树上传来的声音："叽叽，外公！叽叽，外公！"

神农抬头一看，见是一只小鸟儿。嫌它吵人心烦，就一抡胳膊把小鸟儿撵飞了。但是没多大一会儿，这只小鸟儿又飞回到树上，又

陕西宝鸡炎帝陵

叫：“叽叽，外公！叽叽，外公！”

神农觉得非常奇怪，拾起一块土坷垃，朝树上一扔，把小鸟儿吓飞了。但又没多大一会儿，小鸟儿又回到树上，又叫：“叽叽，外公！叽叽，外公！”

神农这回没有驱赶小鸟儿，他听清了小鸟儿说的话，就把左胳膊一抬，说：“你要是我的外孙，就落到我的胳膊上！”

那小鸟儿真的扑棱棱飞下来，落在神农的左胳膊上。神农细看这小鸟儿，浑身翠绿，透明，连肚里的肠肚物也能看得一清二楚。神农托着这只玲珑剔透的小鸟儿回到家，大家看神农将小鸟儿带了回来，吓得连连回退，说：“快扔了，妖怪，快扔了……”

神农乐哈哈地说：“这不是妖怪，是宝贝哟！就叫它花蕊鸟吧！”

神农又把花蕊吃过的12味药分开在锅里熬。熬一味，喂小鸟一味，一边喂，一边观察，看这味药到小鸟肚里往哪走，有啥变化。神农自己再亲口尝一尝，体会这味药在自己肚里是啥滋味。12味药喂完了，尝完了，发现药一共走了手足三阴三阳“十二经脉”。

神农托着这只鸟儿上大山，钻老林，采摘各种草根、树皮、种子、果实；捕捉各种飞禽走兽、鱼鳖虾虫；挖掘各种石头矿物，一样一样地喂小鸟儿，自己又一样一样地亲口尝。观察体会它们在身子里各走哪一经，各是何性，各治何病。

神农发现哪一味药都只在“十二经脉”的范围里打圈圈，超不出这些脉络。天长日久，神农就总结出人体有“十二经脉”。

神农想想，还不放心，就手托这只鸟继续验证药性，他来到太行山，转悠了九九八十一天，来到小北顶，捉了一个全冠虫喂小鸟儿，没想到这虫子毒性太大，一下子把小鸟儿的肠子打断了，小鸟儿死了。神农真是后悔极了，他悲痛不已，大哭了一场。为了纪念小鸟儿，神农就选了上好木料，照样刻了一只鸟儿，走到哪里就带到哪里。

经脉 我国中医指人体内气血运行的通路。经脉可分为正经和奇经两类。正经有十二，即手足三阴经和手足三阳经，合称“十二经脉”，是气血运行的主要通道。奇经有八条，即督、任、冲、带、阴跷、阳跷、阴维、阳维，合称“奇经八脉”，有统率、联络和调节十二经脉的作用。

炎帝祠

后来，神农为了能够了解更多草药的药性，他便带着一批人，从家乡出发，向西北大山走去。他们走啊，走啊，腿走肿了，脚起茧了，还是不停地走，整整走了七七四十九天，走到了一个地方。只见高山一峰接一峰，峡谷一条连一条，山上长满了奇花异草，从很远就能闻到香气。

神农带领着大家正往前走，突然从峡谷里蹿出一群虎豹蟒蛇，把大家团团围住。大家挥舞木棍，向野兽打去。可是打走一批，又来一批，一直打了七天七夜，才把野兽都赶跑了。那些虎豹蟒蛇身上被木棍抽出的一条条或一块块伤痕，后来就成了它们皮上的斑纹。

大家觉得山里太险恶了，就劝神农回去。但他摇摇头说："不能回！大家饿了没吃的，病了没草药，我们怎么能回去呢？"

神农说着领头进了峡谷，来到一座茫茫大山脚下。这座山半截插在云彩里，四面是刀切似的悬崖，崖上挂着瀑布，长着青苔，溜光水滑，很难爬上去。大家又劝神农放弃，还是趁早回去。

炎帝陵一角

神农摇摇头，仍然说："不能回！大家饿了没吃的，病了没草药，我们怎么能回去呢？"

神农站在一个小石山上，对着高山，上望望，下看看，左瞅瞅，右瞄瞄，打主意，想办法。神农想着想着，突然，他看见几只金丝猴顺着高悬的古藤和横倒在崖腰的朽木爬来爬去。他灵机一动，把大家喊来，叫人砍木杆，割藤条，靠着山崖搭成架子，一天搭上一层，从春天搭到夏天，从秋天搭到冬天，不管刮风下雨，还是飞雪结冰，都没有停工。

就这样整整搭了一年，搭了360层，才搭到山顶。传说，后来人们用的脚手架，就是学习神农的办法。

炎帝陵前的狮子

神农带着大家攀登木架上了山顶，他亲自采摘花草，放到嘴里尝。为了防备虎豹狼虫，为了能在这里尝遍百草，他为人们找吃的，找草药，又叫大家在山上栽几排冷杉，当作墙壁防野兽，并在墙内盖茅屋居住。他们当时住的地方就是后来的“木城”。

白天，神农领着人们到山上尝百草。晚上，他把百草详细记载下来。神农尝百草是十分辛苦的事，不仅要爬山走路寻找草木，而且品尝草药还有生命危险。神农为了寻找草药曾经在一天当中中毒几十次，神农被毒得死去活来，痛苦万分。可是凭着他的强壮的体力，又坚强地站起来，继续品尝更多的草药。

大地上的草木品种多得很，数也数不清，神农为了加快品尝草木的速度，使用了一种工具，叫“神鞭”，也叫“赭鞭”，用来鞭打各种各样的草木，这些草木经过赭鞭一打，它们有毒无毒，或苦或甜，或寒或热，各种药性都自然地显露出来。神农就根据这些草木的不同特性，给人们治病。

赭鞭 相传，神农氏用赤色神鞭鞭打各种草木，详尽地了解草木是有毒还是无毒，是凉性还是热性。赭鞭，即是赤色的鞭。因神农氏有圣德，为火德之帝，故用赤鞭。

传说有一次，神农在深山老林采药，被一群毒蛇围住。毒蛇一起向神农氏扑去，有的缠腰，有的缠

西王母 道教女神。天下道教主流全真道祖师，西王母亦称为金母、瑶池金母、瑶池圣母、西王母。西王母与东王公皆为太元圣母所生，共为道教尊神。在道教神话体系中，王母娘娘是天上的所有女神仙的统领。在著名的道教宫观中，一般把她描绘成一位30岁左右的非常美貌的女性。

腿，有的缠脖子，想置神农于死地。神农寡不敌众，终被咬伤倒地，血流不止，浑身发肿。他忍痛高喊：“西王母，快来救我。”

王母娘娘闻听呼声后，立即派青鸟衔着她的一颗救命解毒仙丹在天空中盘旋窥探，终于在一片森林里找到了神农。毒蛇见到了王母的使者青鸟，都吓得纷纷逃散。

青鸟将仙丹喂到神农口里，神农逐渐从昏迷中清醒。青鸟完成使命后翩然腾云驾雾回归。神农感激涕零，高声向青鸟道谢，哪知，一张口，仙丹落地，立刻生根发芽长出一棵青草，草顶上长出一颗红珠。

神农仔细一看，与仙丹完全一样，放入口中一尝，身上的余痛全消，神农便高兴地自言自语：“有治毒蛇咬伤的药方了！”

于是，给这味草药取名“头顶一颗珠”。后来，

■炎帝陵

神农炎帝故居

人们给它命名为“延龄草”。

还有一次，神农把一棵草放到嘴里一尝，突然一头栽倒。大家慌忙扶他坐起来，可是他已经中了毒，不会说话了，只好用最后一点力气，指着面前一棵红亮亮的灵芝草，又指指自己的嘴巴。

大家慌忙把那红灵芝放到嘴里嚼嚼，并喂到神农嘴里。神农吃了灵芝草后，毒气解了，头不昏了，又能说话了。

人们担心神农这样尝百草太危险了，都劝他还是下山回去，但他仍然摇摇头说：“不能回！大家饿了没吃的，病了没草药，我怎么能回去呢？”

说罢，神农又接着尝百草。神农尝百草时，随身带着一只能看到人五脏六腑、十二经络、帮助他识别药性的獐鼠。

有一天，獐鼠吃了巴豆，腹泻不止。神农把獐鼠放在一棵青叶树下休息，过了一夜，獐鼠居然奇迹般地康复了，原来是獐鼠吸吮了青树上滴落的露水解了毒。

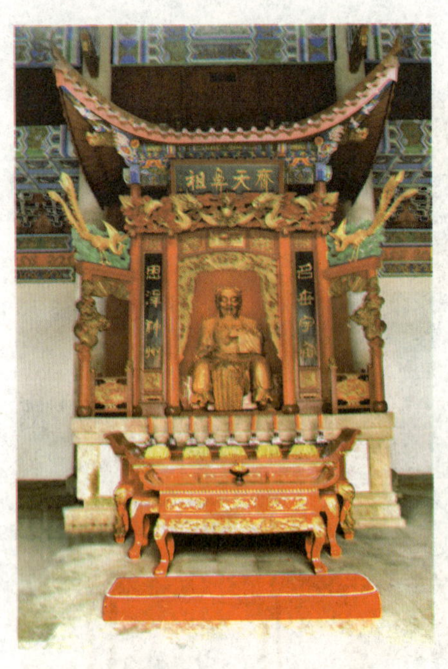

炎帝陵炎帝塑像

神农摘下青树的叶子放进嘴里品尝，他顿感神志清爽，还甘润止渴。他就教人们种这种青树，这就是后来的茶树。

神农尝完一山的花草后，他又到另一山去尝，还是用木杆搭架的办法，攀登上去。一直尝了七七四十九天，踏遍了这里的山山水水，甚至登上了具有仙境之称的燕子垭、天门垭，继而攀登回生寨，以便将回生寨的72种还阳药记入他的紫竹简《神农本草经》内。

《神农本草经》 我国汉族传统医学四大经典著作之一，作为现存最早的中药学著作约起源于神农氏，代代口耳相传，于东汉时期集结整理成书，成书作者不详。但并非出自一时一人之手，而是上古、先秦、秦汉时期众多医学家收集、总结、整理当时药物学经验成果的专著，是对中国中医药的第一次系统总结。

据传说，这回生寨的还阳药能够起死回生，所以称之为“回生寨”。当神农在跨越回生寨中一座独木小桥时，他不慎将《神农本草经》中关于72种还阳药的竹简失落桥下，此桥因而得名“失书桥”。而回生寨因为一年四季香气弥漫，遂改名“留香寨”。

后来，人们为了纪念神农尝百草、造福人间的功绩，老百姓就把这一片茫茫林海，取名为“神农架”。而神农撰写的人类最早的医学著作《神农本草》，奠定了我国中医学的基础，也开创了中医学文化，因此被人们称为医药之圣。

随着农业的出现，人们的劳动果实有了剩余，神农便设立了集市，让人们把吃不完、用不了的食物和东西，每天中午拿到集市上去交换，从而出现了我国最原始的商品交易市场。

后来，神农还和黄帝部落缔结了联盟，共同打败了九黎族蚩尤，他们两人在自己部落里威望都很高。

神农管理自己的部落时，他治理得很有方法。他不求回报，不贪天下之财，一心想使人们共享幸福。他以德以义，不赏而民勤，不罚而邪正，不忿争而财足，无制令而民从，威厉而不杀，法省而不烦，神农部落的人们都很尊敬和爱戴他，都想推举他做黄帝和神农联盟的新首领。

与此同时，黄帝的治理也非常贤明，于是他也被自己部落的人们推举为联盟的新首领。这样一来，黄帝和神农就不得不相互较量决出胜负，这场决战就是著名的阪泉之战。

开战之后，黄帝率领“熊、罴、狼、豹、貙、虎”六部军队在阪泉之野与神农摆开战场，六部军队各持自己的崇拜物为标志的大旗，黄帝作为六部统帅也持一面类似“大纛”之旗，列开了阵势。

神农在黄帝没有防范的情况下，先发制人，以火围攻，使得轩辕城外浓烟滚滚，遮天蔽日，黄帝用水熄灭火焰，并率兵将神农赶出阪

炎帝陵

炎帝陵

泉之谷，并嘱咐手下士兵只和神农斗智斗勇，不得伤其性命。在阪泉河谷中，黄帝竖起七面大旗，摆开了兵法中的星斗七旗战法。

神农火战失利之后，面对星斗七旗战法，无计可施，就回到营内，不再挑衅。黄帝仰慕神农的医药和农耕技术，决心与他携手创建文明国家。

黄帝在神农营外摆阵练兵，千变万化的阵法层出不穷，星斗七旗阵，让神农看得眼花缭乱。在长达三年多的操练中，黄帝各部的战斗力逐渐增强了。

神农则利用山崖做屏障，只是观望阵势，不主动出战。黄帝在三年多的时间内，一边以星斗七旗战法练兵进行掩护，一边派兵日夜掘进，将洞穴挖到神农营的后方。突然有一日，黄帝兵将突然蹿出，偷袭了神农阵营，捉住了神农。

神农心服口服了，他没有听从属下的建议要求再战，而是主动说服部下归附了黄帝。黄帝做了联盟首领，神农则主动要求分管农业。

黄帝把联盟治理得非常好，神农与黄帝也配合得非常好，在他的领导下，农业经济得到了很大发展，极大地推动了社会的发展。神农开创了丰富多彩的原始物质文明和精神文明，由此而形成的神农文化与黄帝文化融合为炎黄文化，成了中华文化的源头。

神农和黄帝本为兄弟，只是后来分家治理不同的地域罢了，家族的第一原则就是合族，而不是依靠战争征服。神农晓明大义，最后将小宗归为大宗，所以从黄帝开始，人们便尊黄帝、神农为人文始祖，是华夏道统的象征。

黄帝与神农两个部落渐渐融合成了华夏族，两人都是我国民族、文化、技术的始祖，传说他们以及他们的臣子、后代在上古时创造了几乎所有重要的发明。

神农精神主要是探险精神和奉献精神，以及敢为人先的创造精神和百折不挠、自强不息的进取精神。神农精神使最早的华夏民族在与自然和社会斗争中，摆脱了愚昧和野蛮，能够追求先进、文明与和平，这种精神使华夏民族获得了高度的团结和统一。

炎黄文化博大精深，绵延不衰，培育了一代又一代的中华儿女，激励着一代又一代炎黄子孙为了中华民族而奋斗不息。炎黄子孙都有着对自己伟大民族和共同祖先的认同感和自豪感，炎黄文化已成为维系炎黄子孙团结友爱的巨大精神力量。

阅读链接

在神农架，有一个流传极广的故事。相传有一次，神农采药尝百草时中毒，生命垂危，他顺手从身旁的灌木丛中扯下几片树叶嚼烂吞下去，用以解毒疗疾。结果奇迹出现了，这几片树叶救了神农的命。于是，神农将这种树叶命名为“茶”，并倡导植茶、喝茶。

恢宏的神州第一陵

神农与黄帝建立联盟后，神农除了分管农业发展外，他继续游历各地，遍尝百草，为民治疗疾病。有一天，神农来到后来的湘赣交界处，他遇上了70多种毒草，以致误尝了断肠草，最终殒命了。

神农去世后，人们将其用棺木装殓，驾船北上，准备送到神农故土安葬。但船行到洣水畔的鹿原陂时，船突然倾翻，不能再行了。

炎帝祠

原来这里曾经是天庭里太上老君养神鹿的地方。后来，由于天庭的需要，太上老君把养鹿场迁出了天庭。太上老君看到人间美好，特别是这里的人们勤劳、淳朴、善良，就打算造福人间。

他就把一批神鹿留在了此地，于是这里就叫“鹿原陂”了。这里森林茂密，绿草茵茵，百花四季常开，神鹿成群、迷雾重重，犹如人间仙境。

神农尝百草路过此地时，他发现此地奇花异草很多，就经常在此地采药、炼药、配药、验药，并给这里的人看病、治病。

他还用图画或特殊符号把药的形状、性质、用途以及病例一个一个地记载了下来，用来造福百姓。传说，他的很多药方都是太上老君赏赐的，因为神农在鹿原陂的辛勤劳动感动了太上老君。

神农也很留恋这个地方，当他的棺木行到此处时，他就不愿走了。人们见此地山环水绕、气象不凡，更因为当地人们的主动挽留，就在此地安葬了神农，并修建了炎帝陵。

炎帝陵坐落于株洲的鹿原陂，当时只是一个简单的陵墓。在洣水河的一湾名叫斜濑水的地方，它的东面是青山绿水，南面是一马平川，非常开阔。

那狭长盆地之中突兀隆起方圆大约1000米的“翠微高原”，陂上

炎帝陵的香炉

陂下，浑然相连一体的两栋重檐翘角的高大楼宇，金碧辉煌，气势恢宏，这里便是炎帝陵。

斜濒水边，圣陵西侧，一方摩崖石刻“鹿原陂”3个大字，这是后来清道光年间酃县知县沈道宽手书，笔力千钧，思接千载，传递着深深的“寻根谒祖”的民族感情。

在陂下，是后来经过修缮的炎帝陵殿。在陂上，便是后来建的公祭区，主体建筑为神农大殿。炎帝陵殿，矗立着神农氏金身祀像。神农大殿，耸立着炎帝神农氏石雕祀像。

两座炎帝像尽管风格迥异，意蕴却是一致。神农赫赫的“八大功绩”为神农大殿左、右、后三面墙上巨幅石雕壁画的内容：

重檐 我国古代建筑经常出现的一种建筑形制之一，是在基本型屋顶重叠下檐而形成。其作用是扩大屋顶和屋身的体重，增添屋顶的高度和层次，增强屋顶的雄伟感和庄严感，调节屋顶和屋身的比例。有重檐庑殿、重檐歇山和重檐攒尖三大类别。

始种五谷以为民食、制作耒耜以利耕耘、遍尝百草以治民恙、织麻为布以御民寒、陶冶器物以储民用、日中为市以利民生、制弧剡矢以御侵凌、居榭造屋以安万民。

沈道宽 字栗仲，浙江宁波人，曾做过湖南酃县和桃源的知县，书法造诣很高，还非常擅长画山水画，是清朝时一位颇有名气的书画家。

陵墓千百年来一直有成百上千的白鹭守卫着。每当夕阳西照、彩霞满天的时候，就会有成群结队的白鹭从四面八方飞向炎帝陵，降落在参天古木之上。白鹭为什么会世世代代为神农守陵呢？

传说神农逝世后，不但人间处处哀痛，就连飞禽走兽也都为之悲伤。飞禽们听到噩耗后，立即召集百鸟商讨，如何报答神农的大恩大德。因为是神农教人们种五谷作为食物后，才使它们得以休养生息并免遭捕杀的。

百鸟决定派出代表前往吊唁神农，就让一队白鹤和一组大雁作为飞禽的特使，前往参加神农丧礼。

炎帝神农雕像

炎帝陵的雕像

白鹤、大雁受命之后，身披白孝服，口念哀悼词，日夜兼程，不停不歇，朝着治丧的地方飞去。

因为天高地阔，路途遥远，白鹤、大雁飞了很久才飞到鹿原陂。而这时，神农的灵柩早已安葬完毕，它们责备自己没有赶上葬礼，就在炎帝陵前天天哀哭。

它们这样虔诚的哀痛感动了玉帝，玉帝下旨给它们正式取名为“白鹭”，并命它们作为天使守卫炎帝陵。所以，炎帝陵的白鹭总是特别多。后人见此奇观，曾作诗歌颂。诗道：

口碑同赞神农业，乔木轻摇太古春。
白鹭护陵花锦簇，苍梧云气共嶙峋。

神农功德同天地，鹿原有幸葬炎帝。
千古遗风说到今，白鹭虔心守炎陵。

我国历朝历代对炎帝陵的维护和修缮都很重视。在汉代，就开始了对炎帝陵的祭祀。

967年，宋太祖钦命在炎帝陵前立庙。同时诏禁樵采、置守陵户。此后历朝历代，对炎帝陵祭祀、修葺不断。

1186年，衡州守臣刘清之鉴于炎帝陵的神农庙比较小，于是奏请朝廷，要扩大规模，重建炎帝庙。

在宋代以后至元代近百年间，朝廷只有祭祀炎帝陵的活动，而没有诏修炎帝陵庙的记载。到了明代，有关炎帝陵庙的修葺史书记载颇详，较大规模的修葺就有3次：

第一次是1370年，明太祖朱元璋即位后，便诏命遍修历代帝王陵寝，由此炎帝陵庙也得到了一次全面修葺。

第二次是1524年，由酃县知县易宗周主持。这次重修是在原庙旧址上拓宽兴建，基本上改变了旧庙原貌。

第三次是1620年。酃县知县派人于路旁募款，发起重修。新庙规模虽因循旧制，但庙貌大为改观。

到了清代，对炎帝陵庙的修葺有据可查的有9次。1647年，南明将领盖遇时部进驻酃县，屯兵庙侧，炎帝陵庙遭到破坏。之后，当地官民士绅及时进行了补葺，但当时修葺未能完善。

炎帝陵

太仆寺 我国古代负责管理安排皇帝出行所使用的车马的最高机关，同时负责对皇宫之中所有官用马匹的牧养、训练、使用和采购等的管理。分设为天、地、春、夏、秋、冬六官。

少卿 是我国明清时期的官制之一。在清朝，通常为光禄寺、太仆寺等辅助部门的从官，约在正四品至正五品之间。上有兼管大臣负责监督，辖下也有主簿等协助工作。

1696年，清圣祖康熙帝派遣太仆寺少卿王绅前到炎帝陵告灾致祭。王绅见陵庙破损严重，就回朝廷奏请修葺，康熙帝准奏。由酃县知县龚佳蔚督工，整修一新，但是未能恢复前代规模。

1733年，知县张浚动用国帑，按清王朝公布颁行古帝王陵殿统一格式重建，陵庙统称陵殿而正其名。

这次修建，奠定了炎帝陵殿的基本形制，形成了“前三门、行礼亭、正殿、陵寝”的四进格局。整座陵殿为仿皇宫建筑，气势恢宏，体现了我国古代建筑的传统特色。

1837年，是清朝最大的一次修复炎帝陵，由知县俞昌会主持、当地士绅百姓募资捐款所进行的一次重修。工程自孟夏开始，年底竣工，费时8个月有余。

这次重修后的炎帝陵殿，高大宽敞，金碧辉煌，庄严肃穆，蔚为壮观。各附属建筑，依山傍水，错落有致，与主殿相辉相映，形成了一个统一的整体，也为炎陵山增添了无限秀色。

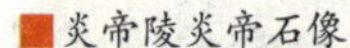
炎帝陵炎帝石像

■炎帝陵风光

后又经过多次修缮，重修后的炎帝陵殿，规模较前稍有扩大，整个建筑占地面积3800多平方米。

炎帝陵殿位于炎陵山西麓，是炎帝陵景区的主体景点，沿陵墓南北纵轴线均衡对称布局，坐北朝南，南临洣水，南北长73米，东西宽40米，面积4936平方米，建筑面积903平方米。

陵殿外修复了咏丰台、天使馆、鹿原亭等附属建筑。整个建筑金碧辉煌，重檐翘角，气势雄伟，富有民族传统风格。

陵园保持了浓郁的建筑风格，红墙黄瓦，古木参天，庄严肃穆，气势恢宏。陵殿分为五进：

第一进为午门，拱形石门，高4米、宽2.6米，门前为边长50米的朝觐广场，左右分列为拱形戟门和长方形掖门，门扇均为实榻大门。

午门正中，有一块汉白玉石碑，前嵌盘龙龙陛，取名龙盘虎踞，是天下一统、江山稳固之意。石碑的

午门 我国古代所有的建筑物都是非常讲究八卦方位的，尤其是皇家的陵墓。陵殿尤其要布局工整，不能犯忌讳。由于用十二时辰象征方位，午就相当于陵殿的南方。古代皇族认为南字音同难，不吉利，因此都把南门称为“午门”。

左右分立雄健的山鹰和白鹿花岗石雕。

关于这两座石雕，还有一个故事。相传炎帝的母亲叫女登，有一天晚上，她梦见天上的太阳落在怀里，感到又温暖又舒服。一年零八个月后，女登生下一个红球，红球在地上滚了几滚之后裂开，中间坐着一个胖乎乎的男孩儿，他就是后来的炎帝。

彩绘 在我国自古有之，被称为丹青。其常用于我国传统建筑上绘制的装饰画。我国建筑彩绘的运用和发明可以追溯到两千多年前的春秋时代。它自隋唐期间开始大范围运用，到了清朝进入鼎盛时期，清朝的建筑物大部分都覆盖了精美复杂的彩绘。

有一天，女登和大家一起去采果实，便把孩子放在一块大石头上，让孩子晒太阳。谁知孩子睡醒后，感到又热又饿，便哇哇大哭起来，哭声惊动了山中的生灵。

这时，岩鹰飞了过来，为孩子遮阴扇凉。接着，山鹿也跑过来，为孩子喂奶。孩子歇阴纳凉，吃着鹿奶，甜甜地睡着了。

此后，每当女登离开孩子时，鹰和鹿都会很快过来照顾护理。因此人们认为鹰和鹿也是炎帝的母亲。

炎帝去世后，为了纪念炎帝的三位母亲，人们就

炎帝陵风光

神农大殿

雕刻了石鹰、石鹿，安放在炎帝墓冢左右，和炎帝同等祭祀。

967年修建炎帝庙时将石鹰、石鹿移放在主殿前方的左右两侧了。

第二进为行礼亭，是炎黄子孙奉祀始祖的地方。这里采用庑殿顶，前后檐各四柱落脚的三开间长方亭，面宽14.03米，进深5.53米，亭高8.33米，正上悬挂着一块写着“民族始祖、光照人间”的匾额，亭前嵌双龙戏珠龙陛，取名双龙起舞，是盛世逢年、天下太平之意。

亭中设置香炉、烛台，供人们进香祭拜行礼之用。行礼亭左右为卷棚硬山式碑房，收集了历代告祭文残碑8通。

第三进为主殿，殿前的龙陛为汉白玉卧龙浮雕，卧在炎帝陵前，雕刻艺术精湛无比，活灵活现，取藏龙卧虎、皇权至上至尊之威。陵殿门额高悬着一块写着“炎黄子孙、不忘始祖”的匾额。

陵殿是重檐歇山顶，面宽21.16米，进深16.94米，占地358.5平方米，殿高19.33米，由30根直径0.6米的花岗岩大柱按四排前廊式柱网排列支撑，上下檐为单翘昂头五踩斗拱，正脊檐角饰鳌鱼兽吻。

殿内天花饰以金龙和玺、龙草和玺、龙凤和玺及旋子式、苏式等彩绘，共绘彩龙9999条。陵殿之中有须弥座神龛，里面供着炎帝神农

炎帝陵大殿

氏的金身祀像，祀像的两手分执谷穗、灵芝，身前是药篓，左右为木雕蟠龙边柱。

第四进为墓碑亭，采用四角攒尖式屋顶，檐角高翘，高7.1米，长宽各6.4米，亭内也有一块汉白玉墓碑，写着“炎帝神农氏之墓”。

第五进为墓冢，墓冢封土高5.58米，进深6.64米，宽28.9米，墓前石碑为清道光七年知县沈道宽所书。

在墓碑亭两侧，有拱门道路可通往御碑园。园内古松参天，气象万千。碑园的东西两侧是碑廊，全长84米，壁上镶嵌明清御祭文碑51通，自宋代以来的历史时期有代表性的记事碑5通，共56通。其中保存最久的御祭文碑是1371年，朱元璋登基时的告祭文碑。

御碑园的中心是九鼎台，台面外圆内方，圆台直径18米，方台9.999米。主台上有9尊花岗石方鼎，每尊1.2吨。九鼎是我国古代最高权力的象征，寄寓了祖国统一、民族昌盛之意。

在炎帝陵殿中轴线东侧的是神农大殿，面宽37米，进深24米，高19.6米，由大殿、东西配殿、连廊和两个四方亭组成，大殿外廊挺立着10根高浮雕蟠龙石柱，高5.4米，直径0.8米，蟠龙栩栩如生。

大殿中央坐立炎帝石雕祀像，一手拿谷穗，一手握耒耜，雕像高

9.7米，座长8.9米，宽4.7米。雕像两旁立有一对联石柱，上面写着：

到此有怀崇始祖；
问谁无愧是龙人。

九龙戏珠 在我国古代传统观念中，九是非常尊贵的数字，龙也是最祥瑞的神兽，因此九龙意为龙生九子，是至高无上的福气。古人认为珍珠光辉灿烂，很像从东方升起的太阳，四大神兽中龙又代表着东方，因此龙戏珠也有崇拜太阳的意思。

神农大殿左、右、后3面墙是大型广东红砂岩石雕壁画，画高5.2~7.9米，总长53米，总面积321平方米，壁画内容为歌颂炎帝十大功德。

大殿平台的踏步间，是一块高浮雕九龙戏珠御路石，长3.2米 宽2.8米，厚0.7米，由福建青石整石雕制，重约17吨。

神农大殿以南是祭祀广场。祭祀广场南端的两侧和大殿平台的边上，是双面雕刻百草图案的花岗岩栏板，主要是纪念炎帝遍尝百草、发明医药的雕刻。

二级平台正中，立有一只高浮雕九龙戏珠的石制圆形香炉，高0.98米，直径1.2米，为公祭敬香或焚帛书用；两边立有一对整石雕琢的福建青石香炉，高3.9米，直径1.5米，单重24吨，堪称中华之最。

祭祀大道东边是圣火台，台高40米，台中央立有高3.9米，体积为31立方米的褐红色点火石，正面刻有1.5米高的朱

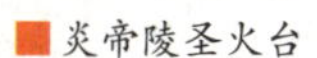
炎帝陵圣火台

红象形体“炎”字。

台面三层呈宝塔形，每层高0.6 米，直径分别为9米、6米、3米的梯形圆台，底层铺设花岗岩石板，外护正方形花岗石栏板，边长100米，取天圆地方之义。在圣火台上可远眺炎帝陵殿、神农大殿的全貌，能够领略炎陵山恰似卧龙饮水之势。

陵区内还有龙珠桥，由3座拱桥组成，中间是主桥，宽6米，两边是边桥，宽3米，桥栏板雕刻的是古代乐器图案，分别为琴、筝、竽、笙、笛、箫、云板、编钟、月琴和琵琶。

还有一个朝觐广场，是个正八边形的广场，中轴距离48米，按“乾、坎、艮、震、巽、离、坤、兑”嵌入了“八卦”图案，是纪念炎帝发明了“重八卦为六十四卦”。

除了炎帝陵外，炎帝的文化遗存在全国还有很多，炎帝作为农业之神、医药之神，受到了人们的尊重，并且将他列为三皇之内，而他的陵墓也都受到很多人的敬拜。

阅读链接

相传神农氏炎帝因误食断肠草而毒发身亡后，跟着他一起采药的胡真官，按照他生前交代的死后葬在南方的嘱托，决定将炎帝的遗体安葬在资兴汤。

举行葬礼的那天有很多人来送葬，几十个运送遗体的人，坐10条木排，溯洣水而上。沿河户户点火，表示哀悼。

当木排到了鹿原陂，人们正准备上岸改走旱路时，忽然天上乌云滚滚，河里跃出一条金龙向炎帝遗体点头哀吟。接着轰隆一声，江边的一块巨石开了坼，一个大浪将炎帝遗体卷进石头缝里去了。送葬的人个个吓得不知如何是好。

天上的玉皇听到这个消息后大怒，认为炎帝神农氏劳苦功高，不应该葬在水里，大骂金龙不知好歹，决定要处罚它。

于是把金龙化为石头，龙脑变成龙脑石，龙爪变为龙爪石，龙身变为白鹿原，龙鳞变为原上的大树，永远护卫炎陵。

燧人

燧人又称“燧皇”，名允婼，传为华夏民族人文始祖，上古时代燧明国人，即后来河南商丘地区。

燧人钻木取火，教人熟食，是华夏人取火的发明者，结束了远古人类茹毛饮血的历史，开创了华夏文明，商丘因此被誉为华夏文明的发祥地，有“火文化之乡”的称号。

燧人氏的神话反映了我国原始时代从利用自然火，进化到人工取火的情况。燧人是神话中以智慧、勇敢、毅力为人民造福的英雄。燧人氏死后葬于今天商丘古城西南方，建有燧皇陵。

燧人钻木取火带来光明

燧人氏塑像

在上古洪荒时期，人们吃东西都是生的，生吃植物果实还不算，就是打来的野兽，也是生吞活剥，连毛带血的吃了，所以人们经常生病，寿命也很短。

到了黑夜，四处一片漆黑，野兽的吼叫声此起彼伏，人们蜷缩在一起，又冷又怕。天上有个大神看到人间生活得这样艰难，心里很难过，于是他大展神通，在山林中降下一场雷雨。随着咔的一声，雷电劈在树木上，树木燃烧起来，很快就变成了熊熊大火。

古人用火画面

人们被雷电和大火吓着了，到处奔逃。不久，雷雨停了，夜幕降临，雨后的大地更加湿冷。逃散的人们又聚到了一起，他们惊恐地看着燃烧的树木。这时候有个年轻人发现，原来经常在周围出现的野兽的嚎叫声没有了，他想："难道野兽怕这个发亮的东西吗？"

于是，他勇敢地走到火边，他发现身上好暖和呀。于是他兴奋地招呼大家："快来呀，这个东西一点也不可怕，它能给我们带来光明和温暖！"

这时候，人们又发现不远处烧死的野兽，发出了阵阵香味。人们聚到火边，分吃烧过的野兽肉，觉得自己从没有吃过这样的美味。人们感到了这个发亮的东西的可贵，将它取名为"火"。他们捡来树枝，点燃火，保留起来，每天都有人轮流守着火种，不让它熄灭。

有一天，值夜看管火种的人睡着了，火燃尽了树枝，熄灭了。人们又重新陷入了黑暗和寒冷之中，痛苦极了。大神在天上看到了这一切，他来到最先发现火用处的那个年轻人的梦里，告诉他："在遥远的西方有个遂明国，那里有火种，你可以去那里把火种取回来。"

年轻人醒了，想起梦里大神说的话，决心到遂明国去寻找火种。

■燧人氏取火场景

年轻人翻过高山，涉过大河，穿过森林，历尽艰辛，终于来到了遂明国。可是年轻人看到这里没有阳光，不分昼夜，四处一片黑暗，根本没有火，感到非常失望，就坐在一棵叫“遂木”的大树下休息。

这棵遂木树真是异常之大，它的树枝很高很长，仅树冠就遮天蔽日，伸展到了看不到的地方，而且整个大树看起来，就像是一片茂密的森林。

突然，年轻人眼前有亮光一闪，又一闪，把周围照得很明亮。年轻人立刻站起来，四处寻找光源。这时候他发现就在遂木树上，有几只大鸟正在用短而硬的喙啄树上的虫子。只要它们一啄，树上就闪出明亮的火花。

年轻人看到这种情景，脑子里灵光一闪。他立刻折了一些遂木的树枝，用小树枝去钻大树枝，树枝上果然闪出火光，可是却着不起火来。年轻人不灰心，他找来各种树枝，耐心地用不同的树枝进行摩擦。终于，树枝上冒烟了，然后出火了，年轻人高兴得流下了眼泪。

年轻人回到了家乡，为人们带来了永远不会熄灭的火种，即钻木取火的办法，从此人们再也不用生活在寒冷和恐惧中了。人们被这个年轻人的勇气和智慧

战国 我国东周列国以来的又一个诸侯割据的时代。其与春秋在历史上并无明确的界限，只是依照今天的习惯，以“三家分晋”为起始标志，到公元前221年秦统一六国这一段时间称为战国时期。战国时期，诸多中小诸侯国家已被吞并，余下的秦、楚、燕、韩、赵、魏、齐七国成为战国时期的主要诸侯国家，被后人称为“战国七雄”。

折服，推举他做首领，给他取名为“燧人”，尊称他为“燧人”，也就是取火者的意思。据战国思想家韩非子的《韩非子·五蠹》记载：

> 上古之世，人民少而禽兽众，人民不胜禽兽虫蛇……民食果蓏蚌蛤，腥臊恶臭而伤害腹胃，民多疾病。有圣人作，钻燧取火，以化腥臊，而民说之，使王天下，号之曰燧人。

韩非子（前281—前233），又称韩非，战国时期思想家、哲学家，法家的代表人物。他是韩王室宗族，韩王歇的儿子。《史记》记载，韩非精于“刑名法术之学”，与秦相李斯都是荀子的学生。韩非是战国末期带有唯物主义色彩的哲学家，法家思想的集大成者。

燧人不仅发明了“钻木取火”，还发明了“结绳记事”，为禽兽命名，立传教之台，兴交易之道。

结绳记事。那时候人类还没有文字，生活中有许多事全凭大脑记忆，时间久了，有些事情往往忘记了。燧人用柔软而有韧性的树皮搓成细绳，然后将数

■燧皇陵燧人氏塑像

钻木取火

十条细绳排列整齐悬挂在一处，在上边打结记事。

大事打大结，小事打小结，先发生的事打在里边，而后发生的事则打在外边。为了能够记录更多的事情，燧人又利用植物的天然色彩，把细绳染成各种颜色，每种颜色分别代表一类事物，使所记之事更加清楚。

为禽兽命名。燧人以前，人们把所有的动物都叫作“虫”。燧人经过细心观察，把这些动物划分为四类：天上飞的称作“禽”，地上跑的称作“兽”，有脚的爬行动物称作“虫”，没脚的爬行动物称作“豸”。

立传教之台。燧人为了向人们传授各种自然知识和社会知识，在他们聚集的地方筑了个土台，称作“传教台”。燧人时常站在台上为大家讲演，告诉人们在饥饿的时候如何用火来烧烤食物吃，在寒冷的时候如何用火来取暖，打猎的时候如何用火来攻击猎物，遇见猛兽袭击时如何用火来把它吓跑。

后来，燧人为了让天下黎民百姓都能学会取火、用火，又派明由、必育、陨丘、成博四位精明能干的部下到边远地区传教。

燧人为治理天下，传火、用火，积劳成疾，不幸

班固　（32—92），东汉扶风安陵人，字孟坚，是史学家班彪之子，是著名的史学家、文学家，与司马迁并称“班马”。在班彪续补《史记》之作《后传》的基础上开始编写汉书，至汉章帝建初年间基本完成。主要作品为《汉书》，撰有《白虎通德论》。善辞赋，有《两都赋》等。

暴死在传教台上。他临死前说："我生前在这里传教，死后将我埋在这里，让圣火一代代传下去，不断发扬光大。"

人们怀着无比悲痛的心情，遵嘱将他葬在了那高高的传教台上。

燧人发明了人工取火，彻底改变了人类的命运，开启了华夏文明，代表的是一种人类的智慧、人类社会的文明和文明的发展。后世为了纪念燧人，称之为"火祖"，在《尚书大传》和汉代人班固的《白虎通义》等文献中奉他为"三皇之首"。

阅读链接

关于燧人使用火，还有另外一个说法。

有一天，一只美丽的太阳鸟将燧人驮到天上的太阳宫，太阳公主指着宫中琳琅满目的宝物请燧人任意挑选，燧人看了看宝物说："我只想要火！"

太阳公主拿出一块宝石送给燧人说："这是一块会生火的宝石。"

太阳鸟将燧人送回人间。燧人将宝石放在宫殿的案子上等它发火，等啊等，等了好久，宝石也没发出火来。燧人生气了说："太阳公主怎么能哄我呢？"

于是燧人抓起宝石狠狠地向地上摔去。宝石落到地上，与地面的石头相撞，火花四溅，燧人见状恍然大悟，原来石头相击才可以发出火花来，于是燧人把这种取火方法教给人们，人们尊称他为火祖。

饱含火文化的燧皇陵

燧人去世后，人们又为这位圣人建立祠堂，修了陵墓，植了松柏，称此陵为“燧皇陵”，并将它誉为“天下第一陵”，地址位于商丘睢阳。据《归德府志》记载：

燧皇陵在阏伯台西北，相传为燧人葬处。俗云土色皆白，今殊不然。

燧皇陵大门

■燧皇陵牌坊

相传，燧皇陵高大的墓碑上原有一只金蚰子和一颗火龙珠。金蚰子每逢晴天夜深人静就吱吱叫唤。火龙珠每逢初一、十五子时便闪闪发光，还伴随着优美的乐曲。凡是看过的人都无眼疾，而且健康长寿。

据说，这是燧皇爷的两件珍宝。后来，有人盗走了金蚰子和火龙珠，从此，商丘人再也见不到火龙珠的光辉，听不到金蚰子的叫声了。

在燧皇陵前，还有一段人文佳话呢！在东汉光和七年，即184年，太尉乔玄（又作桥玄）病逝于京师洛阳，九月初七要在故里睢阳城北5里处安葬。碑文请谁写呢？乔玄之子乔羽第一个就想到了自己的好友蔡邕。蔡邕是大才女蔡文姬的父亲，是著名的文学家、书法大师，曾任中郎，人称蔡中郎。

乔玄生前性情刚烈，但视民如子，礼贤下士，谦恭清廉，子弟亲属中无任大官者，死时“家无居业，丧无所殡”，为世人所称颂。蔡中郎对乔太尉更是无

中郎 官名，即省中之郎。郎官的一种，为帝王近侍官。战国始设，汉代沿置，秩为比六百石，属光禄勋。习称中郎。其职为管理车、骑、门户，担任皇帝的侍卫和随从。初分为车郎、户郎、骑郎三类，东汉除三署外又分属虎贲、羽林中郎将。曹魏仍有中郎将，晋、南北朝又有从事中郎，则为将帅之幕僚。

燧皇陵牌匾

比敬仰，应乔羽之请，慨然应允，欣然命笔，一鼓作气写下了千余字的太尉乔公庙碑文，高度赞扬了乔玄忠于职守，不徇私情的节操。

同时，对乔玄爱士亲仁，雍容谦和的仪态尤为称道。连在场的文学大家曹操也不由得拍案叫绝。

曹操与乔玄是忘年交，又因乔玄的两个女儿才貌双全更使他倾倒。所以，凡是乔家有事，曹操只要闻讯，便急忙赶去。乔玄的丧事办完后，蔡中郎和曹操都想游览一下睢阳名胜，乔羽对蔡中郎为父写碑文正无以报答，便欣然答应，且亲自陪同观光。

蔡中郎和曹操在乔羽陪同下到睢阳燧皇陵，只见陵冢硕大，数百棵千年古柏郁郁葱葱，上百通石碑林立，并有多通皇帝御碑。三人突然发现两通无字碑。蔡中郎好奇地问道："为何竖两通无字碑？"

乔羽笑道："先生有所不知，相传千年前燧人显灵，曾嘱托宋国国君微子说，千年之后有两位文豪

曹操（155—220），字孟德，一名吉利，小字阿瞒，东汉末年杰出的政治家、军事家、文学家、书法家。三国中曹魏政权的缔造者，以汉天子的名义征讨四方，统一了中国北方。曹操在世时，担任东汉丞相，后为魏王，去世后谥号为武王。其子曹丕称帝后，追尊为武皇帝，庙号太祖。

来此，你可在我陵前竖两通无字碑以待二君。微子距今已千年有余，两位又是文学巨匠，正合燧皇所说二君。二位倘若能题写碑文，岂不圆了燧皇之心愿？”

蔡中郎和曹操听完了后就哈哈大笑，同声道：“言之有理！”

乔羽便命书童捧砚，二人挽起长袖，手握巨笔，一挥而就。蔡中郎写的是：“燧皇取火济天下，功德盖世昭日月。”

曹操写了个“龙”字。二人不解：“为何写个‘龙’字？”曹操笑道：“我们是龙的传人。龙能大能小，能升能隐；大则兴云吐雾，小则隐介藏形；升则飞腾于宇宙之间，隐则潜伏于波涛之内。方今深秋，龙乘时变化，犹人得志而纵横四海。龙之为物，可比世之英雄也。”

乔羽赞道：“言之有理。先生有此大志，真英雄也。”这碑文和这个故事，一度被传为佳话。

据史料记载，燧皇陵后来经过了多次重建，其中有大殿、东西厢房、石像生等，古柏参天，郁郁葱葱，但是这些建筑后来都毁于战火。1992年，由所在地睢阳区政府对其重修，主要修复墓冢，立燧人石雕像，及神道两侧石人、石马等石像生。

2003年8月，燧皇陵第一次扩

微子 周朝宋国的始祖。子姓，名启，汉代因避景帝刘启之讳，改启为开，殷商贵族，殷商帝乙的长子，殷商最后一个王即纣王帝辛的庶兄，因其在商代时封国名微，姓为子，故称微子。他是个勤政的君王，为殷民所爱戴。

■ 燧皇陵击石取火塑像

建，方案交由上海同济大学规划、设计。至2004年12月份，一期扩建工程顺利完工后，建成了石牌坊、石像生、墓冢、神道、门前火文化广场等。

存留下来的燧皇陵布局可概括为“一轴两点、前陵后园”。“轴”是指入口广场、神道、神台直至墓冢的纪念性步行参观轴线。“两点”是指轴线东侧的燧人氏博物馆和轴线西侧的休息平台。

神道分三节台阶，每节台阶的长度是33米，共99米，意为“九五之尊”。第一节台阶高于平面0.9米，此数中的9亦有九五之尊之意。第二节台阶又比第一节高出0.9米。第三节台阶又比第二台阶高出0.9米。

陵墓的最高台阶高于平面4.5米。神道中央是火神道。在设计上，借鉴了我国古代帝王陵墓神道的做法。结合神道的抬升，做了一个宽约6.6米的中央跌水。并在跌水中央分层设置了9个“火泉”。

所谓火泉就是将可燃气体从水下管道喷出并点燃，从而形成高度在3~5米之间变化的火焰。而且通过气压的调整，可以调节火焰的高度与色彩。同时在跌水泉与步行道之间设置了下沉的亲水台阶，以供游人休息和近距离欣赏跌水和“火泉”。

燧人氏 塑像

龟趺巨碑

整个“水、火”景观的设计灵感来源于我国传统文化中阴阳平衡的思想，通过水重火轻的特性，塑造火浮于水的“水火相融”的奇妙景观，在夜幕下，变得更为壮观。

燧皇陵前有国家历史博物馆馆长俞伟超先生所题“燧人氏陵”石碑一通。石碑后便是墓冢，高13.9米。一级台基81.9米见方，整个墓冢10 043平方米。

关于燧皇陵中的龟趺巨碑，至今在民间还流传着一段有趣的故事，相传龙生九子，赑屃是龙的第九个儿子，也是最霸道的一个，龙拿他没办法，后来便想了办法骗赑屃。

有一天，龙对赑屃说：“你是我九个儿子中最疼爱的一个，你是不是想早日修成正果？如果是，你尽快到九江口去，因为那是集天地之精元的地方，你在那里很快就可以修成正果！”

于是赑屃听了父亲的话到九江口，龙用很大的石碑压在赑屃背上，施上法力，这时赑屃才知道上了当，只好在那里镇守九江口，而在我国很多皇陵都可以看见这样的碑，它的作用就是用来守护神灵。

而燧皇陵中趺巨碑的赑屃头特别光滑，因为当地流传着这样一句俗话：“摸摸赑屃的头，吃喝穿戴不用愁；摸摸赑屃的腚，一辈子不

商丘人崇拜火

生病。”所以，到这的人都会沾点福气再走。

由于燧人给人们带来了火，修建陵墓之后，很多百姓为了纪念燧人都前来祭祀。在古时的商丘，每当春节来临之际，商丘燧皇陵一带的村民有到陵前举行“取新火”拜火仪式和“添新土”的习俗。

“取新火”仪式是由族长或族里德高望重的老年人带领专人到各家各户，将旧火全部熄灭，以表示过去的一年已经全部结束，并向每户收取一些旧灰、食盐、粮食及其他食品，送到燧皇陵。

在燧皇陵前，由祭司杀鸡酹酒，祭拜火祖，再把鸡血和所有的旧火灰带到陵后深埋，以示送走所有的灾难、不祥。然后，用古老的钻木取火方法取出新火，作为新的一年生产和生活的起点。各家各户都拿火种到陵前接燃新火，引火回家，以示引来吉祥。

为庆祝取回新火，各家各户都要献上祭礼祭拜火祖。“添新土”即是当地老百姓一直把燧皇陵亲切地称为“老爷坟”。朝拜火祖燧人之前先从家中用衣襟、手帕兜一包黄土，撒到“老爷坟”上，算是给火祖燧人添坟扫墓、烧香磕头，答谢敬拜，以盼火祖燧人保佑全家一年平安。

商丘至今保留着古老取火法，即钻木取火法。当地人用脚踩住一根长条木板，双手夹住一根木头钻火杆，让头部对准长条木板上的凹处，双手用力来回搓转钻火杆，当钻火杆头部与长条木板凹穴处冒烟起火时用艾绒点燃即可，也可以以此引燃草绒或黄铜纸卷成的黄色纸卷。

用火塘保存火种，火塘一般放置在堂屋中央或屋门两侧。火塘上有一铁制盆状容器，上面长年保存火种。平时用核桃皮、玉米芯，火灰盖在火塘上，火势很小，慢慢燃烧。屋顶吊一根铁丝系一铁钩，长年吊着一把水壶，烧开水沏茶饮水用。

族长 亦称“宗长”，是我国古代社会中家族的首领。通常由家族内辈分最高、年龄最大且有权势的人担任。族长总管全族事务，是族人共同行为规范、宗规族约的主持人和监督人。

火塘随时可以点燃火种用，如抽烟等。火塘还有取暖、照明作用，做饭时加入柴草木料，火势很旺。平时用火灰盖住，暗火保存火种。如果需要携带火种外出，就用火煤子，也即火捻子、火纸卷或黄铜纸卷成的黄色纸卷引燃一端，让火种可以较长时间不灭，同时方便携带。

每年正月十五夜晚，商丘一带年轻人要到野外“赛火把”，每村男女老幼都要在村中空地上观看“玩铁花”，这是商丘祭祀火祖燧人保存的另一种民间习俗。

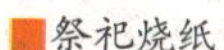

祭祀烧纸

“赛火把”是用每家用过的旧箅子，里边卷上麦秸，年轻人成群结队跑到野外，一齐点燃玩耍，邻村人还要进行比赛，看哪个村的火把多，玩的时间长。

而“玩铁花”更有意思，更好看，就是用套牲口的铁笼嘴，里边放上木炭、裹挟碎铁屑，用木棍或钢叉挑起来，由几名身强力壮的小伙子轮番摇动，甩出去的烧红的铁屑碰触到地上或事先放好的树枝上，就幻化出一簇簇、一团团、一朵朵漂亮的火花，每当此时，全村的男女老幼都会兴致勃勃地围观，其乐无穷。

商丘人基于对火的崇拜，一直保存敬火、崇火、爱火的习俗，至今没变。因为敬火、崇火、爱火，商丘人在用火时非常讲究，对火，绝不容许玷污、亵渎。

做饭炉灶、烧香香炉都看得非常尊贵，任何人不能随意跨越，就是烧火做饭的干柴，都要顺着放整齐，烧时先从一头烧起，不允许乱烧乱燃。用过的火熄灭时，不能打散火堆，不能用唾液灭火，更不能用脏水泼灭火，这些做法被商丘人认为是对火祖燧人的不敬和冒犯。

商丘火文化历经几千年发展演化，许多习俗被革故鼎新，许多贡献被尘埃封于书卷或地下，但商丘对火的情感始终如一。“火”的不屈不挠，炽热滚烫的精神内涵，成为商丘人民世代传承的宝贵财富。

阅读链接

2006年4月，中国首届火文化研讨会在商丘召开，与会30多位专家就燧皇陵在商丘达成了共识。与会专家认为：燧皇陵在商丘，商丘是古黎丘，是燧人作为天皇时，在瞿水、睢水流域的中心都邑，燧人在商丘以钻木取火的方式使人类第一次掌握了“火”。

2008年8月，我国民间文艺家协会对睢阳区进行实地考察，翌年1月20日便命名商丘睢阳区为“中国火文化之乡”，并决定在商丘睢阳区建立“中国火文化研究中心”。同年3月12日，中国民间文艺家协会在北京长城饭店举行隆重的授牌仪式，正式把“中国火文化之乡”“中国火文化研究中心”两块牌匾授予睢阳区。

华夏共主

黄帝

黄帝是华夏民族的始祖，居轩辕之丘，号轩辕氏，建都于有熊，即后来的河南郑州新郑地区，亦称有熊氏，也有人称之为“帝鸿氏”。

黄帝部落在从姬水向东发展的过程中，继承了神农以来的农业生产经验，将原始农业发展到高度繁荣阶段，使本部落迅速发展壮大，以统一华夏部落与征服东夷、九黎族而统一中华的伟绩载入史册。黄帝在位期间，播百谷，大力发展生产，始制衣冠、建舟车、制音律、创医学等。

黄帝是我国远古时代华夏民族的共主，五帝之首，被尊为中华“人文初祖”。

黄帝统一中原部落

那是远古时期，在我国河南禹州北部大隗山以南、颍水以北、荟萃山以东、古城郭连以西的大片范围之内，生活着一个叫有熊的部落，这个部落的首领叫黄帝。黄帝本姓公孙，是我国远古传说人物伏羲和女娲之孙，少典之子。他生长于姬水，也就是后来的陕西武功姬水河之滨，因此改姓姬。

轩辕黄帝画像

传说黄帝一生下来，就显得异常神奇，没多久便能说话。到了15岁，他已经无所不通了。20岁的黄帝便成了有熊部落的首领。黄帝成为部落首领后，有熊氏的势力得到迅速发展，并形成了一个独立的部落。

轩辕建立了我国第一个王朝，被称为“黄帝王朝”的部落

黄帝画像

不再称有熊了。因为黄帝有土德之瑞，土色为黄，故称“黄帝”。

轩辕黄帝成为我国上古传说时期最早的宗祖神，他是华夏民族形成后被公认的始祖。在他的带领下，有熊部落在姬水一带成了较为文明的部落，有熊部落也就被称为黄帝部落，就是因这位杰出始祖而得名的。

在当时，古老的氏族制度已日益瓦解，各氏族部落之间为争夺领地、扩充势力经常相互侵伐，暴虐百姓，天下纷乱。

在此情势之下，黄帝审时度势，从长远计，一方面他大力训练军队，将本部落军队和统归黄帝领导的以虎、豹、熊、罴等为图腾的各部落人马训练成为一支号令严明、训练有素、战斗力强的勇猛之师，用以讨伐那些破坏部落联盟规则、相互侵伐的部落，迫使他们归顺于黄帝部落。

另一方面，黄帝在本部落内推行德政，爱护百姓，教化万民，积极发展畜牧农业生产，发明了打井、做杵臼、造弓箭、服牛乘马、驾车、造舟船等技术。

黄帝的妻子嫘祖养蚕抽丝、染制五彩衣裳、制扉履。黄帝的史官仓颉创造了文字，臣子大挠占日月、作干支，乐官伶伦发明乐器。据说世界上第一只锅，是黄帝本人制作的，很快，人们就学会和推广用锅煮饭烧菜了。

嫘祖 也叫累祖，她是黄帝的元妃，被称为我国古代的蚕神，是养蚕缫丝方法的创造者，也是蚕桑丝绸的伟大发明家。传说是她想到了用丝绸制作衣服的方法。

黄帝部落的活动范围也日渐扩大，从发祥地陕西北部逐渐向东进入黄河中游流域地区。此后逐渐东进，后来定居于河北涿鹿附近。

在黄帝领导的部落进入黄河中下游地区的同时，西方以炎帝为首的炎帝部落和南方以蚩尤为首的九黎族部落也进入了黄河中下游流域。

杵臼 杵是一种一头粗一头细的圆木棒，臼是用石头或木头制成的舂米器具，中间是凹下去。杵臼都是我国古代用来舂捣粮食的工具，也用来加工药物等的工具。

传说炎帝族发祥于陕西岐山东面的姜水附近，该部落沿渭水东下，再顺黄河东进入河南西南部，后到达山东地区。炎帝族首领炎帝也是少典的儿子，黄帝的兄弟，姓姜，号神农氏，生得牛头人身。

炎帝族与黄帝族世代互通婚姻。炎帝族部落在其进入山东地区的进程中，与从南方北上的九黎族部落相遇，双方发生了长期激烈的冲突。

传说九黎族首领蚩尤长着4只眼睛6只手，人身牛蹄，头上生着锐利的尖角，耳旁鬓毛硬如刀剑，以石头和沙子当饭吃。蚩尤武功高强，还能呼风唤雨。他共有81个兄弟，人人铜头铁额，个个凶猛无比。

炎帝族在与九黎族激烈的冲突中失利，被迫退向北方，向居住在涿鹿地区的黄帝族求援。黄帝闻讯后，便与炎帝族联合，四处调集兵马，准备抵御蚩尤的进攻。

蚩尤击败炎帝族之后，势力迅速膨胀，他跟踪追击北上，直逼涿鹿地区。

在当时，蚩尤的部落已掌握了铜的冶炼技术，开山洞采集矿石，打造戈、矛、戟、弩弓等各种兵器，用以装备军队，具有强大的战斗力。他带领81个兄

仓颉 是我国古代黄帝时期第一位专门记录和编撰历史的人，也是根据鸟和其他动物脚印创造了我国文字的人，被尊为我国古代的“造字圣人”。

黄帝大战蚩尤壁画

黄帝祭月的月坛

弟，指挥大量军马，气势汹汹地向黄帝军队发起了进攻。

黄帝的部队与蚩尤的人马在涿鹿原野上展开了激烈的大厮杀。正当双方人马酣战之时，蚩尤施展本领，造起弥天的大雾。黄帝及其人马顿时迷失在大雾之中，大家不辨方向、敌我不分、自相残杀，蚩尤趁机进攻。

正在危急之时，黄帝的臣子风后替黄帝制造了指南车，车上立一木人，手指着特定的方向，无论车子如何旋转，那木人的手始终指向同一方向。依靠指南车的指引，黄帝统率大军冲出了大雾的包围。

后来，黄帝命臣子应龙选择适当地形，积蓄了大量的水，准备以水攻击蚩尤的大军。不料蚩尤抢先从天上请来了风伯和雨师，纵起漫天的狂风暴雨扫向黄帝大军。

黄帝的军队被打得队形大乱、四散奔逃，陷于一片汪洋之中。黄帝大惊，连忙招来自己的女儿天女魃从天上下凡助战。

天女魃降落到地面，施展自己周身本领，将满天的狂风暴雨和遍地横流的洪水一扫而光，黄帝的大军这才转危为安。

黄帝立即命令大军乘势转入反攻。大家士气大振，向蚩尤部队猛冲，势如破竹，杀得蚩尤人马丢盔弃甲、大败而归。

为防止蚩尤反扑，黄帝开始驯养猛兽助战。他将猛兽饿上几天后，又命军士穿上蚩尤部的服装去逗弄它们，等它们被激怒后，便丢过去一些小动物。久而久之，猛兽一看见穿蚩尤部服装的人就野性大发，冲上前去撕咬。

风伯 又称风师、箕伯或飞廉，也就是风神。传说风伯是蚩尤的师弟，是人面鸟身的天神，专门掌管着八面来风的消息，能运通四时的节日气候，是我国古代传说中掌管天气的神灵之一。

黄帝利用猛兽最终战胜蚩尤之后，天下重归太平。各部落对其也愈加敬重，一致推举他为天子。从此，黄帝成为中原地区部落联盟的首领。

黄帝战败蚩尤，建立了部落联盟，定居在桥山。黄帝发现桥山一带的人们，有的栖居于树，有的与兽同穴，既不文明，又不安全。

黄帝便和大臣力牧、大鸿、共鼓等商议如何改变这种状况。他们就教化桥山的人们在临水靠山的半坡上砍树造屋，离开树枝和洞穴搬进新屋。又把桥山改名为桥国。桥山的人们住进房屋后，不但日常生活方便多了，而且也不怕野兽来伤害他们了。

可是，在那时候，人们并不懂得毁坏森林将会带来什么样严重后果。他们经常乱砍滥

■ 黄帝战蚩尤遗址

■黄帝陵庙宇

伐树木，没有几年，桥山周围的树林全被砍光了。就连黄帝曾多次下令禁止砍伐的常年不落叶的柏树，也被砍伐得一棵不剩了。

就在这时候，一场暴雨袭来，山洪突然暴发，洪水像猛兽一般从山下猛冲下来，把几十人和黄帝得力的大臣共鼓、狄货都卷走了。黄帝悲痛万分。

雨过天晴，黄帝亲自带领大臣们上山查看，发现凡是树林被砍光了的山峁，不仅挡不住水，连地上的草也冲得一干二净了。

大鸿 原名叫鬼容区，是黄帝时期一位智勇双全的武将，擅长各种谋略战术，在大战蚩尤的战役中为黄帝立下了大功。传说他著有《鬼容区兵法》3篇，是我国神话中最早的兵法著作。

黄帝看见满山遍野都是洪水过后留下的沟沟洼洼，心情十分沉重，他对群民说：“今后再也不能乱砍树木了。如果再乱砍下去，桥国就没有树林了，野兽也没处藏身了。到那时，我们吃什么？穿什么？”

当时有位大臣建议搬到另一个地方居住。黄帝说：“不行!如果那里树木也被我们砍完，那时候我们还能往哪里搬呢？再遭洪水，我们又往哪里跑？”

众臣觉得黄帝说得有理，都问他该怎么办？黄帝说：“我愿和大家一齐上山栽树种草，用不了几年，满山就会长满林草，既不怕洪水，又能招来野兽，那时桥国人民才能有吃有穿。”

说罢，黄帝就自己带头栽了一棵小柏树。臣民们都学黄帝的样子，纷纷栽树种草。不几年，桥国的山山峁峁林草茂密，一片葱绿。人们都很感激黄帝。从此，植树造林便成了我们中华民族的一个优良传统，世世代代一直延续下来。

黄帝担任部落联盟首领后，对那些不服从命令的部落，率兵四处亲征。他的足迹东至大海、北到河北、南至长江流域、西达甘肃。经过多年的征战，黄帝终于统一了中原。

黄帝以仁德治理天下，任用风后、常光、力牧、大鸿四大臣辅政，管理朝政，安顿万民。由于黄帝的努力，中原地区获得了统一。涿鹿大战之后留在中原地区的九黎族部落民众，与炎黄两族融为一体，成了华夏族。

黄帝带领人们创造舟车

所以，华夏民族便把黄帝奉为了始祖，常常把自己称为是炎黄子孙。黄帝为中华民族创造了丰富灿烂的中华文化。

后来有一天，黄帝正在洛水上，与大臣们观赏风景，忽然见到一只大鸟衔着卞图，放到他面前，黄帝连忙拜受下来。再看那鸟，形状似鹤，鸡头，燕嘴，龟颈，龙形，骈翼，鱼尾，五色俱备。图中有“慎德、仁义、仁智”6个字。

黄帝从来不曾见过这种鸟，便去问天老。天老告诉他说，这种鸟雄的叫凤，雌的叫凰。早晨叫是登晨，白天叫是上祥，傍晚鸣叫是归昌，夜里鸣叫是保长。凤凰一出，表明天下安宁，是大祥的征兆。

后来，黄帝又梦见有两条龙持一幅白图从黄河中出来，献给他。黄帝不解，又来询问天老。天老回答说，这是河图洛书要出的前兆。于是黄帝便与天老等游于河洛之间，沉璧于河中，杀三牲斋戒。

最初几日是一连三日大雾，之后又是七天七夜大雨，接着就有黄龙捧图自河而出，黄帝跪接过来。只见图上五色毕具，白图蓝叶朱文，正是河图洛书。于是，黄帝拿这洛书开始巡游天下。

有一天，黄帝听说有个叫广成子的仙人住在崆峒山上，就前去向他请教。广成子说：“自你治理天下后，云气不聚而雨，草木不枯则凋。日月光辉，越发地暗淡了。而佞人之心得以成道，你有哪里值得我和你谈论至道呢？”

黄帝回来后，就不再理问政事。自建了一个小屋，里边置上一张席子，一个人在那里反省了3个月。而后又到广成子那里去问道。当时广成子头朝南躺着，黄帝跪着膝行到他跟前，问他如何才得长生。广成子蹶然而起说："此问甚好！"

接着，广成子就告诉了黄帝道之精要：

至道之精，窈窈冥冥，至道之极，昏昏默默。无视无听，抱神以静。形将自正，必静必清；无劳汝形，无摇汝精，方可长生。目无所见，耳无所闻，心无所知，如此，神形合一，方可长生。

说完，广成子给了他一卷《自然经》。黄帝向广成子问道后，又登过王屋山，得取丹经。并向玄女、素女询问修道养生之法。而后，回到缙云堂修炼，他采来首山铜，在荆山下铸九鼎。当第一个鼎被铸造出来时，天上突然飞下来一条龙，那条龙有着威武的眼睛和长长

的、闪着银光的龙须，整个龙身透着金光，降临时好像带来万匹的金缎，笼罩了整个天空。

黄帝和大臣都很吃惊，那条龙慢慢靠近黄帝，眼神变得十分温和，忽然开口对黄帝说："天帝非常高兴看到你促使华夏文明又向前迈进了一步，所以特地派遣我来带你升天去觐见天帝。"

黄帝一听，点了点头，就跨上龙背，并且对群臣说："天帝要召见我了，你们多保重，再会了。"

"请让我们追随您去吧！"大臣们答道，说着就一拥而上，希望爬上龙背，跟随黄帝一起走。可是那只龙却扭动身躯，把那些人都摔了下来。

金龙载着黄帝快速飞上天空，一下子就消失在云雾中了。群臣没有办法，只好眼睁睁地看着黄帝升天而去。一位大臣看着天空，若有所思地说着："并不是每个人都上得去的啊！只有像黄帝那样伟大的人，才有资格呢！"

后来，人们为了纪念这位帝王，就把黄帝升天的地方叫作"鼎湖"，并且将黄帝列为五帝之一。

阅读链接

关于黄帝升天还有一种说法。据说黄帝活了118岁。有一天，在他东巡期间，突然晴天一声霹雳，一条黄龙自天而降。黄龙对黄帝说："你的使命已经完成，请你和我一起归天吧！"

黄帝自知天命难违，便上了龙背。当黄龙飞越陕西桥山时，黄帝请求下驾安抚臣民。人们闻讯从四面八方赶来，个个痛哭流涕。在黄龙再三催促下，黄帝又跨上了龙背，人们拽住黄帝的衣襟一再挽留，却没有成功。黄龙带走了黄帝之后，只剩下了黄帝的衣冠。

于是人们就把黄帝的衣冠葬在桥山，起冢为陵。这就是传说中黄帝陵的由来。但也有人说，黄帝去世后就安葬在桥山。

黄帝陵中的有趣传说

在黄帝时期产生的重实践、自强不息的精神，在黄帝以后成为中华民族的共同精神财富。为了纪念这位传说中的共同祖先，后人还在陕西黄陵县北面的桥山上造了一座“黄帝陵”。历代帝王将相乃至平民百姓都要到此拜谒。

黄帝陵龙驭阁

桥山是矗立在中原黄土高原之上唯一长满几万株千年松柏的山。其实，桥山顶上由于干旱等原因，原来是没有树木的，是光秃秃的一

黄帝陵碑刻

片。后来人们在黄帝陵前祭供的食物，常被飞禽走兽抢食一空。

看到这种情况，人们心里很不安。有位名叫青山的老人，便在黄帝陵周围栽种了很多树，想用树的枝叶把陵墓遮挡起来。青山老人整天挖坑、栽树，忙个不停。时间一长，被九天玄女发现了，她便回到天宫把此事禀告了玉皇大帝。

玉帝说：“青山老人对黄帝一片赤心，天宫早已知晓，只是他独自一人栽树，何年何月，才能栽满桥山呢？”说完，玉帝就命令九天玄女把天宫收藏的常年不落叶的柏树子撒在桥山上。

第二年春天，整个桥山沟沟壑壑，山山峁峁，都长出了绿莹莹的柏树苗。

青山老人见满山长出了柏树苗，非常高兴，他整天在山上给树苗培土除草。日积月累，年复一年，一

九天玄女 简称玄女，也叫九天娘娘、九天玄女娘娘或者九天圣母，是我国古代神话中的女神仙。传说九天玄女是玄鸟变化的，长着人头的鸟神，是一位法力无边的女神，也是正义之神。

棵棵柏树长得根深叶茂，整个桥山变成了葱绿一片。

不知又过了多少年，青山老人已年过百岁，虽然胳膊腿已不灵活，但每天仍然坚持上山护林。就在这时候，桥山来了一个名叫拾怪的恶霸，他凭着自己有10个儿子，暗偷明抢，胡作非为，无恶不作。

拾怪发现桥山柏树长得又粗又大，便起了歹心。他带领两个儿子明目张胆地上山砍树。

青山发觉后，急忙阻止。拾怪父子三人蛮不讲理地说："满山遍野都是树，我们砍几棵有何不可？"

青山老人说："祖陵地上的树，谁也不许砍!"

拾怪根本不听这一套，继续指挥儿子砍树。青山老人上前把树身紧紧抱住。拾怪挥起一拳，就把青山老人打倒在地。年迈之人，哪经得起这样的拳打，眼看着青山老人两眼一闭死去了。

这时候，正好陈抟老祖从桥山上空经过，见拾怪打死了护林老人青山，于是，急忙返回天宫，告知王

陈抟 也叫睡仙或希夷祖师，是我国宋初时期著名的道教学者。传说他继承了汉代以来的相术学传统，并把清静无为的思想、道教修炼方术和儒家修养、佛教禅观归于一流，因此也是我国太极文化的创始人和宋代理学的奠基人。

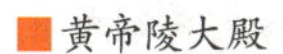

黄帝陵大殿

王母娘娘塑像

母娘娘。

王母娘娘从南天门上往下一看，不由得怒从心头起，随手拔下头上两支金簪，往下一抛。拾怪的两个儿子随即惨叫一声，便倒在血泊中了。

原来两支金簪在空中变成了两把锋利的宝剑，直插拾怪两个儿子的胸前。拾怪不知宝剑的来由，以为有人在暗算他们父子，一气之下，便放火烧山了。

王母娘娘发现桥山树林起火，立即请龙王降雨。霎时大雨倾盆，很快就把烈火扑灭了。桥山柏树经过这场灾难，不但没有绝种，反而变得更加繁茂了。所以民间有这样的传说："桥山古柏，棵棵都是神树；谁要乱砍，全家都要遭殃。"

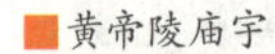

黄帝陵庙宇

有个好吃懒做名叫赖顺的人，偏偏不相信。有年冬天，雪下得有3尺深，赖顺冻得实在受不住了，便偷偷跑上桥山，把山上的柏树枝偷砍了一担，挑回家里当柴烧。

谁知点火以后，柴只冒浓烟，不起火焰。赖顺用口越吹，浓烟越大，最后把他呛得跌倒在地，两眼直翻，口吐鲜血，气断身亡。

邻居们闻讯赶来一看，原来赖顺烧了桥山柏树枝，怪不得落了个如此下场。从此以后，再没有人敢随便砍伐桥山的古柏了。

就是有的孩子偶尔把落在地上的枯树枝拾回家当柴烧，都会受到家中老人的严厉责骂，非叫孩子把拾回的枯树枝送回桥山不可。桥山古柏就这样一代一代地保护下来了。

我们中华民族祭祀活动源远流长。早在春秋战国时期就有了祭祀黄帝的活动。

据有关史书记载，战国初期，公元前422年，开始恢复祭祀黄帝。这是轩辕黄帝在历史上第一次由神的地位改为人的祖先。

秦统一六国后，开始大规模修建黄帝陵园。同时规定天子的葬地

飞檐 屋角的檐部向上翘起，四角翘伸，呈飞举之势，是我国传统的建筑檐部形式之一。飞檐常用于亭、台、楼、阁、宫殿、庙宇等建筑的屋顶转角处，由于形如飞鸟展翅，轻盈活泼，所以也常被称为飞檐翘角。

一律称作陵，王公大臣的葬地称作墓，一般庶民的葬地都称作坟。

黄帝陵古称桥陵。因为沮河水由西向东呈半圆形绕此山而过，东边有河，西边亦有河，就像水从山底穿过，故此山名叫桥山。陵因山而得名，叫桥陵。

通往黄帝陵的神道，也叫蹬道，为石头铺就。该石蹬道共229级，长250米，宽2.53米，途中有弯道4处，面积不等平台26处。石蹬道两旁有1.08米高护栏，370个高1.34米柱头分别雕有各种形状的石雕。

后经过重修，石蹬道就由陵道和神道两部分组成了，总长455米，宽5米，其中陵道长260米，神道长195米。全用花岗岩条石铺筑。石蹬道采用形断而意连、曲不离直的手法构建，共277个台阶。

陵道两侧古柏参天，翠色长驻。陵道尽头，就是陵区。陵区四周，顺依山势，修有绵亘不绝的青砖围墙，高1.6米，涂以红色，象征至尊至伟。墙头为红

陕西黄帝陵

黄帝故里

椽绿瓦，古色古香。

封土前方有一祭亭，飞檐起翘，气宇轩昂。陵园区内选用5000块大型河卵石铺砌，巧妙地象征着中华民族的五千年文明史。

黄帝陵陵园内北端为轩辕桥，宽8.6米、长66米、高6.15米，全桥共九跨，有石梁121根，桥面设护栏，栏板上均雕有古典图案花纹。

桥山古柏，倒映池中，与白云蓝天交相辉映，为黄帝陵平添了无限灵气。轩辕桥北端为龙尾道，共设95级台阶，象征黄帝“九五之尊”至高无上的寓意。

北面为诚心亭。面阔五间，进深一间。祭祀官员至此须整饰衣冠，静心净面，方可进入大殿祭祀。再北为碑亭，面阔五间，进深一间，卷棚顶。亭内立有“祭黄帝陵文”和“黄帝陵”碑石。

在轩辕庙内一块约1米见方的青石上，印记着黄

九五之尊 是我国古代形容帝王的一种说法。古时的人们认为九是最大的奇数，有最尊贵之意，而五在阳数中处于居中的位置，有调和之意。这两个数字组合在一起，既尊贵又调和，无比吉祥，象征着至高无上的帝王。

帝的脚印。凡是来黄帝陵谒陵拜祖的人，几乎都要到轩辕庙院内看一看黄帝的脚印。

关于黄帝的这双脚印，还流传着一个故事：相传黄帝时期，没有衣帽，更没有鞋袜，人们不是用树叶遮体，便是以兽皮缠腰。

黄帝也和其他的人一样，腰间缠着兽皮，光着脚板，长年累月奔走于各地，为民造福。每到冬天，天寒地冻，黄帝出外奔走时只好光着双脚。

后来，有人给黄帝做了一双木屐，穿起来虽比光着脚板走路好多了，但行动却有些不便，他出外巡察，或上山狩猎仍不能穿。

有年冬天，黄帝出外回来，脚冻烂了。穿木屐不方便，黄帝身边一位名叫素雀的人偷偷用麻布给黄帝缝了个布筒。

黄帝在脚上试了试，太短小了，根本穿不上。即使如此，黄帝也不见怪，还表扬了素雀的创造精神，素雀却十分难过。

有一天，素雀去河边担水，发现黄帝独自一人从河滩走过，留下了深深的脚印，素雀仔细一看，心里亮了。原来黄帝的脚特别大，如

黄帝陵脚印遗址

果按脚印做，鞋就不会再小了。于是素雀担完水，取来石刀，在黄帝脚印四周的胶泥上划了四方格，晒干后，捧回家，放在石板上，然后按尺寸做成了一双软木做底、麻布做帮的高筒靴子。

黄帝试穿后觉得很满意。他十分珍爱这双靴子，平时舍不得穿，只是遇到节日或开庆功会时才穿上它。而这块石板就被保存下来了。

刘邦建立大汉王朝后，又规定天子陵旁必设庙。于是，汉朝初期就在桥山西麓建起了“轩辕庙”。黄帝陵整个陵园，南北约210米，东西约72米。陵园有两个门，分立东西两侧。

从东门进入黄帝陵，有一棂星门，门两旁是仿制的汉代石阙。从西门而入，步行数步，左侧是一座高24米的夯筑高台，台旁立一石碑，上书“汉武仙台”四字，为后来明代嘉靖七年（1528年）闰七月所立，落款为“滇南唐琦书”。

台距陵墓45米，两条石砌曲径通向台顶，四围古柏环抱，台顶高达林梢，有“登台一次，增寿一年”之说。此台始建于公元前110年。

据《史记·孝武本纪》记载，汉武帝刘彻勒兵10万人，号称18万大军，北征朔方。凯旋后，他看到高大雄伟的黄帝陵，立即停止行

■黄帝陵前的鼎

军，备礼致祭。同时为了使自己长寿成仙，汉武帝又令18万兵士于此起20米高土筑台，后人因此称此台为祈仙台。祈仙台距陵墓45米，两条石砌曲径通向台顶，土台边缘由古柏环抱。

据说，汉武帝修建起九转祈仙台的第二天，旭日东升。于是汉武帝命令18万大军列队，分布在马家山、印台山、桥山，三山军队面向黄帝陵，俯首默祭。军乐四起，满山旌旗迎风飘展。

汉武帝卸下盔甲，挂在一棵柏树上，然后独自登上祈仙台祭祀祈祷：保佑汉室江山永保平安，他自己也想早日成仙，像黄帝一样变龙升天。

而被汉武帝挂过盔甲的这棵柏树，周身上下，斑痕密布，纵横成行，柏液从中流出，似有断钉在内，枝干皆然。

这就是桥山柏中独一无二的“挂甲柏”。每到清明时节，这棵古柏枝干上流出的柏液就会凝结为球

清明 我国农历二十四节气之一。清明是表征物候的节气，含有天气晴朗、草木繁茂的意思。清明是在春分之后，谷雨之前，一般是每年的4月4日至6日。清明这一天要在墓前祭祖扫墓，是我国重要的传统节日之一。

状，像挂满了珍珠宝石一般闪闪发光，晶莹夺目，经阳光反射后尤为壮观。

在汉武仙台之旁，在桥山之巅，便是黄帝陵冢。陵冢位于桥山山顶正中，坐北面南，高3.6米，周长48米，环境宽阔敞亮。

陵冢为土冢，扁球状，直径为16米。土冢下部筑方形墓台，以烘托陵墓的神圣感。方台与圆冢相结合，上圆下方，具有“天圆地方”与“天地相合”的象征意义。

天圆地方 我国古代用“天圆”来描述时间的特点，用“四面八方”来描述方位，天圆地方来源于先天八卦的演化，是古代科学对宇宙的认识，也叫“地方阴阳五行学说”。天圆地方代表着我国古代朴素的辩证唯物的哲学思想。

唐代宗时期，又对轩辕庙进行了历时两年的重修扩建，并栽植柏树1140多棵。

公元969年，因沮河水连年侵蚀，桥山西麓经常发生崖塌水崩，威胁庙院存亡，地方官员上书朝廷，宋太祖赵匡胤降旨，将轩辕庙由桥山西麓迁移桥山东麓黄帝行宫。这就是后来人们拜谒的轩辕庙。千百年来流传民谣说：

黄帝陵内的古钟

黄帝陵守护神

汉朝立庙唐扩建，到了宋朝把庙迁。

不论谁来做皇帝，登基都不忘祖先。

蒙古人问鼎中原建立元朝后，曾经颁布过一系列森严的保护黄帝陵庙的法令。

在明朝的时候，明朝廷也十分重视黄帝陵的祭拜。大明开国皇帝朱元璋，1371年委派身边重臣管勾甘带上他亲笔写的祭黄帝《御制祝文》前往黄帝陵祭祀。

朱元璋还规定，今后祭黄帝祭文必须由皇帝本人执笔，并将每次祭陵《御制祝文》刻石留存。在距黄帝陵约200米的道旁，有一座竖立的下马石，上面写着“文武官员至此下马”，以示尊重。

这块石碑是明太祖洪武年间由皇帝朱元璋设立的，目的是用来提醒前来谒陵拜祖的人，在祖先陵前一定要庄重严肃。

古代山路崎岖，谒祖祭陵者多骑马坐轿，但行至此处，均下马落轿，整理衣冠，平静心情，恭行至陵前。

黄帝陵前立有一块石碑，上书“桥山龙驭”四字，意为黄帝驭龙升天之处。落款为“大明嘉靖丙申十月九日滇南唐琦书”，就是1536年书写的。

1682年，清圣祖康熙亲笔用满文写了一份祭黄帝祭文。身边大臣看后，建议康熙译成汉文，康熙皇帝接受了这个建议。汉满文字一并刻立在一通石碑上，后来放在轩辕庙碑廊里。

有一通古碑上书“古轩辕黄帝桥陵”，是清代陕西巡抚毕沅在1776年所立，后碑石遗失了。

后来，黄帝陵又进行了大整修，整修范围包括黄帝陵所在的桥山及其周围山水、城镇，面积达3.24平方千米，整修目标是以黄帝陵、黄帝庙深刻的内涵为基础，通过整修黄帝陵使之成为弘扬中华民族文化，增强民族精神凝聚力的圣地。同时保护好文物古迹和古柏林，为古柏林生长提供良好环境。还有就是让建筑与山川水势相结合，融陵、山、水、城于一体，体现出“雄伟、庄观、肃穆、古朴”的气势。

在历代的整修过程中，都努力吸收了传统思想的精华，追求汉代更古朴和更粗犷的建筑风格，并使所有建筑风格形象力求统一。

黄帝陵前的下马碑

整修以黄帝陵、轩辕庙为重点，总体结构包括庙前区、庙宇、功德场及神道、陵区和外围景观等区域。形成祭祀谒陵完整的建筑结构形态。其中庙院广场以五千年文明文化的系列石雕石刻加以点缀。

整修黄帝陵是全体炎黄子孙智慧的结晶和力量的凝聚点，增强了人们对先祖的崇敬和对文明古国历史文化的自豪感。

我国历朝历代都十分重视黄帝陵的祭祀。祭奠仪式共有七项议程，即全体肃立，击鼓鸣钟，敬献花篮，恭读祭文，向黄帝像行三鞠躬礼，乐舞告祭，瞻仰祭祀大殿，拜谒黄帝陵。

祭奠开始时“鸣钟九响，击鼓三十四咚”，前者象征着中华民族传统中的最高礼数，后者则代表着我国广大的地区。在整个祭典礼中，场面最壮观的是祭祀歌舞，气势恢宏、震撼人心。

整个祭祀歌舞分为“云纪”，即表现黄帝的恩德像雨露一样。“夔鼓”，即表现黄帝部落的征战操练以及中华民族的最后统一。“瑞德”，即表现黄帝时期人们耕作以及幸福的情景；“驭龙”，即表现中华民族永远祭奠黄帝，希望华夏儿女永远联系在一起，以及华夏民族生生不息的精神与对黄帝的崇敬心情。

轩辕黄帝是我们华夏民族的人文始祖，他的陵墓“黄帝陵”被称为“中华第一陵”。多少年来，到陕西黄陵桥山拜谒黄帝陵的人络绎不绝，黄帝陵已成为我们华夏儿女寻根认祖的“圣地”。

阅读链接

黄帝陵内有古柏14棵，其中的一棵古柏特别粗，树枝像虬龙在空中盘绕，一部分树根露在地面上，叶子四季不衰，层层密密，像个巨大的绿伞。这棵柏树相传是黄帝亲手种植的，被称为“柏树之王”。

传说黄帝在乘龙升天，飞经桥国上空时，还特意让巨龙停下来，再看一眼自己亲手栽下的这棵柏树。他在飞临上空时，又随手把人们送给他的干肉块扔下来，落在自己栽种的柏树上。传说后来黄帝手植柏树的树干上长的24个疙瘩，就是那时黄帝扔下的肉块变的。

少昊

相传少昊是黄帝之子，是远古时羲和部落的后裔，华夏部落联盟的首领，同时也是东夷族的首领，我国五帝之一，中华民族的共祖之一。

从伏羲到少昊的羲和部落到皋陶、伯益的东夷部落联盟，一直是我国早期华夏族的主干部分，为早期华夏文明奠定了坚实的基础，华夏文化传承自羲和文化，羲和文化是华夏文化的主要源泉。

少昊国是凤凰的国度，少昊时期是凤文化繁荣鼎盛时期，凤文化和龙文化是中华华夏文化的两大支柱，中华民族既是龙的传人，又是百鸟之王凤的传人。

少昊诞生的爱情故事

传说，在很久以前有一个聪明美丽的仙女名叫皇娥，她每天在天宫中用五颜六色的彩丝织布，常常到深夜也不知疲倦。有时为了轻松一下，她便乘着木筏，荡漾在浩瀚的银河中自娱自乐。

有一天，皇娥又乘木筏，沿着银河溯流而上，最后来到西海边穷桑的树下，把木筏停下。此树高达万丈，根深叶茂，花繁枝茂。叶子是红的，果实是紫色的。据说，这棵树一万年才结一次果实，吃了这种果实，寿命比天还高。

当皇娥正在穷桑的树下浮想联翩的时候，忽然看见一位英俊的小伙子从天上徐徐而降。她好奇地打量着小伙子，见小伙子面如满月，眼如晨星，浑身上下隐隐发着光亮，十分潇洒，禁不住看得呆了。

小伙子来到皇娥跟前，深施一礼，道：“皇娥仙女你好！我是太白金星，愿和你交个朋友。”

皇娥惊奇地道：“啊，你就是启明星？我常常坐在这里，仰望东方天空的启明星，心里说，这颗星多亮、多美、多勤快啊，每天都把白天带给人间。”

皇娥说到这里，耳热心跳，连忙收住话头，羞红了脸。

少昊陵碑刻

启明星的脸微微一红，动情地说：“我也是这样！我升到天空时，常常第一眼就看到你，就觉得你太美丽了。我向别的星星一打听，才知道你就是心灵手巧的皇娥。你织的七彩锦和你自己一样美。我每天夜里都听到你的织布声，悦耳动听的声音使我夜不能寐。每日早上，我都盼你出现在银河边。”

启明星一口气敞露了心扉，发觉自己太激动了，连忙收住了话头，红着脸不好意思地看着皇娥。皇娥害羞地低下了头，双手拂弄着垂下的黑发，掩饰着心房的狂跳。

启明星微笑着，将手一伸，召来了一把银光闪闪的琴。他双手抱琴，依着树，弹奏出美妙的乐曲。皇娥立刻被这琴声给吸引住了，情不自禁地跟着启明星的乐曲轻轻地唱起了歌。

皇娥 在东晋时期的小说集《拾遗记》中，故事讲的是皇娥和太白金星之间一段秘而不宣的韵事。她是少昊的母亲，少昊在古代神话中也非等闲之辈，他被视为秋天之神、西方之神，与东方的春天之神太昊遥相呼应。太昊是太阳，少昊自然就是月亮，而皇娥是少昊之母，当然也就是月亮之母，也就是《山海经》中的常羲。

少昊陵

启明星的琴声在情切切地向皇娥倾吐着爱慕之意，皇娥的歌声也在绵绵地向启明星诉说着倾慕之情。歌声、琴音婉转悠扬，吸引着鱼儿成群结队地浮游在水面上，激动得花儿竞相开放。

凤凰飞来了，在空中翩翩起舞。百灵鸟飞来了，放开歌喉为皇娥和启明星伴唱。他们的心越贴越近，双双走上了木筏，并用桂树的树条做筏桅，用芳香的薰草拴在桂树树头上当作旌旗，还刻了一只叫玉鸠的鸟，摆放在桅顶，以辨别方向。

木筏在银河里漂荡。皇娥伴着悠扬缠绵的琴声，情不自禁地吟唱。美妙的琴声和优美的歌声融为一体。皇娥和启明星依偎在一起，沉浸在爱情的幸福中。鱼儿撒欢追逐在木筏旁边，凤凰在幸福情侣的欢笑声中飞翔。

皇娥和启明星就这样尽兴地漂游着，不久，他们

玄鸟 出自《山海经》：四翅鸟类，羽毛呈淡黄色，喜食鹰肉，性暴戾，居于平顶山上，玄鸟的初始形象类似燕子，后来随氏族部落的不断发展和融合，玄鸟就逐渐地演变成了现在有鸡冠、鹤足和孔雀尾巴的凤凰了。

的爱情结晶少昊诞生了。在少昊诞生的时候，天空有五只凤凰，颜色各异，是按五方的颜色红、黄、青、白、玄而生成的，飞落在少昊氏的院里，因此他又称为凤鸟氏。

少昊开始以玄鸟即燕子作为本部的图腾，后居穷桑氏即大联盟首领位时，有凤鸟飞来，大喜，于是改以凤鸟为族神，崇拜凤鸟为图腾。不久迁都曲阜，并以所辖部族以鸟为名，有鸿鸟氏、凤鸟氏、玄鸟氏、青鸟氏，共24个氏族，形成一个庞大的以凤鸟为图腾的完整的氏族部落社会。

穷桑氏 即少昊的后代，以地名为氏。少昊又称为金天氏。后来因为居住在穷桑，并且在他居住在穷桑的时候登上了帝位，所以又号穷桑氏。他的子孙的一部分以他的号作为姓氏，称为穷桑氏，后来简化为桑氏。

少昊在父母的精心培育下，具有神奇的禀赋和超凡的本领。少昊少年即被送到东夷部落联盟里最大部落凤鸿氏部落里历练，并取凤鸿氏之女为妻，成为凤鸿部落的首领，后又成为整个东夷部落的首领。

少昊先在东海之滨建立一个国家，并且建立了一套奇异的制度，即以各种各样的鸟儿作为文武百官。

少昊之都石牌楼

具体的分工则是根据不同鸟类的特点来进行。

凤凰总管百鸟，然后再有燕子掌管春天，伯劳掌管夏天，鹦雀掌管秋天，锦鸡掌管冬天。除此之外，他又派了五种鸟来管理日常事务。孝顺的鹁鸪掌管教育，凶猛的鸷鸟掌管军事，公平的布谷掌管建筑，威严的雄鹰掌管法律，善辩的斑鸠掌管言论。

另外有9种扈鸟掌管农业，使人民不至于淫逸放荡。五种野鸡分别掌管木工、漆工、陶工、染工、皮工五个工种，一句话，各种各样的鸟儿都各负其责，物尽其用，协调活动。

因此，一到开会的时间，百鸟齐鸣，一时间，莺歌燕语，嘈嘈杂杂。有轻盈灵巧的麻雀，有五彩斑斓的凤凰，有普普通通的喜鹊，也有引人注目的孔雀。而一国之君少昊就根据诸鸟的汇报，来论功行赏，论过行罚，一切都显得那么井井有条。百鸟们无不感激少昊的慈爱和德政，无不佩服少昊的智能和才华。

少昊时期，是华夏凤文化的繁荣时期，在华夏民族中，有少昊血缘的族裔的姓氏图腾里仍带有凤鸟或燕子图案。

阅读链接

少昊见百鸟之国到处呈现繁荣向上的景象，十分欣慰。他为了百鸟之国更加兴旺发达，便请来年幼聪敏、很有才干的侄儿颛顼帮助料理朝政。

颛顼不负众望，干得很出色，深得叔父的赏识。少昊见侄子常常累得嫩脸上挂着汗珠，于心不忍，就将父亲传下来的那张琴搬出来，手把手教颛顼弹奏，以便使侄子提神和娱乐。

几年后，颛顼长大成人，便要回到自己的国家，最后他成为了北方的天帝。颛顼离开后少昊觉得心里空荡荡的，每当看到那琴，只能给他增添思念和烦恼。他觉得物在人已去，离愁实难消。于是，他便把琴扔进了东海。从此，每当更深夜静、月朗星稀的时候，那平静的海面便飘荡着婉转悠扬、凄凄切切的琴声，让人流连忘返，惊叹不已。

文化氛围浓厚的少昊陵

少昊在位期间，因修太昊之法，故称少昊。设工正、农正，分别管理手工业和农业，以发展生产。同时还“正度量”，即制定度量标准，并观测天象，制定历法，发明乐器，创作乐曲，以鸟命官，少昊的图腾是燕子。

曲阜寿丘少昊陵

同时，还与炎黄集团建立了密切的交流关系，比如他收留养育黄帝的孙子颛顼接任自己东夷部族联盟首领职务。少昊的儿子传说也各有其能。

少昊有好几个儿子，他们的外貌、性格、品德、才能等都有较大的差异。其中，“重”有着人的面孔，鸟的身体，而且更令人惊讶的是，重的脸是四四方方的，经常穿着白色的衣服。出

曲阜寿丘少昊陵

行的时候，驾驭着两条飞龙。由于他的非凡才干，所以受到东方天帝伏羲的器重和垂青，成为神话中的木神，和伏羲共同掌管着春天，人们一般称之为句芒。

春天是万物复苏的季节，繁花似锦，莺歌燕舞，小草偷偷地探出头，树木也轻轻地伸伸腰，鱼儿在水中游来游去，鸭子也在河水里嬉戏，整个世界都是一派生机盎然、欣欣向荣的景象，到处是欢歌笑语，到处是歌舞升平。重就拿着一个圆规一样的东西，掌管着此时的大地万物的生命。

圆规是重的权力的象征。他的名字句芒，就包含着弯弯曲曲的意思，和春天草木初生时刻弯曲柔软的样子很相近。重还兼任着生命之神，如果某人多行善事，对国家的发展做出了突出的贡献，句芒就会给他增加寿命。

“该”有着老虎的爪子，人的脸，浑身到处都是白毛。他是父亲少昊的部下，人们叫他蓐收，他就是神话中的金神，和父亲少昊一起掌管着一万二千里的地方。

少昊的工作是查看夕阳反射到东边的光辉是否正常，该的工作和父亲大同小异，就是查看太阳落山的时候，西边的霞光是否正常。

除此之外，该还掌管着天上的刑罚，如果有人做了坏事，危害了国家的利益，他就会对此人进行惩罚，轻则减少其寿命，重则剥夺其生命，和他的哥哥重的工作恰恰相反。

“穷奇”长相有一点像老虎，肋下有一对翅膀，能够在天空自由地翱翔。而且他有一个奇异的本领，就是能够听懂天下各地的语言。

“穷奇”是个颠倒黑白、是非不分的家伙，而且喜欢恶作剧，比如，他看见两个人打架，就把正直有理的那个人吃掉，而让凶恶闹事的无赖逍遥法外。不过，他有时候也做好事，比如每年十二月初八，他和他的伙伴们就到处寻找吃人的害虫，把他们赶跑或吃掉。

少昊这些儿子都帮助少昊管理国家，使得国家得到很大发展。据记载，少昊建都穷桑，后徙曲阜，在位84年，寿百岁而终，葬于鲁故城东门之外的寿丘。后来人们为了纪念少昊，在曲阜建造了少昊陵。

少昊陵位于陵院大门及古柏夹抱的神道之间。建于五级石阶上，四楹三间，石质结构。4根八棱石柱为石鼓夹抱，柱上分别雕以华表、宝瓶。石坊枋额正书“少昊陵”三字。此坊为1751年奉敕重建，曲阜

帝王庙少昊牌位

知县孔毓琚监立。

少昊陵享殿是少昊陵前的主体建筑，为奉祀少昊的殿堂。共五大间，绿瓦覆顶，殿顶四脊上，鸱吻、神兽形态各异。格棂门窗及廊下明柱皆朱漆到顶，梁椽彩饰蓝地云龙花纹。殿内有神龛，置“少昊金天氏”木主。龛上部悬乾隆皇帝手书“金德贻祥”匾额。享殿前两侧建东、西配殿各三间，均为1738年建成。

张孟男祭少昊碑位于少昊陵西庑南头靠东。高1.55米，宽0.88米，龙纹碑头正书“大明”二字。此碑立于明万历元年，即1573年，内容为对少昊的赞颂，张孟男祭少昊碑为少昊陵中几十块祭祀碑代表之一。

少昊也名列五帝之一，自然备受尊崇。我国传统崇敬死者的办法是修坟立碑，岁时祭祀。所以不知从何朝何代开始，少昊陵就不断被重修和扩建，至宋朝，修成了这座“万石山”。

宋徽宗赵佶画像

“万石山”底大上小，呈陵台形，底阔28.5米，坡高15米，宝顶方11米。上有小室，清乾隆年间改建为黄琉璃瓦庙堂，内供汉白玉石雕少昊像。石像为宋宣和年间所造，当时石像造成立就，其他工程方兴未艾，金兵南下，北宋就和这里工地上千锤万錾的叮当声一起消亡了，徽宗皇帝也做了金国的俘虏。后来景灵宫、太极殿毁于战火，“万石山”在烈火中永生似的仅存下来。

山神庙建于万石山上。高约2.6米，为一黄琉璃瓦覆顶的四方形小庙。四角以方石柱撑石质板梁，砖墙到顶。胶为券门，室内有精雕汉白玉石质坐像一尊，像高1.2米，头戴七梁冠，身着对披合氅，脚登云勾鞋，右手扶膝，左手按玉带，安坐于石墩上。

少昊陵

小庙原为石室，系宋时修建，供奉石像一尊。清乾隆三年（1738），把石室改建成黄琉璃瓦庙室，但后来不知所终。现在所见者，是近年仿石室新建而成。宋代皇帝崇尚道教，自以为是黄帝子孙，对寿丘极为重视，于是，万石山之神像便依道家形象雕成。

元人杨奂《东游记》又说："东北亵丘，少昊葬所。"此处所言"东北"，如依县城位置来看，实指一地。

万人愁碑指少昊陵前1000米处的残碑。宋真宗大中祥符年间建成景灵宫，宋徽宗时期又进行整修，"万人愁"石碑便是少昊陵在1119年至1125年整修时建。碑的位置似在景灵宫门外，共有石碑4幢。

据传说因为石料沉重难运，人称之为"万人愁"。当时，碑帽蛟龙已经刻成，西碑也已磨光。但工程未竣而金兵至，后人有诗慨叹"丰碑不书字，遗恨宣和年"。据《曲阜县志记》记载：

清圣祖东巡，山东大吏因碑无字，恐触圣怒，击碑埋土中。

多年来，无字碑被埋在地下碎为140多块。1991年政府拨款修复，修成后碑高16.95米，宽3.74米，厚1.14米。碑额浮雕6条盘龙。昂首向天，雄壮生动，两侧各雕一尊护神力士，实属罕见。碑额与碑身虽为1比1.4，但矗立之石，都显得十分协调。

景灵宫遗址位于少昊陵前一片高地上。《重修景灵宫碑》记载：

> 鲁为禹贡兖州之境，有岗隆起于曲阜县城之东北曰寿丘者，相传为黄帝所生之地。

宋代开国后，认为轩辕黄帝为其始祖，于是宋真宗大中祥符五年，即1012年，诏曲阜县更名为仙源县，徙县治于寿丘，开始兴修著名的景灵宫，祠轩辕黄帝曰“圣祖”，又建太极殿、祠其配曰“圣祖母”，“越四年而宫成，总千三百二十楹”，并且“琢玉为像，龛于中殿，以示尊严，岁时朝献如太庙仪”，后毁于大火。

少昊作为五帝之一，随着我国传统文化的传播越来越被广为人知，前往少昊陵祭祀的人也络绎不绝。

阅读链接

庆寿碑位于少昊陵前的水塘西岸。碑长约7米，宽3.6米，厚0.6米，现残为3块，刻有“庆寿”两个，劈巢大字，书法遒劲。碑上原有小篆题跋十六字，惜已漫灭无存，“庆”字右旁刻“燕山任锜时七十五岁……”

少昊陵“寿”字左边刻字一行，“至圣五十五代孙世袭曲阜县尹”监刻。《山左金石志》记载：“以《志》考之，五十五代孙孔克坚袭封衍圣公，其同时昆弟行袭曲阜县尹者，至元四年则孔克钦任，至正十四年则孔克昌任，皆五十代孙也。”刻字年代为元末。

帝尧

帝尧又称唐尧，是我国五帝之一。帝尧为帝喾三妃陈锋氏女庆都所生，祁姓，名放勋，号陶唐，谥曰尧，因曾为陶唐氏首领，故史称唐尧。尧有圣德，有如天之涵养，如神之微妙，如日之光照临天下。

德化广大的尧深受人们的爱戴，传说尧曾设官掌管天地时令，观测天象，制定历法，敬授农时，往祭五岳，用鲧治水，征伐苗民，推行公平的刑法。

尧实行上述措施，使得万邦和睦共处，友好交往，共同组成了中原部落大联盟，出现了国家雏形。尧选择舜为其继任人，死后由舜继位。

真龙受孕而生帝尧

传说上古帝喾的第三个妻子名叫庆都，她是伊耆侯的女儿。庆都成婚以后仍留住娘家，这年春正月末，伊耆侯夫妻带着庆都，坐上小船游览观光。于三河之上，正午时分，忽然刮起一阵狂风，迎面天上卷来一朵红云，在小船上形成扶摇直上的龙卷风，仿佛这旋风里有一条赤龙在飞舞。老两口惊恐万状，可看女儿庆都却若无其事的样儿，还冲着那条赤龙笑呢。

尧画像

傍晚时，风住云散，赤龙也不见了。第二天搭船返回途中，又刮起大风卷来红云出现了那条赤龙，不过形体小了些，长约 3 米。因为它并未肆虐加害于人，老两口也就不怎么害怕了。

晚上，老两口睡了，可庆都却睡不着。她闭着双眼还不由得抿嘴发笑。蒙眬中阴风四合，赤龙扑上她身，她迷糊了。醒来时身上还留下腥臭的涎水沫子，身旁留下一张沾满涎水沫的画儿，上面画着一个红色的人像，脸形上锐下丰满，八采眉，长头发，上书："帝喾高辛，亦受天佑。"

尧帝画像

庆都将这图画藏了起来，从此以后，庆都就怀孕了。她住在丹陵，过了14个月，生下一个儿子。庆都拿出赤龙留下的图文一看，儿子生得和图上画的人一模一样。

帝喾闻报庆都为他生了儿子，本该高兴，岂料他的母亲恰在这个儿子降生的时候去世了。

帝喾是个孝子，为母亲的去世哭得成了泪人儿，哪里还会有高兴的心情呢。他为母亲一连服孝三年，也顾不下庆都和儿子的事。庆都带着儿子住在娘家，直把儿子抚养到10岁，才让他回到父亲的身边，帝喾给这个儿子取名为尧。

后来，尧做了帝王，百姓称之为帝尧。尧做帝王的时候，大地上还没有道路，到处都是杂草丛生，人们出去狩猎或采摘，往往找不到回"家"的路，许多人走失了。

于是，帝尧就派人在大家活动的地方立了一些

庆都 我国上古人物，根据《史记·五帝本纪》记载，庆都是帝喾高辛氏的第三妃，正妃是姜嫄，次妃是简狄，四妃是常仪。传说庆都生尧之时，怀孕14个月。帝喾去世后，常宜所生的长子帝挚继位，因其不善，9年后让位给弟弟放勋。放勋就是尧。

尧帝塑像

带指示意义的小树杈，小树杈一边指着回“家”的地方，一边指着狩猎或采摘的地方。这样，小树杈就作为了当时识别道路的标志了。

随着人们活动范围的扩大，也有人在地上立个小木棒，并在小木棒上面绑着一个横杠，横杠一边指着“家”，一边指着活动的地方，以方便识别“道路”和方向。

可是地上立的小树杈或小木棒多了，人们又搞不清楚哪个是指着自己的“家”了。于是，有人就在小树杈或小木棒上划个记号，用以提醒自己。

帝尧看到小树杈和小木棒上各种各样的记号，觉得非常有意思，他想这样能够充分表达每个人的意思啊！何不让人们在上面写对部落的意见或自己的要求呢?

于是，帝尧就让大家给部落提意见，并把意见写在小树杈和小木棒上。一时间，人们提出了很多很好的意见，帝尧非常虚心听取并采纳人们的意思，极大地促进了国家的安定和发展。

后来，人们就把这种具有指示和表达意见的小树杈或小木棒叫作“桓木”或“表木”，因为古代的“桓”与“华”音相近，所以慢慢便读成了“华表”。这华表当时也被称为“诽谤木”，当时“诽谤”一词不是贬义诋毁的意思，而是议论是非的意思，就是人们可以随便利用“诽谤木”发表议论和看法等，还派人专门收集整理并反馈给尧。

传说在尧的时代，首次制定了历法，这样，人们就能够依时按照季节从事生产活动，不致耽误农时。汉民族是农业垦殖历史悠久的民族，对农时十分重视，故《尚书》对此有详细记载。

《尚书》上说，尧命令羲氏、和氏根据日月星辰的运行情况制定历法，然后颁布天下，使农业生产有所依循，叫“敬授民时”，他派羲仲住在东方海滨叫旸谷的地方，观察日出的情况，以昼夜平分的那天作为春分，并参考鸟星的位置来校正。

尧派羲叔住在叫明都的地方，观察太阳由北向南移动的情况，以白昼时间最长的那天为夏至，并参考火星的位置来校正。尧派和仲住在西方叫昧谷的地方，观察日落的情况，以昼夜平分的那天作为秋分，并参考虚星的位置来校正。

尧还派和叔住在北方叫幽都的地方，观察太阳由南向北移动的情况，以白昼最短的那天作为冬至，并参考昴星的位置来校正。

二分、二至确定以后，尧决定以365日为一年，每三年置一闰月，用闰月调整历法和四季的关系，使每年的农时正确，不出差误。帝尧的这一举动，推动农耕文化有了飞跃性的进步。

阅读链接

尧作为上古五帝之一，传说为真龙所化，下界指引民生。他带领民众同甘共苦，发展农业，妥善处理各类政务，受到百姓的拥戴，并得到不少部族首领的赞许。

尧由龙所化，对灵气特为敏感。受滴水潭灵气所吸引，将大家带至此地安居，并借此地灵气发展农业，使得百姓安居乐业。为感谢上苍，并祈福未来，尧会精选出最好的粮食，并用滴水潭水浸泡，用特殊手法去除所有杂质，淬取出精华合酿祈福之水，此水清澈纯净、清香幽长，以敬上苍，并分发于百姓，共庆安康。

百姓为感恩于尧，将祈福之水取名曰“华尧”。

帝尧治国爱民如子

尧作为天子，对他的人民是备极爱护的。大臣们为了让尧能显示出帝王的气魄，也为了表现人民对帝王的无限敬爱，要为尧建造一座宫殿。并且想把它建成以金为地以玉为阶，大理石为柱，顶部还要镶嵌上银制的日月星辰的宫殿。

尧庙大殿

尧庙牌匾

但是，尧却率领大臣们亲自动手从山上采来粗糙的原木和茅草，盖了几间茅屋，算是寝宫。又盖了20多间连在一起的大茅屋，算是和大臣们议事的大殿。

大臣们都纷纷提议说："陛下住这样的茅屋与平民百姓无异，怎能显出您的威风，帝王的派头呢？"

尧却回答说："现在黎民很苦，造豪华宫殿劳民伤财，给人间带来苦难的帝王有什么威风！为黎民排忧解难才是帝王应做的。"

说罢，他带了几个大臣到各地体察民情去了。一天，尧见一个山民倒在路旁呻吟，就关切地问："你怎么啦？"

山民无力地说："饿……"

尧便拿出自己的干粮递过去说："吃吧，是我使你挨饿的呀！"

山民感动得热泪滚滚，狼吞虎咽地吃起来。尧对随行大臣们说："从我的口粮里拨出一部分，散给挨饿的人。"

大臣们问："那您怎么办？"

尧回答说："我吃稀一点儿，多吃些野菜就行了。"

大臣们听了，也都效仿尧，从各自的口粮中拿出一部分，都散给了挨饿的人。

第二天，尧和大臣们来到了一家窑洞门口，想在这儿要口水喝。窑洞里传出一个姑娘的声音："我们家没人，你们千万不要进来。"

大臣们说："姑娘不要怕，帝王来了，快开门吧。"

姑娘急得要哭："不行，不行。"

尧庙牌坊

这时，一位老者背着柴火从远处走来。老者走到近前放下柴火抱歉地说："对不住啦，窑洞里是我的女儿，老大不小的了，没有裤子穿，所以她……"

尧一听这话，眼圈发红，忙打开包袱取出一条裤子，递给了姑娘的父亲。老人推却说："我们怎么能要您的裤子！"

尧难过地说："我没有把天下治理好，才使你的女儿没有裤子穿，太对不起你们啦！"

老人感动得"哇"的一声大哭起来，窑洞里的姑娘和外面的大臣们也都跟着哭了。

回宫路上路过一个小镇，尧发现一个罪犯被捆着在街上示众，便走过去问公差："他犯了什么罪？"

公差说因为遭了旱灾，颗粒无收他就去偷粮食。

尧认真地说："黎民无力抵抗灾害，是我的责任，没有吃的就偷盗，也是我没有教育好。怎么说与我无关呢？"

于是，尧命令大臣们把自己捆起来，站在罪犯的旁边。黎民百姓从四面八方涌来观看，感动得发出一片哭声。忽然，人群中走出十几个人来，跪倒在尧的面前，声泪俱下地坦白了各自以前所犯的罪行，都主动表示愿意接受处罚。

尧体察民情回来之后，在茅屋大殿里对满朝大

窑洞 我国西北黄土高原上居民的古老居住形式。在陕甘宁地区，黄土层非常厚，有的厚达几十千米，当地人民创造性地利用高原有利的地形，凿洞而居，创造了被称为绿色建筑的窑洞建筑。窑洞是黄土高原的产物、陕北人民的象征，它沉积了古老的黄土地深层文化。

臣们说：“有人挨饿，有人没有衣服穿，有人在犯罪，这都是我的过错，我要下‘罪己诏’向黎民检查我的错误”。

大臣们像开了锅一样纷纷说道：“黎民生活不好，是因为天灾太多，困难时期，百姓应学会忍耐。”

尧却说：“百姓生活不好，不能把责任都推给天灾，应该检查我自己。我不能怨人民不会忍受，应该想想我在治理国家时，哪些地方做错了？”

几天之后，尧在宫廷大门左侧设了一面“敢谏之鼓”，人们可以击鼓给尧进谏、提意见。尧又叫人在宫廷大门的右侧设一根“诽谤之木”，百姓可以站在旁边攻击尧的错误。

由于尧热爱黎民百姓，处处为百姓着想，生活简朴，又能遇事首先查找自己的不是，所以尧深受黎民爱戴。渐渐地天下百姓过上了丰衣足食的生活，万民感动。尧在位70年的时候，由于年岁大了，他该有继承人了，于是他就和群臣商量继承人选问题。有人提出，让尧的儿子丹朱继承王位。尧不许，说他的儿子丹朱顽凶。有人提出，让尧的近臣共工继承王位，尧不许，说共工“其言善，其用辟”。也就是说，共工说话很漂亮，行为不端正，不能用。

中华帝尧钟

尧为把王位传给一个像自己一样尽心民事的人，他就到处访贤，最后在历山脚下访得虞舜。尧把自己的两个女儿娥皇和女英嫁给舜，从两个女儿那里考察他的德行，看他是否能理好家政。舜和娥皇、女英住在沩水河边，依礼而行事，二女都对舜十分倾心，恪守妇道。

尧又派舜负责推行德教，舜便教导臣民以“五典”，即父义、母慈、兄友、弟恭、子孝这五种美德指导自己的行为，臣民都乐意听从他的教诲，普遍依照“五典”行事。

尧又让舜总管百官，处理政务，百官都服从舜的指挥，百事振兴，无一荒废，并且显得特别井井有条，毫不紊乱。尧还让舜在明堂的四门，负责接待四方前来朝见的诸侯。舜和诸侯们相处很好，也使诸侯们都和睦友好。远方来的诸侯宾客，都很敬重他。

经过三年各种各样的考察，尧觉得舜这个人无论说话办事，都很成熟可靠，而且能够建立业绩，于是决定将帝位禅让于舜。他于农历正月初一，在太庙举行禅位典礼，正式让舜接替自己登上天子之位。

尧退居避位，28年后去世，“百姓悲哀，如丧父母三年，四方莫举乐，以思尧”，人们对他的怀念之情极为深挚。

阅读链接

尧帝开创了帝王禅让之先河，在位70年，认为儿子丹朱不成器，决定从民间选用贤良之才。尧微服私访，来到历山一带，在田间看见一个青年，身材魁伟，正在聚精会神地耕地，犁前驾着一头黑牛、一头黄牛。

奇怪的是，这个青年从不用鞭打牛，而是在犁辕上挂一个簸箕，隔一会儿，敲一下簸箕，吆喝一声。尧等舜犁到地头，便问：“耕夫都用鞭打牛，你为何只敲簸箕不打牛？”

舜见有老人问，拱手以揖答道：“牛为人耕田出力流汗很辛苦，再用鞭打，于心何忍！我打簸箕，黑牛以为我打黄牛，黄牛以为我打黑牛，就都卖力拉犁了。”

尧一听，觉得这个青年有智慧，又有善心，对牛尚如此，对百姓就更有爱心。尧与舜在田间扯起话题，谈了一些治理天下的问题，舜的谈论明事理，晓大义，非一般凡人之见。

仁德之君

帝舜

帝舜是我国上古三皇五帝中的五帝之一，姓姚名重华，字都君。舜帝从小受父亲瞽叟、后母和后母所生之弟象的迫害，屡经磨难，仍和善相对，孝敬父母，爱护胞弟，故深得百姓赞誉。

舜为四部落联盟首领，以受尧的“禅让”而称帝于天下，其国号为“有虞”。帝舜、大舜、虞帝舜、舜帝皆虞舜之帝王号，故后世以舜简称之，其后裔以姚姓为主脉。

舜与尧一样，同是先秦时期儒墨两家推崇的古昔圣王。而舜对于儒家，又有特别的意义。孟子继孔子之后对儒学的发展有巨大贡献，他极力推崇舜的孝行，而且倡导人们努力向舜看齐，做舜那样的孝子。

舜孝敬父母友爱兄弟

在帝尧时期，在一户人家里，有一个孩子名叫舜。舜的体形有非常奇异的地方，他眼内瞳子都有两个，他的掌心纹路像个“褒”字，他脑球突出，眉骨隆起，头大而圆，面黑而方，口大可以容拳，龙颜面目角。舜出生后不久他母亲就去世了，舜的父亲瞽叟就又娶了一个老婆，名叫壬女。于是舜在家中的地位发生了一百八十度的大转变，他不再是家庭中的宝贝，而是成为家庭中的累赘，成为一个多余的人。

舜画像

舜继母壬女是当地有名的泼妇，人人都怕她三分。她与瞽叟成家后，对舜这也看不惯，那也不顺眼，从来就没有一个好脸色，动不动就打骂、让舜挨饿。

瞽叟则事事顺着壬女，任其所为，特别是壬女生下儿子象以后，他更是把舜看成是家里多余的人，倍加虐待，并千方百计地想把舜赶出家门。更为严重的是，瞽叟还多次与壬女合谋，想要杀掉舜。

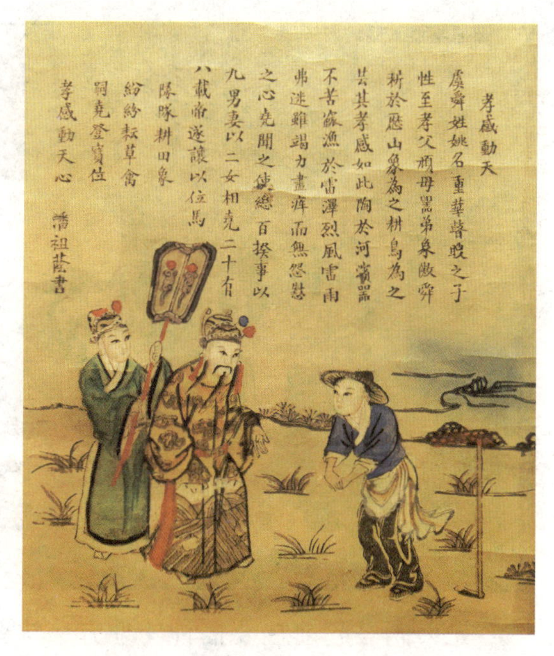

舜仁孝图

舜的同父异母的兄弟象是一个非常傲慢的人，不讲道理，时时处处欺负舜。在这样的逆境中，舜逆来顺受仍然恭敬地侍奉父亲和继母，爱护着兄弟象。每当瞽叟、壬女想要害他的时候，他就躲起来。而平时一般性的打骂、惩罚，他就默默地承受。

对于舜的孝行，传说瞽叟由于爱续妻壬女与小儿子象，常常想杀害舜。在瞽叟动杀机的时候，舜就逃避，不让自己遭到杀害。但在一般情况下，要打要骂，就随他们的便。不管情况如何，舜都不违背父母的意愿，每天都谨慎地侍奉他们，从不懈怠。

壬女一直想把舜赶出家门，但又没有找到适当的理由。一次，壬女终于想出了一个法子。

春天到了，壬女要舜与象到两个地方去种豆子，谁的豆子出了苗就可以回家，没有出苗就不能回家。壬女为使舜的地里长不出豆苗，不能回家，她就事先把舜的豆子炒熟了。

瞽叟 上古时期人物，因双目失明故称“瞽叟”。他是舜与象的父亲、黄帝的第七世孙。他人性顽劣，对其子舜不满，经常与后妻和后妻所生的儿子象寻机杀死舜。但舜却仍然孝顺地侍奉瞽叟，不敢有半点不敬。后来，不再怀有陷害舜之心了。

舜感动天地壁画

兄弟俩一起前往要播种的地方，快要分手的时候，他们两个都已经走累了，象要求休息一下，于是二人一起坐到树下。在临走时候，由于两人的袋子一模一样，象拿走了舜的袋子，舜拿着象的袋子。

结果，过了一段时间，舜的地里就长出了豆苗，平安回到家里。象的地里却怎么也长不出豆苗，久久不能回家。壬女看到舜回来了，象却没有回来，已经明白了是怎么回事，气得病了一场。

舜回来后，看到象还没有回来，又返回到象种豆的地方寻找，发现象已经饿得不行了，倒在了地上。这时，舜就把饿昏了的象背了回来，但是壬女依然不领情，想着法子害舜。

就这样，舜的孝行被广为称赞，在舜20岁的时候，名气就很大了。过了10年，尧向四岳征询继任人选，四岳就推荐了舜。

尧将两个女儿嫁给舜，以考察他的品行能力。舜不但使二女与全家和睦相处，而且在各方面都表现出卓越的才干和高尚的人格力量，只要是他劳作的地方，便兴起礼让的风尚；制作陶器，也能带动周围的人认真从事，精益求精，杜绝粗制滥造的现象。

他到哪里，人们都愿意追随，因而一年所居成村落，二年成邑，三年成都。尧得知这些情况很高兴，赐予舜𫄨衣和琴，赐予牛羊，还为他修筑仓房。

舜得到了这些赏赐后，瞽叟和象很是眼热，他们又想杀掉舜，霸占这些财物。有一天，壬女要象到舜那里对他说："家里的仓有点漏雨，父母要你回去修理一下。"

娥皇和女英 我国古代传说中尧的两个女儿。也称"皇英"。长曰娥皇，次曰女英，姐妹同嫁帝舜为妻。据传说，舜继尧位后至南方巡视，死于苍梧。两妃往寻，泪染青竹，竹上生斑，因称"潇湘竹"或"湘妃竹"。两妃也死于江湘之间。

父母之命，舜当然要服从。舜到了姚墟，爬上了仓顶。正在进行仔细检查修补时，突然间浓烟滚滚。舜一看，原来是仓库下面已经着火了。于是，舜想找梯子下来，但梯子已经不翼而飞，舜叫壬女和象快来救火，壬女和象早已经跑得无影无踪。

舜被这突如其来的变故急得满头大汗。情急之中，求生本能发挥了作用，舜不顾一切地往下一跳。这时候，娥皇和女英为他准备的披风，在下降的过程中张开，减缓了下降速度，使舜顺利地落地逃过一劫。

壬女看舜没死，又生一计，壬女让瞽叟对舜说："家里那口水井，自从你打成后还没有淘过，现在淤泥多了，你什么时候抽空回去淘一淘。"

舜二话没说，立即就答应了。舜正在井里淘泥的时候，瞽叟、壬女与象就往井里填泥土和石头。他们心想，这一次舜必死无疑。但他们没想到的是，舜竟然活着出来了。

原来，舜当年打井时，在井下打了一条通向邻近水井的通道。当他下到井底准备淘井之际，突然看到上面往下掉泥土和石头，知道大事不妙，于是就躲进井下通道，从另外一个井口出来了，又一次躲过了一场灭顶之灾。

舜从来不将他们的恶行放在心上，一如既往，孝顺父母，对兄弟友爱，而且比以前更加诚恳谨慎。后来，尧让舜参与政事，管理百官，接待宾客，经受各种磨炼。舜不但将政事处理得井井有条，而且在用人方面有所改进。

尧未能起用的“八元”“八恺”，早有贤名，舜使“八元”管土地，使“八恺”管教化；还有“四凶族”，即帝鸿氏的不才子浑敦、少皞氏的不才子穷奇，颛顼氏的不才子梼杌、缙云氏的不才子饕餮，虽然恶名昭彰，但尧未能处置，舜将“四凶族”流放到边远荒蛮之地。

这些措施的落实，显示出舜的治国方略和政治才干。经过多方考验，舜终于得到尧的认可。选择吉日，举行大典，尧禅位于舜。

阅读链接

在瞽叟、壬女与象谋害舜的过程中，还发生过这样一件事。他们想邀请舜赴宴，然后把舜灌醉后再杀掉。

娥皇和女英觉察到他们的阴谋。因为舜是孝子，她们不能阻止舜去赴宴，以免有损舜孝敬父母的声誉。于是，她们采集了不少草药，熬成药汤，让舜在药汤里浸泡，然后让舜赴宴。

由于舜泡了药汤，身体的解酒功能大大提高，终日饮酒不醉。瞽叟、壬女与象不断地给舜敬酒，舜则来者不拒毫无醉意。没想到象在不断敬酒中，倒是把自己先给灌醉了。最后，醉酒杀舜的阴谋就这样失败了。

舜执政后励精图治

舜执政以后，传说有一系列的重大政治行动，一派励精图治的气象。他重新修订历法，又举行祭祀上帝、祭祀天地四时，祭祀山川群神的大典。舜还把诸侯的信圭收集起来，再择定吉日，召见各地诸侯君长，举行隆重的典礼，重新颁发信圭。

舜帝陵前的华表

■舜帝陵石刻

祭祀 我国古代礼典的一部分，是儒教礼仪中主要部分，礼有五经，莫重于祭，是以事神致福。祭祀对象分为三类，即天神、地祇、人鬼。天神称祀，地祇称祭，宗庙称享。祭祀记载儒教《周礼》《礼记》与《礼记正义》《大学衍义补》等书解释。古代“神不歆非类，民不祀非族”，祭祀有严格等级。

舜即位的当年，就到各地巡守，祭祀名山，召见诸侯，考察民情，还规定以后五年巡守一次，考察诸侯的政绩，明定赏罚，可见舜注意与地方的联系，加强了对地方的统治。

传说中舜的治国方略还有一项是“象以典刑，流宥五刑”，在器物上画出五种刑罚的形状，起警诫作用。用流放的办法代替肉刑，以示宽大。

舜又设鞭刑、扑刑、赎刑，特别是对不肯悔改的罪犯要严加惩治，舜把共工流放到幽州，把驩兜流放到崇山，把三苗驱逐到三危，把治水无功的鲧流放到羽山，坏人受到惩处，天下人心悦诚服。

按照《史记》所载传说，舜摄政28年，尧才去世。舜于三年的丧事完毕之后，便让位给尧的儿子丹朱，自己退避到南河之南。但是，天下诸侯都去朝见舜，却不理会丹朱。

打官司的人也都告状到舜那里，民间编了许多歌谣颂扬舜，都不把丹朱放在眼里。舜觉得人心所向，天意所归，无法推卸，遂回到都城登上天子之位。

尧死以后，舜在政治上又有一番大的兴革。原已举用的禹、皋陶、契、弃、伯夷、夔、龙、垂、益等人，职责都不明确。

于是，舜命禹担任司空，治理水土；命弃担任后稷，掌管农业；命契担任司徒，推行教化；命皋陶担任“士”，执掌刑法；命垂担任“共工”，掌管百工；命益担任“虞”，掌管山林；命伯夷担任“秩宗”，主持礼仪；命夔为乐官，掌管音乐和教育；命龙担任“纳言”，负责发布命令，收集意见。

舜还规定三年考察一次政绩，由考察三次的结果决定提升或罢免。通过这样的整顿，“庶绩咸熙”，各项工作都出现了新面貌。被舜任用的这些人都创造了辉煌的业绩，而其中禹的成就最大，他尽心治理水患，身为表率，凿山通泽，疏导河流，终于制伏了洪水，使天下人民安居乐业。

当此时，“四海之内咸戴帝舜之功”，“天下明德皆自虞帝始”，呈现出前所未有的清平局面。舜老的时候，认为自己儿子商均不肖，就确定了威望最高的禹为继任者，并由禹来摄行政事。故舜与尧一

舜陵午门

舜感动天壁画

样，都是禅位让贤的圣王。据说舜在尧死之后，在位39年，到南方巡守时，死于苍梧之野。舜帝应葬于何处？

蒲坂城内，大家争论不休。有人主张葬于蒲坂城东土坡下，多数人不同意，说那里土质含沙多，不牢固。有人主张葬于大河之滨，多数人认为，河水涨落无定，不宜埋葬。有人提议葬于风景秀丽、物产富饶的鸣条岗上，得到多数人的赞同。于是，舜帝陵便选在后来的山西运城西北30里处的林木葱郁、四野开阔的鸣条岗上。

出殡这一天，有些老人打数百里之外，赶来送葬。沿途路边，人流黑压压一片，哭声恸天。忽然，天落大雨，人们伫立雨中，泪落如雨，雨落如泪，痛送舜帝终归。

到了738年，人们为了纪念舜，在鸣条岗为舜修建了舜帝陵庙。舜帝陵庙后毁于元末战火中，明正德初，即1506年，乡人重建。但在明嘉靖三十四年，即1555年的大地震中又遭毁坏。

明万历三十一年，即1603年，安邑知县吴愈再次重建。在清嘉庆二十年，即1815年的大地震中又变为瓦砾，仅存正殿。次年，在乡人王步洲等倡导下，重建舜帝陵庙。

舜陵坐北朝南，占地约46 000平方米，神道约8600平方米，奉祀香火之地约11 000平方米。沿舜陵外城遗址缘坡而上，即为神道，两旁夫妻柏夹道耸立。行百余步，进陵庙大门，便见到砖砌的方形墓冢，陵高3米，周围51米。

陵前嵌有明代进士邢其任书写的“有虞帝舜陵”石碑，旁立“有虞氏陵”石碣1块。陵冢上槐相交翠，郁郁葱葱。绕陵北行约30米，即是皇城，又名离乐城。

进拱形城门，内以戏楼、券棚、献殿、正殿、寝宫为中轴线，东西两侧配以廊房及钟、鼓二楼，构造布局严谨，左右对称。主建筑正殿，建造于台基之上，重檐歇山顶，斗拱五铺作，面阔五间，进深五椽。殿内泥塑舜帝坐像，头戴冕旒，身着衮服，神态庄严，栩栩如生。正殿之后，原建寝宫三楹，内塑娥皇、女英像，惜后已毁于战火。陵庙东南，旧时曾建

进士 科举制度是我国历史上的考试选拔官员的一种基本制度。渊源于汉朝，创始于隋朝，确立于唐朝，完备于宋朝，兴盛于明、清两朝，废除于清朝末年，历经隋、唐、宋、元、明、清。在我国古代科举制度中，通过最后一级中央政府朝廷考试者，称为进士，是古代科举殿试及第者之称，意为可以进授爵位之人。

巨手托陶石雕

大云寺，为守陵僧侣居住，亦称“守陵寺”。

舜帝陵庙分为南北两部分，南部为舜帝大道、舜帝广场、舜帝公园3部分。北部则分外城、陵园、皇城三部分。

舜帝陵庙神道两旁保存有5株树龄在4000年以上的古柏，且每一棵活柏怀里都抱着一棵死柏，甚为奇特，被称为“夫妻柏”或“连理柏”，东边一株树干形似龙爪，树根形似龙椅。

相传当年汉光武帝刘秀曾在此休憩，故这棵树又称为龙柏。而舜帝陵上也有一株树形奇特的古柏，已有2000余年历史，5根主枝形似虬龙，民间称为“五子登科”。陵前有两通石碑，上碑刻“有虞帝舜陵”，下碑刻“舜帝陵”。

另外，陵庙里面古人还留下《禅让图》《仁孝图》《二妃泣竹》《南巡图》《韶乐图》等壁画，分别表现了舜帝“明德”的故事。

舜陵附近的娥皇峰、女英峰、美女峰、梳子峰、舜峰、箫韶峰、斑竹岩、舜池、舜溪，讲述了舜帝奏韶乐及二妃娥皇、女英抚竹泣夫的动人传说。

阅读链接

舜峰又名三分石、三峰石，相传是舜的葬身之地。三分石如三支玉笋,鼎足而立，峰间相距各5里。峰势险绝,直插云霄。三分石是如何来的呢?

相传舜帝南巡之时，有一天登上此峰，考察山川形胜。中午时分，他和侍从们在峰头野餐，不觉醉酒，酒壶遗忘在峰头上。有一只大鹏恰巧飞临此山，见有一壶酒，便俯冲下来，用锐利如钩的尖嘴一啄，当下石壶分成三块，化作三峰石。那剩下的玉液，化成了长流不息的泉水，这就是潇水之源。

如今三峰石上，果然清泉喷涌，垂崖倾注如白练悬空，若烟若雾，水流激石，惊浪雷奔。当中一脉，为潇水之源泉，俗称“父江”，西流至九嶷山下。